QPanda
量子计算编程

郭国平　窦猛汉　陈昭昀◎著

QPANDA QUANTUM COMPUTING PROGRAMMING

人民邮电出版社
北　京

图书在版编目（CIP）数据

QPanda量子计算编程 / 郭国平，窦猛汉，陈昭昀著.
北京 : 人民邮电出版社，2024. --（量子计算理论与实践）. -- ISBN 978-7-115-64401-5

Ⅰ. TP385

中国国家版本馆CIP数据核字第202495EV13号

内 容 提 要

本书介绍基于我国自主可控量子计算云平台的量子计算编程，涵盖量子计算的核心内容，包括量子计算的基本概念、多种量子算法及其应用，以及本源量子计算云平台和量子计算编程框架QPanda的使用方法。

本书通过算法理论与编程实践相结合的方式，详细讲解算法与编程之间的紧密关系，并通过大量的示例和练习，帮助读者深入理解量子计算的概念和应用，从而逐步掌握量子计算编程技能。

本书既适合量子计算领域的科研人员、工程技术人员和高等院校相关专业的师生阅读，也适合对量子计算有兴趣或参与相关竞赛的人员参考。

◆ 著　　　　郭国平　窦猛汉　陈昭昀
责任编辑　贺瑞君
责任印制　马振武

◆ 人民邮电出版社出版发行　　北京市丰台区成寿寺路11号
邮编　100164　　电子邮件　315@ptpress.com.cn
网址　https://www.ptpress.com.cn
涿州市般润文化传播有限公司印刷

◆ 开本：700×1000　1/16
印张：16　　　　2024年9月第1版
字数：300千字　　2024年9月河北第1次印刷

定价：79.80元

读者服务热线：(010)81055410　印装质量热线：(010)81055316
反盗版热线：(010)81055315
广告经营许可证：京东市监广登字20170147号

前　　言

在这个迅速发展的数字时代，量子计算作为一项潜力巨大的技术，正引领着计算领域的一场变革。随着量子理论研究的不断深入和量子硬件技术的不断进步，人们已经能够窥见量子计算带来的无限可能。本书旨在介绍量子计算的基本概念，并提供一个实用的编程框架，希望能够帮助读者了解并参与这场激动人心的技术变革。

量子计算的概念虽然源自深奥的物理学理论，但应用前景广泛。从加密、解密到复杂系统的模拟，量子计算展现出了独特的优势。为了使更多的人能够接触并熟悉量子计算，需要一个强大、灵活，且能够简化量子算法开发和实现过程的编程框架。

本书从介绍量子比特、量子逻辑门、量子纠缠等核心概念开始，通过具体的编程示例展示如何在现有的量子硬件上实现这些概念。此外，还介绍一些量子算法及编程应用实例，以及如何利用它们解决实际问题。

第 1 章主要从物理原理出发，深入浅出地介绍量子计算的基本概念，包括量子比特及其特性、量子计算的基本操作等，并通过实例帮助读者更好地理解和掌握量子计算的基本原理和方法。

第 2 章主要介绍本源量子计算科技（合肥）股份有限公司（本书简称“本源量子”）自主研发的量子计算编程框架 QPanda 的安装、使用，以及本源量子计算云平台的使用案例。

第 3 章详细介绍量子大数分解算法——Shor 算法的组件原理及应用。首先介绍量子算术运算、量子傅里叶变换、量子相位估计，随后介绍 Shor 算法及其应用。

第 4 章介绍经典数据至量子数据的映射过程，即量子态制备算法。其中，详细介绍基于 QPanda 实现的编码到基向量、编码到量子比特旋转角度与相位、编码到振幅这 3 种算法。

第 5 章介绍量子搜索算法，包括振幅放大算法、格罗弗（Grover）算法及量子行走（Quantum Walk）搜索算法的基本原理，并介绍 Grover 算法与量子行走搜索算法的 QPanda 实现过程及其应用。

第 6 章介绍量子线性方程组求解器的基本原理及其应用，主要包括哈密顿量模拟、HHL（Harrow-Hassidim-Lloyd）算法及其应用、量子态层析。

第 7 章首先介绍一种在含噪声中等规模量子（Noisy Intermediate-Scale Quantum，NISQ）计算机上使用的量子算法——变分量子算法（Variational Quantum Algorithm，VQA）。它通过将经典计算机和量子计算机结合，使用基于优化或基于学习的方法来解决问题。随后，对量子近似优化算法（Quantum Approximation Optimization Algorithm，QAOA）、变分量子本征求解器（Variational Quantum Eigensolver，VQE）、量子机器学习算法进行详细介绍。

第 8 章介绍如何使用 QPanda 验证含噪声环境下量子算法的可靠性，主要包括量子计算机的运行机制、量子逻辑门分解、量子芯片拓扑结构映射、量子计算机的噪声、含噪声虚拟机的使用，以及量子程序实用分析工具等。

第 9 章首先介绍如何使用本源量子计算云平台运行量子算法，以及如何使用 QPanda 运行量子算法，随后介绍量子计算机性能分析指标。

第 10 章介绍本书涉及的量子计算数学基础。

致谢

在开发 QPanda 和编写本书的过程中，我们得到了许多人的支持和帮助。在此，对所有为这个项目付出时间、精力和资源的人表示最诚挚的感谢。

我们要感谢研究团队，他们不仅提供了宝贵的专业知识，还在整个项目中给予了无限的鼓励和支持。此外，还要特别感谢同事们，他们的指导和建议帮助我们克服了研究和开发中的许多难题。

我们还要感谢参与测试和提供反馈的所有用户。他们的意见对我们改进编程框架至关重要。

最后，我们要感谢家人和朋友们，他们的理解和支持使我们能够专注于这项工作。感谢你们的耐心和鼓励，让我们有力量持续前进。

在量子计算的探索旅程中，每一位参与者都是不可或缺的。感谢大家的共同努力，让我们能够一起迈向量子时代。

术　语　表

名称	说明
量子比特	量子计算中信息的基础对象，可以处在叠加态
量子逻辑门	对量子比特进行酉变换，量子计算中基本操作之一，简称量子门
基础逻辑门	量子芯片所支持的一组量子逻辑门的集合，可以组合为其他任意量子逻辑门
测量	对量子系统状态进行观察或检测，由测量算符描述，会影响系统的演化和概率分布
量子线路	最常用的通用量子计算模型，表示在抽象概念下对量子比特进行操作的线路
量子程序	兼容量子计算操作与经典计算操作的操作序列
量子算术运算	利用量子线路实现基础的数学算术运算，如加、减、乘、除、模加、模乘等
常数模运算	非全量子态下的模运算，有部分信息做经典计算预处理
变量模运算	全量子态下的模运算，不借助经典信息预处理
量子傅里叶变换	经典离散傅里叶变换的量子形式，是一些量子算法实现中的关键组件
量子相位估计	一种计算量子态相位信息的量子算法，是一些量子算法实现中的关键组件
噪声中等规模量子	量子计算近期发展的阶段，具有几十到几百量子比特，会受到噪声和误差影响
变分量子算法	一种经典–量子混合的算法，使用经典的优化器训练一个参数化的量子线路
拟设	参数化的量子线路
量子近似优化算法	求解组合优化问题的一种变分量子算法，具有量子优势的潜力
厄米	保持自身的共轭转置不变的性质，一般用于复矩阵中
酉	共轭转置恰为自身逆矩阵的性质，是正交矩阵在复数上的推广
算符	对量子比特或量子态进行某种数学或物理变换的记号，如测量算符、量子逻辑门算符、升降算符、噪声算符等
泡利算符	描述自旋 1/2 粒子的一组矩阵算符，同时具备厄米性和酉性，在量子计算中有重要作用
扩散算符	在 Grover 算法中除去 Oracle 标记的用于相位翻转的部分算符
格罗弗算符	在 Grover 算法中进行振幅放大的重复单元，由 Oracle 和扩散算符组成
阿达马门	一种量子逻辑门，简称 H 门

续表

名称	说明
谕示	一个由经典函数定义的酉算符，可将量子态按照某一规则进行映射。一般不关心其具体构造方法
混合态	量子系统的状态不能由一个确定的量子态描述，而是以一定经典概率分布存在若干量子态。一般由密度矩阵进行描述
噪声	对量子系统的干扰或扰动，可能使量子态变为混合态
马尔可夫链	状态空间中从一个状态转换到另一个状态的随机过程
随机行走	一种数学统计模型，是指基于过去的表现，无法预测将来的发展步骤和方向
变分量子本征求解器	利用经典优化器训练一个参数化的量子线路，是用于求解矩阵本征值和本征向量（又称本征态）的算法
损失函数	用来度量模型的预测值与真实值的差异程度的运算函数
随机梯度下降	一种常用于凸损失函数的线性分类器的学习优化方法
自适应矩估计方法	一种用于训练神经网络的优化算法
同步扰动随机逼近法	一种通过估计目标函数的梯度信息来逐渐逼近最优解的算法
集合	由若干个具有共同特性的元素构成的一个整体
元素	单个物体，可以是数字、字母或其他任何可以和整体区分开的事物
复数	形如 $a+b\mathrm{i}$ 的数，其中 $a,b\in\mathbb{R}$，$\mathrm{i}^2=-1$
对易式	定义为 $[\boldsymbol{A},\boldsymbol{B}]=\boldsymbol{AB}-\boldsymbol{BA}$
反对易式	定义为 $\{\boldsymbol{A},\boldsymbol{B}\}=\boldsymbol{AB}+\boldsymbol{BA}$
稀疏度	矩阵每一行或列中非 0 元素的最大数量
条件数	矩阵绝对值最大的本征值与绝对值最小的本征值之比
哈密顿量	量子力学中描述系统总能量的算符，数学上为一个厄米矩阵
量子态层析	一种提取量子态信息的技术
密度矩阵	一种描述量子系统状态的矩阵
量子拓扑结构	量子计算机芯片的连接结构
量子虚拟机	一种可以模拟量子计算的方式
量子计算云平台	用户可以通过网页进行量子编程的平台
量子计算编程框架	量子计算领域的一种软件框架
混合量子神经网络	一种结合了量子计算和经典神经网络的混合模型，旨在充分利用量子计算的优势来解决某些特定问题
量子数据编码	在量子计算领域中，使用量子比特来表示和处理数据的方式
二维卷积层	深度学习卷积神经网络中的核心组件之一，用于处理二维数据，如图像

续表

名称	说明
池化层	深度学习卷积神经网络中的关键层之一，用于减小特征映射的空间分辨率，从而降低计算复杂性及过拟合风险，并且有助于提取图像中的最显著特征
全连接层	深度学习神经网络中的基本层之一，通常是网络的最后几层
监督学习	机器学习的一种主要范式，它可以从有标签的数据中学习规律和模式，以便对无标签的数据进行预测或分类
无监督学习	机器学习的一种范式，与监督学习不同，它涉及使用无标签的数据来发现数据中的模式、结构和关系，而不是预测或分类特定的目标
优化器	用于调整神经网络模型的权重参数以最小化损失函数的算法
激活函数	激活函数是神经网络中的一个关键组件，它引入非线性并允许网络学习非线性关系
梯度下降	一种优化算法，用于调整模型参数以最小化损失函数
过拟合	机器学习模型在训练数据上表现得很好，但在未见过的测试数据上表现不佳的现象

目　录

第 1 章　量子计算的基本概念 ······ 1

1.1　量子比特及其特性 ······ 1

1.1.1　单量子比特 ······ 2

1.1.2　多量子比特 ······ 4

1.2　量子计算的基本操作 ······ 5

1.2.1　单量子比特逻辑门 ······ 6

1.2.2　多量子比特逻辑门 ······ 8

1.2.3　量子测量 ······ 11

1.2.4　量子线路 ······ 13

1.2.5　量子程序 ······ 16

1.2.6　QIf 与 QWhile ······ 17

1.2.7　基于量子信息的 IF 与 WHILE ······ 18

第 2 章　QPanda 与本源量子计算云平台的使用 ······ 20

2.1　QPanda 的安装及使用案例 ······ 20

2.2　本源量子计算云平台的使用案例 ······ 21

第 3 章　Shor 算法 ······ 27

3.1　量子算术运算 ······ 27

3.1.1　量子加法器 ······ 27

3.1.2　量子减法器 ······ 31

3.1.3　量子乘法器 ······ 33

3.1.4　量子除法器 ······ 34

3.2　量子傅里叶变换 ······ 37

3.2.1　基于 QFT 的常数算术运算 ······ 41

3.2.2　变量模运算基本组件 ······ 50

3.3　量子相位估计 ······ 57

3.4　Shor 算法及其应用 ······ 61

第 4 章　量子态制备算法 ······ 67

4.1　编码到基向量 ······ 67

4.2　编码到量子比特旋转角度与相位 ······ 68

4.3 编码到振幅 ········ 70
4.3.1 Top-down 振幅编码 ········ 72
4.3.2 Bottom-top 振幅编码 ········ 74
4.3.3 双向振幅编码 ········ 75
4.3.4 基于 Schmidt 分解的振幅编码 ········ 77
第 5 章 量子搜索算法 ········ 79
5.1 振幅放大算法 ········ 79
5.2 Grover 算法 ········ 81
5.3 量子行走搜索算法及其应用 ········ 85
5.3.1 马尔可夫链与经典随机行走 ········ 86
5.3.2 量子行走 ········ 88
5.3.3 量子行走搜索算法 ········ 89
5.3.4 量子行走搜索算法编程示例 ········ 93
第 6 章 量子线性方程组求解器 ········ 97
6.1 哈密顿量模拟 ········ 97
6.1.1 基础原理 ········ 97
6.1.2 哈密顿量的有效模拟 ········ 98
6.1.3 量子行走模拟任意哈密顿量 ········ 103
6.2 HHL 算法及其应用 ········ 104
6.2.1 基础原理 ········ 104
6.2.2 算法流程 ········ 105
6.2.3 算法讨论 ········ 106
6.2.4 代码实现 ········ 107
6.3 量子态层析 ········ 113
6.3.1 单量子比特层析 ········ 113
6.3.2 多量子比特层析 ········ 115
6.3.3 代码实现 ········ 116
第 7 章 变分量子算法 ········ 119
7.1 变分量子算法的原理 ········ 119
7.2 量子近似优化算法及其应用 ········ 123
7.2.1 量子近似优化算法 ········ 125
7.2.2 算法原理与参数优化方法 ········ 134
7.2.3 量子交替算符拟设 ········ 136
7.3 变分量子本征求解器及其应用 ········ 145
7.3.1 以泡利算符为基底展开厄米矩阵 ········ 146

7.3.2 试验态的制备 ······ 148
7.3.3 量子期望估计 ······ 149
7.3.4 经典优化器参数优化 ······ 155
7.4 量子机器学习算法及其应用 ······ 157
第 8 章 使用含噪声虚拟机验证量子算法 ······ 170
8.1 量子计算机的运行机制 ······ 170
8.1.1 量子计算机与传统计算机的区别 ······ 170
8.1.2 量子程序代码构成 ······ 171
8.2 量子逻辑门分解 ······ 171
8.2.1 CS 分解 ······ 171
8.2.2 QS 分解 ······ 173
8.2.3 多控门分解 ······ 175
8.2.4 基础逻辑门转换 ······ 177
8.3 量子芯片拓扑结构映射 ······ 178
8.3.1 Sabre 算法 ······ 178
8.3.2 BMT 拓扑映射算法 ······ 180
8.4 量子计算机的噪声 ······ 181
8.4.1 开放系统 ······ 182
8.4.2 Kraus 算符 ······ 184
8.4.3 Lindblad 主方程 ······ 186
8.4.4 Choi 矩阵 ······ 188
8.5 含噪声虚拟机及其使用方法 ······ 190
8.5.1 噪声模型介绍 ······ 190
8.5.2 噪声接口使用 ······ 192
8.6 量子程序的实用分析工具 ······ 193
第 9 章 使用量子计算机运行量子算法 ······ 201
9.1 使用本源量子计算云平台运行量子算法 ······ 201
9.1.1 本源量子计算云平台 ······ 201
9.1.2 图形化编程页面介绍 ······ 201
9.1.3 创建量子线路 ······ 202
9.2 使用 QPanda 运行量子算法 ······ 205
9.2.1 概述 ······ 205
9.2.2 振幅放大 ······ 206
9.3 量子计算机性能分析指标 ······ 209
9.3.1 概述 ······ 209

9.3.2 线路运行时间 …… 209
9.3.3 每秒线路层操作数 …… 209
9.3.4 量子体积 …… 210
9.3.5 随机基准 …… 211
9.3.6 交叉熵基准 …… 213
第 10 章 量子计算数学基础 …… 215
10.1 集合与映射 …… 215
10.1.1 集合的概念 …… 215
10.1.2 集合的关系 …… 218
10.1.3 集合的运算 …… 218
10.1.4 集合的运算法则 …… 220
10.1.5 映射 …… 220
10.2 向量空间 …… 221
10.2.1 向量空间的概念与性质 …… 221
10.2.2 线性无关与基 …… 223
10.2.3 向量的内积 …… 225
10.3 矩阵间的运算 …… 227
10.3.1 矩阵的概念 …… 227
10.3.2 矩阵的加法与乘法 …… 228
10.3.3 可逆矩阵与矩阵相似 …… 231
10.4 矩阵的特征 …… 231
10.4.1 矩阵的特征值与特征向量 …… 231
10.4.2 厄米矩阵 …… 232
10.4.3 对易式与反对易式 …… 233
10.5 矩阵的函数 …… 233
10.6 线性算符与矩阵表示 …… 235
10.6.1 线性算符 …… 235
10.6.2 矩阵表示 …… 235
10.6.3 向量外积 …… 237
10.6.4 对角表示 …… 238
10.6.5 投影算符 …… 238
参考文献 …… 240

第 1 章　量子计算的基本概念

随着信息时代的到来，人们所面临的问题越来越复杂，对计算能力的要求也越来越高。传统的经典计算机已经无法满足这些需求，因此人们开始寻求新的计算方式来解决这些问题。量子计算作为一种新兴的计算方式，引起了人们的极大关注。

量子计算是基于量子力学理论的计算模型，它利用量子比特的特性来完成计算任务。与经典计算不同的是，量子比特可以同时处理多个状态，通过量子纠缠等特殊的量子操作，实现更高效的计算。量子计算的发展对信息技术的变革具有重要的意义，将为人类的科学研究、医学、金融、安全等领域带来新的机遇和挑战。

本章从物理原理出发，深入浅出地介绍量子计算的基本概念，包括量子比特、量子门、量子态等重要概念，并通过实例帮助读者更好地理解和掌握量子计算的基本原理和方法。

1.1　量子比特及其特性

本节不介绍难以理解的量子力学的相关概念，只是从数学和计算的角度去介绍量子比特。为了方便理解，与经典计算机中的比特相似，科学家们把量子计算机中基本的信息处理和存储单元称为量子比特，但量子比特与经典比特有很多的不同之处。

首先，经典比特是经典计算机中存储信息的最小单位。而量子比特（qubit）不仅可以存储量子计算机在计算过程中所需的数据信息，还可以处理这些数据信息。这使得量子计算机成为存算一体的计算架构，从而解决了经典计算机的“冯·诺依曼瓶颈”问题。

其次，经典比特只能表示两种状态（0 或 1），且每次只能表示一个状态。而量子比特利用了量子力学的叠加态原理，可以同时表示多个状态，所以量子计算机存储的信息密度远高于经典计算机存储。这意味着，在同等硬件资源的情况下，量子计算机能够存储更多的信息。除此之外，量子计算能够利用量子叠加原理在同一时间处理多个计算任务，从而实现并行计算。相比之下，经典计算的并行能力受到硬件和处理器数量的限制。

再次，两个或多个量子比特可通过量子逻辑门操作演化为一种纠缠状态。处于纠缠状态的量子比特，确定了一个比特的状态，其他比特的状态自然就确定了，这是独立的经典比特系统中不存在的特性。量子计算机利用纠缠关系可以更好地处理那些涉及许多相互关联变量的复杂问题，如量子模拟、组合优化等。这些问题在经典计算机上往往难以高效解决，而量子计算机利用高度关联的计算资源可以显著提高解决这类问题的能力。

最后，从存算一体、量子叠加和量子纠缠三个角度来看，量子比特与经典比特之间的区别使得量子计算具有显著的优势。那么如何利用这些量子比特的特性进行计算呢？在回答这个问题之前，需要先了解一些关于量子比特的数学概念。

1.1.1 单量子比特

在经典计算中，经典比特的状态用 0 或 1 表示，而在量子计算中可以用 $|0\rangle$、$|1\rangle$、$|2\rangle$、$\cdots$ 表示量子比特的状态，“$|\rangle$”是狄拉克（Dirac）括号。为了与经典计算的二进制规则兼容，本书后续章节只使用 $|0\rangle$、$|1\rangle$ 这两种状态。量子比特是可以处在多种状态的叠加态的，也就是说量子比特可以处在 $|0\rangle$、$|1\rangle$ 这两种状态的叠加状态，那怎么表示这种叠加状态呢？可以把量子比特表示为二维复向量空间 $\mathbb{C}^2$ 中的一个单位向量。设 $|0\rangle=[1,0]^{\mathrm{T}}$、$|1\rangle=[0,1]^{\mathrm{T}}$ 为 $\mathbb{C}^2$ 的一组基，则一个量子比特可以表示为

$$|\psi\rangle=\alpha|0\rangle+\beta|1\rangle \tag{1.1}$$

其中，α、β 都是复数，称为振幅，且满足归一化条件 $|\alpha|^2+|\beta|^2=1$。

接下来，考虑将 $|\psi\rangle$ 表示为一个特定的形式。这种形式通常称为布洛赫（Bloch）球，如图 1.1 所示。

布洛赫球的北极表示 $|0\rangle$，南极表示 $|1\rangle$。根据布洛赫球表示法，可以将任意单量子比特量子态写为

$$|\psi\rangle=\mathrm{e}^{\mathrm{i}\gamma}\left(\cos\left(\frac{\theta}{2}\right)|0\rangle+\mathrm{e}^{\mathrm{i}\varphi}\sin\left(\frac{\theta}{2}\right)|1\rangle\right) \tag{1.2}$$

其中，θ 和 φ 是实数，γ 是任意相位。这种表示方式的物理意义是，θ 和 φ 描述了 $|\psi\rangle$ 在布洛赫球上的位置，γ 描述了 $|\psi\rangle$ 的全局相位。由于 $\mathrm{e}^{\mathrm{i}\gamma}$ 对观测值没有实质性的影响，所以这里可以忽略。进而，可以表示为

$$|\psi\rangle=\cos\left(\frac{\theta}{2}\right)|0\rangle+\mathrm{e}^{\mathrm{i}\varphi}\sin\left(\frac{\theta}{2}\right)|1\rangle \tag{1.3}$$

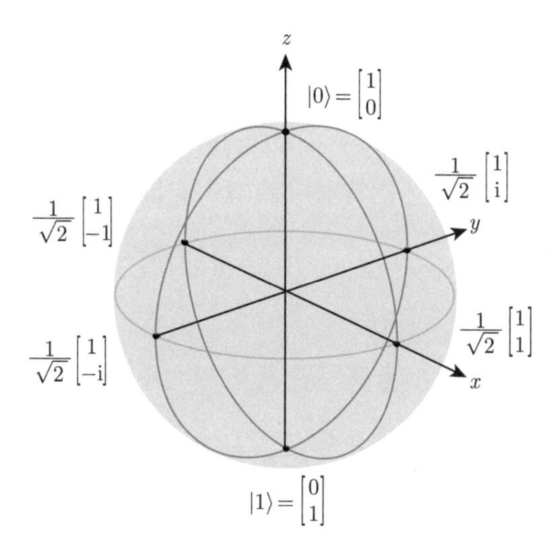

图 1.1　布洛赫球

显然，这里 $|\psi\rangle=\cos\left(\dfrac{\theta}{2}\right)|0\rangle+\mathrm{e}^{\mathrm{i}\varphi}\sin\left(\dfrac{\theta}{2}\right)|1\rangle$ 对应球上的点 $\psi(\cos\varphi\sin\theta,\sin\varphi\sin\theta,\cos\theta)$。

下面证明如果将 $|\psi\rangle$ 表示为式(1.2)，则有 $|\alpha|^2=\cos^2\left(\dfrac{\theta}{2}\right)$ 和 $\beta=\mathrm{e}^{\mathrm{i}\varphi}\sin\left(\dfrac{\theta}{2}\right)$。首先，将式(1.2)代入式(1.1)：

$$|\psi\rangle=\mathrm{e}^{\mathrm{i}\gamma}\left(\cos\left(\frac{\theta}{2}\right)|0\rangle+\mathrm{e}^{\mathrm{i}\varphi}\sin\left(\frac{\theta}{2}\right)|1\rangle\right)=\alpha|0\rangle+\beta|1\rangle \tag{1.4}$$

这样，可以得到：

$$\alpha=\cos\left(\frac{\theta}{2}\right)\mathrm{e}^{\mathrm{i}\gamma},\quad \beta=\mathrm{e}^{\mathrm{i}(\varphi+\gamma)}\sin\left(\frac{\theta}{2}\right) \tag{1.5}$$

然后，计算 $|\alpha|^2$：

$$|\alpha|^2=|\cos\left(\frac{\theta}{2}\right)\mathrm{e}^{\mathrm{i}\gamma}|^2=\cos^2\left(\frac{\theta}{2}\right) \tag{1.6}$$

这证明了第一个等式。同时，第二个等式也得到了验证。

因此，$|\psi\rangle=\alpha|0\rangle+\beta|1\rangle$ 和 $|\psi\rangle=\mathrm{e}^{\mathrm{i}\gamma}\left(\cos\left(\dfrac{\theta}{2}\right)|0\rangle+\mathrm{e}^{\mathrm{i}\varphi}\sin\left(\dfrac{\theta}{2}\right)|1\rangle\right)$ 是等价的。

1.1.2 多量子比特

假设有两个量子比特，应该如何表示它们的量子态？首先确定的是，两个量子比特可能会有 4 个状态 $|00\rangle$、$|01\rangle$、$|10\rangle$、$|11\rangle$，相对应的应该有 4 个振幅（a_{00}、a_{01}、a_{10}、a_{11}），则这两个量子比特对应的 $|\psi\rangle$ 应该是

$$|\psi\rangle = a_{00}|00\rangle + a_{01}|01\rangle + a_{10}|10\rangle + a_{11}|11\rangle \tag{1.7}$$

其中，a_{00}、a_{01}、a_{10}、a_{11} 为复数，且 $|a_{00}|^2 + |a_{01}|^2 + |a_{10}|^2 + |a_{11}|^2 = 1$。

以此类推，对于一个由多个量子比特组成的系统，它的量子态可以表示为 $|\psi\rangle = \sum\limits_{i=0}^{2^n-1} a_i|i\rangle$，其中 n 为量子比特数，a_i 为振幅，且 $\sum\limits_{i=0}^{2^n-1} |a_i|^2 = 1$。此外，还可以考虑使用线性代数中的向量表示量子态。在量子理论中，描述量子态的向量称为态矢，态矢分为左矢和右矢。

$$\begin{aligned} &\text{右矢（ket）}:|\psi\rangle = [a_1, a_2, \cdots, a_n]^{\mathrm{T}} \\ &\text{左矢（bra）}:\langle\psi| = [a_1^*, a_2^*, \cdots, a_n^*] \end{aligned} \tag{1.8}$$

态矢中的每一个元素都是复数，T 表示转置，$*$ 表示复共轭。右矢是 $n \times 1$ 的列向量，左矢是 $1 \times n$ 的行向量。相应地，内积与外积定义为：设 $|\alpha\rangle = [a_1, a_2, \cdots, a_n]^{\mathrm{T}}$，$|\beta\rangle = [b_1, b_2, \cdots, b_n]^{\mathrm{T}}$，有

$$\begin{aligned} &\text{内积}:\langle\alpha|\beta\rangle = \sum_{i=1}^{n} a_i^* b_i \\ &\text{外积}:|\alpha\rangle\langle\beta| = \left[a_i b_j^*\right]_{n\times n} \end{aligned} \tag{1.9}$$

拥有两个或两个以上的量子比特的量子系统通常被称为复合物理系统。复合物理系统的状态空间由子物理系统状态空间的张量积生成。下面，简要介绍张量积（Tensor Product）。

两个向量空间通过张量积运算可以形成一个更大的向量空间。在量子力学中，量子的状态由希尔伯特空间（Hilbert Space）中的单位向量来描述。设 $\boldsymbol{H}_1$ 和 $\boldsymbol{H}_2$ 分别是 m 维和 n 维的希尔伯特空间，$\boldsymbol{H}_1$ 和 $\boldsymbol{H}_2$ 的张量积可形成一个 $m \times n$ 维的希尔伯特空间 $\boldsymbol{H} = \boldsymbol{H}_1 \otimes \boldsymbol{H}_2$。张量积满足的运算规则如下。

（1）张量积对应的矩阵运算为克罗内克（Kronecker）乘积：设矩阵 $\boldsymbol{A}_{m\times n}$ 和 $\boldsymbol{B}_{s\times t}$，有

$$\boldsymbol{A}\otimes\boldsymbol{B}=\begin{bmatrix} a_{11}\boldsymbol{B} & a_{12}\boldsymbol{B} & \cdots & a_{1n}\boldsymbol{B} \\ a_{21}\boldsymbol{B} & a_{22}\boldsymbol{B} & \cdots & a_{2n}\boldsymbol{B} \\ \cdots & \cdots & & \cdots \\ a_{m1}\boldsymbol{B} & a_{m2}\boldsymbol{B} & \cdots & a_{mn}\boldsymbol{B} \end{bmatrix}_{ms\times nt} \tag{1.10}$$

（2）设矩阵 $\boldsymbol{A}$、$\boldsymbol{B}$、$\boldsymbol{C}$、$\boldsymbol{D}$ 以及常数 $c\in\mathbb{C}$，它们满足以下运算规则：

$$\boldsymbol{A}\otimes(\boldsymbol{B}+\boldsymbol{C})=\boldsymbol{A}\otimes\boldsymbol{B}+\boldsymbol{A}\otimes\boldsymbol{C},\quad (\boldsymbol{B}+\boldsymbol{C})\otimes\boldsymbol{A}=\boldsymbol{B}\otimes\boldsymbol{A}+\boldsymbol{C}\otimes\boldsymbol{A}$$

$$c(\boldsymbol{A}\otimes\boldsymbol{B})=c\boldsymbol{A}\otimes\boldsymbol{B}=\boldsymbol{A}\otimes c\boldsymbol{B}$$

$$(\boldsymbol{A}\otimes\boldsymbol{B})(\boldsymbol{C}\otimes\boldsymbol{D})=\boldsymbol{AC}\otimes\boldsymbol{BD}$$

举例说明,对于 2 维的希尔伯特空间 $\boldsymbol{H}_1$ 和 $\boldsymbol{H}_2$,均有一组标准正交基 $\{|0\rangle,|1\rangle\}$,那么 $\boldsymbol{H}=\boldsymbol{H}_1\otimes\boldsymbol{H}_2$ 的标准正交基为 $\{|00\rangle=|0\rangle\otimes|0\rangle=[1,0,0,0]^{\mathrm{T}},|01\rangle=|0\rangle\otimes|1\rangle=[0,0,1,0]^{\mathrm{T}},|10\rangle=[0,1,0,0]^{\mathrm{T}},|11\rangle=[0,0,0,1]^{\mathrm{T}}\}$。如果有被 1 到 n 标记的系统，第 i 个系统的状态为 $|\psi_i\rangle$，那么生成的整个系统的联合状态为 $|\psi_1\rangle\otimes|\psi_2\rangle\otimes\cdots\otimes|\psi_n\rangle$。

复合物理系统有单量子系统不具有的另一个奇特现象——纠缠（Entanglement）。在数学上，设量子态 $|\psi\rangle\in\boldsymbol{H}_1\otimes\boldsymbol{H}_2$，若不存在 $\alpha\in\boldsymbol{H}_1$ 及 $\beta\in\boldsymbol{H}_2$，使得

$$|\psi\rangle=|\alpha\rangle\otimes|\beta\rangle \tag{1.11}$$

则称 $|\psi\rangle$ 是纠缠的（Entangled）。否则,称 $|\psi\rangle$ 不处于纠缠态。例如,$\frac{1}{\sqrt{2}}(|00\rangle+|11\rangle)$ 是纠缠态，而 $\frac{1}{\sqrt{2}}(|00\rangle+|01\rangle)=|0\rangle\otimes\frac{1}{\sqrt{2}}(|0\rangle+|1\rangle)$ 是非纠缠态。最大叠加态是指系数相等且包含所有基向量的叠加态，又称均衡叠加态。

注 1.1 复合物理系统的状态演变等价于矩阵算符作用在初始状态上（矩阵的乘法运算)，与单个系统相比，多了每个子系统的矩阵算符的张量积运算。

1.2 量子计算的基本操作

1.1 节介绍了量子比特的基本概念，那么量子计算机是如何进行计算的呢?经典计算机执行计算的基本操作是逻辑门，量子计算机则基于量子力学原理执行计算。量子计算的基本操作包括量子逻辑门（简称量子门，包括单量子比特逻辑门、多量子比特逻辑门）、测量和量子线路等。本节介绍主要的量子计算基本操作。

1.2.1 单量子比特逻辑门

设 $\boldsymbol{U}$ 为酉矩阵，满足 $\boldsymbol{U}\boldsymbol{U}^{\dagger}=\boldsymbol{I}$。$|\psi_2\rangle=\boldsymbol{U}|\psi_1\rangle$ 表示状态的演化。在量子计算机中，各种形式的酉矩阵被称为量子逻辑门。常见的单量子比特逻辑门（简称单比特门）有泡利（Pauli）矩阵、阿达马（Hadamard）门（简称 H 门）和转动算符（Rotation Operator，又称旋转门），下面分别进行介绍。

1. 泡利矩阵

泡利矩阵有时也称为自旋矩阵（Spin Matrix），有 3 种形式，分别为 Pauli-X 门（简称 X 门，矩阵形式可记作 $\boldsymbol{X}$ 或 $\boldsymbol{\sigma}_x$）、Pauli-Y 门（简称 Y 门，矩阵形式可记作 $\boldsymbol{Y}$ 或 $\boldsymbol{\sigma}_y$）和 Pauli-Z 门（简称 Z 门，矩阵形式可记作 $\boldsymbol{Z}$ 或 $\boldsymbol{\sigma}_z$），如式（1.12）~ 式（1.14）所示。

$$\boldsymbol{X}=\boldsymbol{\sigma}_x=\begin{bmatrix}0 & 1\\1 & 0\end{bmatrix} \tag{1.12}$$

$$\boldsymbol{Y}=\boldsymbol{\sigma}_y=\begin{bmatrix}0 & -\mathrm{i}\\\mathrm{i} & 0\end{bmatrix} \tag{1.13}$$

$$\boldsymbol{Z}=\boldsymbol{\sigma}_z=\begin{bmatrix}1 & 0\\0 & -1\end{bmatrix} \tag{1.14}$$

可以看出，X 门相当于非门，它将 $|0\rangle\mapsto|1\rangle$、$|1\rangle\mapsto|0\rangle$。Y 门的作用相当于绕布洛赫球的 Y 轴旋转角度 π。Z 门的作用相当于绕布洛赫球的 Z 轴旋转角度 π。

2. H 门

H 门的矩阵形式如式 (1.15) 所示。

$$\boldsymbol{H}=\frac{1}{\sqrt{2}}\begin{bmatrix}1 & 1\\1 & -1\end{bmatrix} \tag{1.15}$$

注 1.2 H 门常用的表达式如下：

$$\boldsymbol{H}|0\rangle=\frac{1}{\sqrt{2}}|0\rangle+\frac{1}{\sqrt{2}}|1\rangle=|+\rangle,\boldsymbol{H}|1\rangle=\frac{1}{\sqrt{2}}|0\rangle-\frac{1}{\sqrt{2}}|1\rangle=|-\rangle \tag{1.16a}$$

$$\boldsymbol{H}^{\otimes 2}|00\rangle=\frac{1}{2}|00\rangle+\frac{1}{2}|01\rangle+\frac{1}{2}|10\rangle+\frac{1}{2}|11\rangle \tag{1.16b}$$

$$\boldsymbol{H}^{\otimes n}|00\cdots 0\rangle=\left(\frac{1}{\sqrt{2}}|0\rangle+\frac{1}{\sqrt{2}}|1\rangle\right)^{\otimes n}=\frac{1}{\sqrt{2^n}}(|0\rangle+|1\rangle+\cdots+|2^n-1\rangle) \tag{1.16c}$$

$$\boldsymbol{H}|x\rangle = \frac{1}{\sqrt{2}}|0\rangle + (-1)^x \frac{1}{\sqrt{2}}|1\rangle = \frac{1}{\sqrt{2}}\sum_{z=0}^{1}(-1)^{xz}|z\rangle \tag{1.16d}$$

$$\begin{aligned}\boldsymbol{H}^{\otimes n}|x_1\cdots x_n\rangle &= \bigotimes_j \left(\frac{1}{\sqrt{2}}\sum_{z_j=0}^{1}(-1)^{x_j z_j}|z_j\rangle\right) \\ &= \frac{1}{\sqrt{2^n}}\sum_{z_1,z_2,\cdots,z_n=0}^{1}(-1)^{\sum\limits_j x_j z_j}|z_1 z_2\cdots z_n\rangle\end{aligned} \tag{1.16e}$$

3. 旋转门

在了解旋转门之前，需要证明：设 x 是个实数，$\boldsymbol{A}$ 是一个矩阵，且满足 $\boldsymbol{A}^2=\boldsymbol{I}$，则有 $\exp(\mathrm{i}x\boldsymbol{A})=(\cos x)\boldsymbol{I}+\mathrm{i}(\sin x)\boldsymbol{A}$。该等式可利用 e 指数的泰勒展开及 $\boldsymbol{A}^2=\boldsymbol{I}$ 得证，这里不赘述。

旋转门有 3 种形式，分别为 RX 门、RY 门和 RZ 门，它们分别以不同的泡利矩阵作为生成元构成，如式 (1.17)~ 式 (1.19) 所示。

$$\mathbf{RX}(\theta) = \mathrm{e}^{-\mathrm{i}\frac{\theta \boldsymbol{X}}{2}} = \cos\left(\frac{\theta}{2}\right)\boldsymbol{I} - \mathrm{i}\sin\left(\frac{\theta}{2}\right)\boldsymbol{X} = \begin{bmatrix} \cos\left(\frac{\theta}{2}\right) & -\mathrm{i}\sin\left(\frac{\theta}{2}\right) \\ -\mathrm{i}\sin\left(\frac{\theta}{2}\right) & \cos\left(\frac{\theta}{2}\right) \end{bmatrix} \tag{1.17}$$

$$\mathbf{RY}(\theta) = \mathrm{e}^{-\mathrm{i}\frac{\theta \boldsymbol{Y}}{2}} = \cos\left(\frac{\theta}{2}\right)\boldsymbol{I} - \mathrm{i}\sin\left(\frac{\theta}{2}\right)\boldsymbol{Y} = \begin{bmatrix} \cos\left(\frac{\theta}{2}\right) & -\sin\left(\frac{\theta}{2}\right) \\ \sin\left(\frac{\theta}{2}\right) & \cos\left(\frac{\theta}{2}\right) \end{bmatrix} \tag{1.18}$$

$$\mathbf{RZ}(\theta) = \mathrm{e}^{-\mathrm{i}\frac{\theta \boldsymbol{Z}}{2}} = \cos\left(\frac{\theta}{2}\right)\boldsymbol{I} - \mathrm{i}\sin\left(\frac{\theta}{2}\right)\boldsymbol{Z} = \begin{bmatrix} \mathrm{e}^{-\mathrm{i}\frac{\theta}{2}} & 0 \\ 0 & \mathrm{e}^{\mathrm{i}\frac{\theta}{2}} \end{bmatrix} \tag{1.19}$$

上述单比特门可以统一表示为

$$\boldsymbol{R}_\phi(\theta) = \begin{bmatrix} \cos\left(\frac{\theta}{2}\right) & -\mathrm{i}\sin\left(\frac{\theta}{2}\right)\mathrm{e}^{-\mathrm{i}\phi} \\ -\mathrm{i}\sin\left(\frac{\theta}{2}\right)\mathrm{e}^{\mathrm{i}\phi} & \cos\left(\frac{\theta}{2}\right) \end{bmatrix} \tag{1.20}$$

通过控制 θ 与 ϕ 的取值以及简单的矩阵变换，$\boldsymbol{R}_\phi(\theta)$ 即可转化为以上所有单比特门的形式。例如，当 $\theta=\phi=\dfrac{\pi}{2}$ 时，对 $\boldsymbol{R}_\phi(\theta)$ 作两行交换就是 H 门。统一的表达矩阵 $\boldsymbol{R}_\phi(\theta)$ 在底层实现过程中尤为重要。

理论上，对于单量子比特的任一酉算符，均有 ZYZ 分解。具体见定理 1.1[1]。

定理 1.1 对于单量子比特的任一酉算符 $\boldsymbol{U}$，存在 α、β、γ 和 δ，使得

$$\boldsymbol{U} = \mathrm{e}^{\mathrm{i}\alpha}\mathbf{RZ}(\beta)\mathbf{RY}(\gamma)\mathbf{RZ}(\delta) \tag{1.21}$$

注 1.3 除以上介绍的常用门以外，单比特门还有相位门（Phase Gate 又称 S 门）和 $\frac{\pi}{8}$ 门（又称 T 门），它们的矩阵形式分别为

$$\boldsymbol{S} = \begin{bmatrix} 1 & 0 \\ 0 & \mathrm{i} \end{bmatrix}, \quad \boldsymbol{T} = \begin{bmatrix} 1 & 0 \\ 0 & \mathrm{e}^{\mathrm{i}\frac{\pi}{4}} \end{bmatrix}$$

1.2.2 多量子比特逻辑门

实现多量子比特逻辑门（简称多比特门）时，量子比特和量子逻辑门都是通过“张量积”运算完成增长的。对于 n 量子比特 $|x_{n-1}x_{n-2}\cdots x_0\rangle$，$n$ 量子比特系统的计算基就由 2^n 个单位正交向量组成，借助经典比特的进位方式对量子比特进行标记，从左到右依次是二进制中的高位到低位。也就是说，$|x_{n-1}x_{n-2}\cdots x_0\rangle$ 中 x_{n-1} 为高位，x_0 为低位。

标准的多比特门包括两量子比特逻辑门（简称两比特门）和三量子比特逻辑门（简称三比特门）。两比特门包括受控泡利门、受控 H 门、受控旋转门、受控相位门（Controlled Phase Gate，简称 CR 门）、换位逻辑（iSWAP）门。三比特门包括托佛利（Toffoli）门和控制–交换门 [弗雷德金（Fredkin）门] 等。下面简要介绍 CNOT 门、CR 门、iSWAP 门，以及多量子比特受控 U 门。

1. CNOT 门

互不相关的两个量子比特能够在经典计算机上轻易模拟，而有纠缠的量子比特的纠缠性是通过受控操作（Controlled Operation）实现的，用受控门表示。最常用的受控门是受控非门，称为 CNOT 门（或 CX 门），如图 1.2 所示。

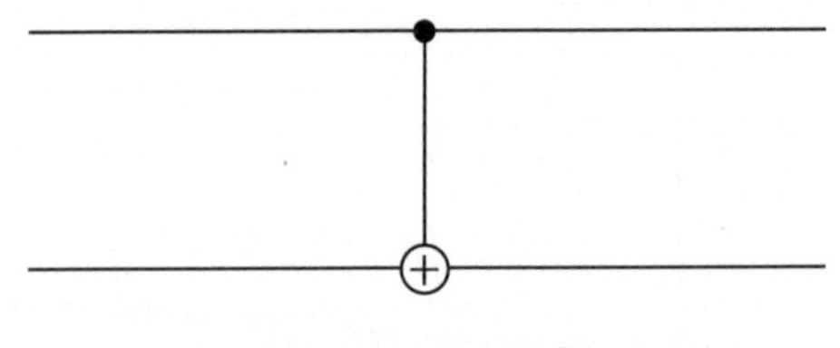

图 1.2 CNOT 门

图 1.2 中的每根线都表示一个量子比特演化的路线，且这两根线有位次之分，从上到下依次表示从低位到高位的量子比特演化的路线。图 1.2 横跨两个量子比

特，它代表将一个两比特门作用在这两个量子比特上。一般将含实点的路线对应的量子比特称为控制比特 $|c\rangle$（Control Qubit），另一条路线对应的量子比特为目标比特 $|t\rangle$（Target Qubit）。

若低位为控制比特，满足运算：

$$\begin{aligned} &|\psi\rangle|00\rangle = |00\rangle, \quad |\psi\rangle|01\rangle = |11\rangle \\ &|\psi\rangle|10\rangle = |10\rangle, \quad |\psi\rangle|11\rangle = |01\rangle \end{aligned} \tag{1.22}$$

那么，CNOT 门具有如下矩阵形式：

$$\mathbf{CNOT} = \begin{bmatrix} 1 & 0 & 0 & 0 \\ 0 & 0 & 0 & 1 \\ 0 & 0 & 1 & 0 \\ 0 & 1 & 0 & 0 \end{bmatrix} \tag{1.23}$$

由此可见，当低位为控制比特、高位为目标比特时，若低位位置对应为 1，高位就会被取反；当低位位置为 0 时，不对高位做任何操作。

若高位为控制比特，状态演变如图 1.3 所示。

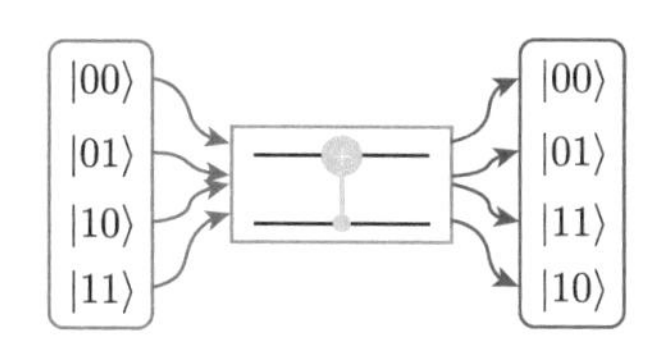

图 1.3　高位为控制比特时的状态演变

那么，CNOT 门具有如下矩阵形式：

$$\mathbf{CNOT} = \begin{bmatrix} 1 & 0 & 0 & 0 \\ 0 & 1 & 0 & 0 \\ 0 & 0 & 0 & 1 \\ 0 & 0 & 1 & 0 \end{bmatrix} \tag{1.24}$$

在计算机基础方面，CNOT 门可以表示为 $|c\rangle|t\rangle \mapsto |c\rangle|t \oplus c\rangle$。也就是说，当控制比特为 $|0\rangle$ 态时，目标比特不发生改变；当控制比特为 $|1\rangle$ 态时，对目标比特执行 X 门（量子非门）操作。

2. CR 门

受控相位门（Controlled Phase Gate）和 CNOT 门相似，通常称为 CR 门（或 CPhase 门），矩阵形式为

$$\mathbf{CR}(\theta)=\begin{bmatrix}1&0&0&0\\0&1&0&0\\0&0&1&0\\0&0&0&\mathrm{e}^{\mathrm{i}\theta}\end{bmatrix}\tag{1.25}$$

CR 门在线路中的符号如图 1.4 所示。

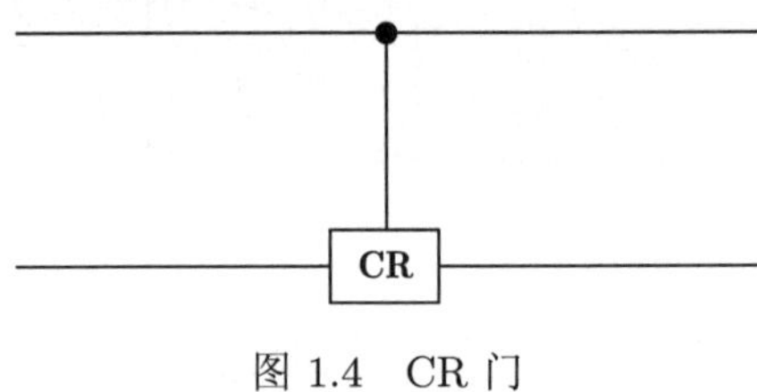

图 1.4　CR 门

当控制比特为 $|0\rangle$ 态时，目标比特不发生改变；当控制比特为 $|1\rangle$ 态时，对目标比特执行相移门（Phase-shift Gate）。相移门的特征是，将 CR 门里的控制比特和目标比特的状态进行交换，矩阵形式不会发生任何改变。

3. iSWAP 门

iSWAP 门的主要作用是交换两个量子比特的状态，并且赋予其 $\pi/2$ 相位。经典电路中有 SWAP 门，iSWAP 门则是量子计算中特有的。iSWAP 门在某些体系中是较容易实现的两比特门，它是先由 $\boldsymbol{\sigma}_x\otimes\boldsymbol{\sigma}_x+\boldsymbol{\sigma}_y\otimes\boldsymbol{\sigma}_y$ 作为生成元生成，再作对角化。iSWAP 门的矩阵形式为

$$\mathbf{iSWAP}(\theta)=\begin{bmatrix}1&0&0&0\\0&\cos(\theta)&-\mathrm{i}\sin(\theta)&0\\0&-\mathrm{i}\sin(\theta)&\cos(\theta)&0\\0&0&0&1\end{bmatrix}\tag{1.26}$$

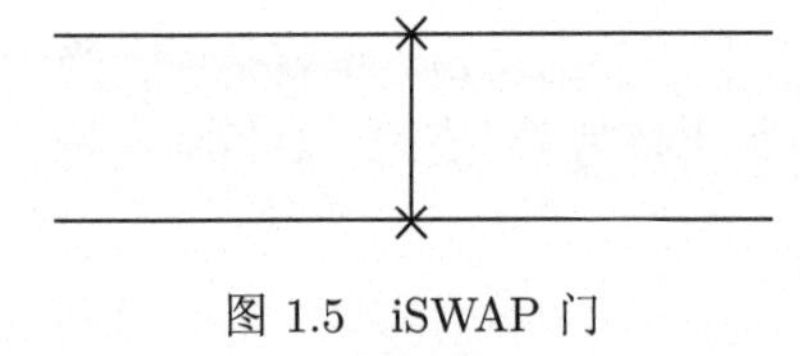

图 1.5　iSWAP 门

iSWAP 门在线路中的符号如图 1.5 所示。通常会用一个完整的翻转，即 $\theta=\pi/2$ 的情况来指代 iSWAP 门。当角度为 $\theta=\pi/4$ 时，记为 $\sqrt{\text{iSWAP}}$。对 iSWAP 门而言，两个量子比特之间的地位是对等的，不存在控制和受控的关系。

4. 一般受控 U 门

假设有 $(n+k)$ 量子比特，$\boldsymbol{U}$ 是一个 k 量子比特逻辑门，则可定义受控操作 $C^n(\boldsymbol{U})$：设 n 位控制比特 $|c\rangle$ 满足控制条件，则将 $\boldsymbol{U}$ 作用于 k 位目标比特 $|t\rangle$，否则保持目标比特不变。本质上来说，任意情况的受控 U 门（C-$\boldsymbol{U}$）均有通用计算表达式，如式 (1.27) 所示。

$$|c\rangle|t\rangle \mapsto |c\rangle\boldsymbol{U}^c|t\rangle = \begin{cases} |c\rangle|t\rangle, & c \neq c_1 \\ |c\rangle\boldsymbol{U}|t\rangle, & c = c_1 \end{cases} \tag{1.27}$$

式 (1.27) 可以写成

$$\text{C-}\boldsymbol{U} = |c_1\rangle\langle c_1| \otimes \boldsymbol{U} + |c_1^{\perp}\rangle\langle c_1^{\perp}| \otimes \boldsymbol{I} \tag{1.28}$$

取 $\boldsymbol{U} = \boldsymbol{X}$、$c_1 = 1$，就可得到 CNOT 门：

$$\text{高位为控制比特：} |1\rangle\langle 1| \otimes \boldsymbol{X} + |0\rangle\langle 0| \otimes \boldsymbol{I} \tag{1.29}$$

$$\text{低位为控制比特：} \boldsymbol{X} \otimes |1\rangle\langle 1| + \boldsymbol{I} \otimes |0\rangle\langle 0| \tag{1.30}$$

注 1.4　这里的特殊算符 $|c_1\rangle\langle c_1|$ 可以衍生出测量、判别和镜像反射等多种用途，在后面的量子线路和量子算法中均有较多应用场景。

1.2.3　量子测量

对量子态进行测量会导致坍缩，即测量会影响原来的量子态，因此量子态的全部信息不可能通过一次测量得到。下面给出测量的通用计算表达式。

假设：量子测量由测量算符（Measurement Operator）的集合 $\{\boldsymbol{M}_i\}$ 来描述，这些算符可以作用在待测量系统的状态空间（State Space）中；指标（Index）i 表示实验中可能发生的结果。如果测量前的量子系统处在最新状态 $|\psi\rangle$，那么测量结果 i 发生的概率为

$$p(i) = \langle\psi|\boldsymbol{M}_i^{\dagger}\boldsymbol{M}_i|\psi\rangle \tag{1.31}$$

并且测量后的系统状态转变为

$$\frac{\boldsymbol{M}_i|\psi\rangle}{\sqrt{\langle\psi|\boldsymbol{M}_i^{\dagger}\boldsymbol{M}_i|\psi\rangle}} \tag{1.32}$$

由于所有可能情况的概率和为 1，即

$$\sum_i p(i) = \sum_i \langle\psi|\boldsymbol{M}_i^{\dagger}\boldsymbol{M}_i|\psi\rangle = 1 \tag{1.33}$$

所以测量算符需满足 $\sum_i \boldsymbol{M}_i^\dagger \boldsymbol{M}_i = \boldsymbol{I}$。该方程被称为完备性方程（Completeness Equation）。

量子测量有多种方式，如投影测量（Projective Measurement）、正算符值测量（Positive Operator-Valued Measure）。投影测量要求测量算符为投影算符 $\{\boldsymbol{P}_i\}$，且满足 $\boldsymbol{P}_i^\dagger \boldsymbol{P}_i = \boldsymbol{P}_i^2 = \boldsymbol{P}_i$。正算符值测量并非全新的概念：对于任意的测量算符 $\{\boldsymbol{M}_i\}$，记 $\boldsymbol{E}_i = \boldsymbol{M}_i^\dagger \boldsymbol{M}_i$，可以看出 $\boldsymbol{E}$ 是正定的，且是完备的 $\left(\sum_i \boldsymbol{E}_i = I\right)$，则 $\{\boldsymbol{E}_i\}$ 是正算符值测量。可以说，投影测量与正算符值测量是一般测量的特例。当测量算符具有酉矩阵时，投影测量和一般测量等价。

下面介绍投影测量。投影测量由一个可观测量（Observable）$\boldsymbol{\Lambda}$ 来描述，可观测量是一个待观测系统的状态空间上的自伴算符。对可观测量 $\boldsymbol{\Lambda}$ 进行谱分解：

$$\boldsymbol{\Lambda} = \sum_i \lambda_i \boldsymbol{P}_i \tag{1.34}$$

设 $\boldsymbol{\Lambda}_i$ 是 $\boldsymbol{\Lambda}$ 在特征值 λ_i 对应的特征空间上的投影。在对状态 $|\psi\rangle$ 进行测量之后，得到结果 i 的概率为

$$p(i) = p(\lambda = \lambda_i) = \langle\psi|\boldsymbol{P}_i|\psi\rangle \tag{1.35}$$

测量后，若结果 i 发生，则量子系统的最新状态为

$$\frac{\boldsymbol{\Lambda}_i|\psi\rangle}{\sqrt{p_i}} \tag{1.36}$$

投影测量的一个重要特征就是平均值及标准偏差很容易计算：

$$E(\boldsymbol{\Lambda}) = \sum_i \lambda_i p_i = \sum_i \lambda_i \langle\psi|\boldsymbol{P}_i|\psi\rangle = \langle\psi|\boldsymbol{\Lambda}|\psi\rangle \tag{1.37}$$

$$\Delta(\boldsymbol{\Lambda})^2 = E(\boldsymbol{\Lambda}^2) - E(\boldsymbol{\Lambda})^2 = \langle\psi|\boldsymbol{\Lambda}^2|\psi\rangle - \langle\psi|\boldsymbol{\Lambda}|\psi\rangle^2 \tag{1.38}$$

例 1.1 单量子比特在计算基下有两个测量算符，即 $\boldsymbol{M}_0 = |0\rangle\langle 0|$、$\boldsymbol{M}_1 = |1\rangle\langle 1|$。这两个测量算符均是自伴的，即满足 $\boldsymbol{M}_0^\dagger = \boldsymbol{M}_0$、$\boldsymbol{M}_1^\dagger = \boldsymbol{M}_1$，且 $\boldsymbol{M}_0^2 = \boldsymbol{M}_0$、$\boldsymbol{M}_1^2 = \boldsymbol{M}_1$，因此 $\boldsymbol{M}_0^\dagger \boldsymbol{M}_0 + \boldsymbol{M}_1^\dagger \boldsymbol{M}_1 = \boldsymbol{I}$。因此，该测量算符满足完备性方程。

若对式(1.1)的量子态 $|\psi\rangle$ 进行测量，测量结果为 0 的概率为

$$p(0) = \langle\psi|\boldsymbol{M}_0^\dagger \boldsymbol{M}_0|\psi\rangle = \langle\psi|\boldsymbol{M}_0|\psi\rangle = |\alpha|^2 \tag{1.39}$$

相应地，测量后的状态为

$$\frac{\boldsymbol{M}_0|\psi\rangle}{\sqrt{\langle\psi|\boldsymbol{M}_0^\dagger\boldsymbol{M}_0|\psi\rangle}}=\frac{\boldsymbol{M}_0|\psi\rangle}{|\alpha|}=\frac{\alpha}{|\alpha|}|0\rangle \tag{1.40}$$

同理可得，$|\psi\rangle$ 以概率 $|\beta|^2$ 处于 $|1\rangle$，对应测量后的状态为 $\dfrac{\beta}{|\beta|}|1\rangle$。

例 1.2　若可观测量是 $\boldsymbol{X}=\begin{bmatrix}0&1\\1&0\end{bmatrix}$，现对待观测量 $|\psi\rangle=\alpha|0\rangle+\beta|1\rangle$ 进行投影测量。首先，对 $\boldsymbol{X}$ 进行谱分解，得到 $\boldsymbol{\Lambda}=\lambda_1\boldsymbol{P}_1+\lambda_2\boldsymbol{P}_2$，其中 $\lambda_1=1$、$\lambda_2=-1$、$\boldsymbol{P}_1=\begin{bmatrix}\frac{1}{2}&\frac{1}{2}\\\frac{1}{2}&\frac{1}{2}\end{bmatrix}$、$\boldsymbol{P}_2=\begin{bmatrix}\frac{1}{2}&-\frac{1}{2}\\-\frac{1}{2}&\frac{1}{2}\end{bmatrix}$。然后，对状态 $|\psi\rangle$ 进行测量，可知概率为 $p(1)=p(\lambda=\lambda_1)=\langle\psi|\boldsymbol{P}_1|\psi\rangle=\frac{1}{2}(\alpha+\beta)^2$、$p(2)=p(\lambda=\lambda_2)=\langle\psi|\boldsymbol{P}_2|\psi\rangle=\frac{1}{2}(\alpha-\beta)^2$。

测量后，若结果 1 发生，则量子系统的最新状态为

$$\frac{\boldsymbol{P}_1|\psi\rangle}{\sqrt{p_1}}=\frac{\sqrt{2}}{2}(|0\rangle+|1\rangle)=|+\rangle \tag{1.41}$$

若结果 2 发生，则量子系统的最新状态为

$$\frac{\boldsymbol{P}_2|\psi\rangle}{\sqrt{p_2}}=\frac{\sqrt{2}}{2}(|0\rangle-|1\rangle)=|-\rangle \tag{1.42}$$

1.2.4　量子线路

量子线路又称量子逻辑电路，是最常用的通用量子计算模型，它表示在抽象概念下，对量子比特进行操作的线路。量子线路的组成包括量子比特、线路（时间线），以及各种量子逻辑门，最后常需要通过量子测量将结果读取出来。与传统电路用金属线进行连接以传递电压信号或电流信号不同，在量子线路中，线路是由时间连接，即量子比特的状态随着时间自然演化，这个过程遵循哈密顿算符（Hamiltonian Operator）的指示，直到遇上量子逻辑门而被操作。由于组成量子线路的每一个量子逻辑门都是一个酉算符，所以整个量子线路整体也是一个大的酉算符。下面看几个具体的例子。

对于 1 个控制比特和 1 个目标比特，受控 U 门由图 1.6 所示线路表示。

4 个控制比特和 3 个目标比特下的受控操作如图 1.7 所示。

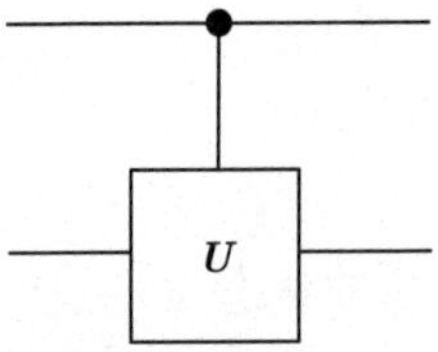

图 1.6　受控 U 门

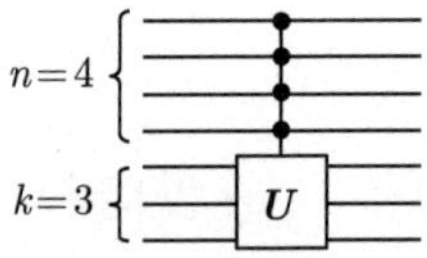

图 1.7　受控操作示例

对于三比特门，当 $n=2$、$k=1$ 和 $\boldsymbol{U}=\boldsymbol{X}$（NOT 门）时，可得到 Toffoli 门：

$$\begin{bmatrix} 1 & 0 & 0 & 0 & 0 & 0 & 0 & 0 \\ 0 & 1 & 0 & 0 & 0 & 0 & 0 & 0 \\ 0 & 0 & 1 & 0 & 0 & 0 & 0 & 0 \\ 0 & 0 & 0 & 1 & 0 & 0 & 0 & 0 \\ 0 & 0 & 0 & 0 & 1 & 0 & 0 & 0 \\ 0 & 0 & 0 & 0 & 0 & 1 & 0 & 0 \\ 0 & 0 & 0 & 0 & 0 & 0 & 0 & 1 \\ 0 & 0 & 0 & 0 & 0 & 0 & 1 & 0 \end{bmatrix} \tag{1.43}$$

Toffoli 门的线路表示如图 1.8 所示。

当 $n=1$、$k=2$ 且 U 门为 SWAP 门时，可得到 Fredkin 门：

$$\begin{bmatrix} 1 & 0 & 0 & 0 & 0 & 0 & 0 & 0 \\ 0 & 1 & 0 & 0 & 0 & 0 & 0 & 0 \\ 0 & 0 & 1 & 0 & 0 & 0 & 0 & 0 \\ 0 & 0 & 0 & 1 & 0 & 0 & 0 & 0 \\ 0 & 0 & 0 & 0 & 1 & 0 & 0 & 0 \\ 0 & 0 & 0 & 0 & 0 & 0 & 1 & 0 \\ 0 & 0 & 0 & 0 & 0 & 1 & 0 & 0 \\ 0 & 0 & 0 & 0 & 0 & 0 & 0 & 1 \end{bmatrix} \tag{1.44}$$

Fredkin 门的线路表示如图 1.9 所示。

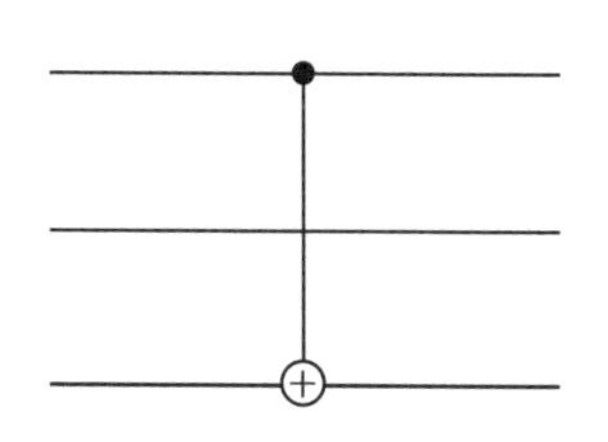

图 1.8　Toffoli 门的线路表示

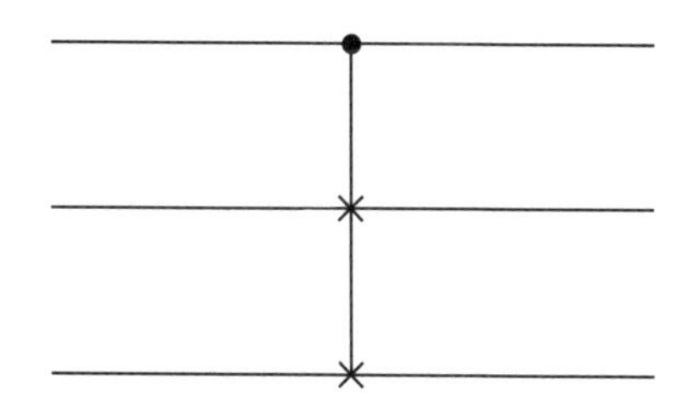

图 1.9　Fredkin 门的线路表示

在 QPanda 中，QCircuit 类（量子线路类）是一个仅加载量子逻辑门的容器类型。初始化一个 QCircuit 对象的方式如下。

```
1    cir = QCircuit()
```

读者可以通过如下方式向 QCircuit 对象的尾部填充量子逻辑门。这里，QPanda 重载了运算符“≪”，用于向量子线路中插入量子操作。

```
1    cir << X(qubits)
```

QCircuit 的使用方式如代码 1.1 所示（PyQPanda 是 Python 版的 QPanda）。

代码 1.1　QCircuit 的使用方式

```
1  import pyqpanda as pq
2
3
4  if __name__ == '__main__':
5
6      qvm = pq.CPUQVM()
7      qvm.initQVM()
8      qubits = qvm.qAlloc_many(2)
9      cubits = qvm.cAlloc_many(2)
10     # 申请量子线路容器
11     cir = pq.QCircuit()
12     prog = pq.QProg()
13     # 给量子线路插入量子逻辑门，量子线路中不能包含量子逻辑门之外的任何操作，包括测量操作
14     cir << pq.H(qbits[0])\
15         << pq.CNOT(qubits[0],qubits[1])
16     prog << cir\
17          << pq.measure_all(qubits,cbits)
18     result = qvm.run_with_configuration(prog,cbits,1000)
19     print(result)
```

代码 1.1 申请了一个量子线路 cir，并向 cir 中插入了 H 门和 CNOT 门。需要注意的是，量子线路中不能包含量子逻辑门之外的操作（如测量操作），所以想要在量子计算机中运行量子线路并获取计算结果，就需要把量子线路放到量子程序中。

1.2.5 量子程序

量子程序设计用于编写与构造量子算法，一般可以将它理解为一个操作序列。由于量子算法中会包含经典计算，因而设想量子计算机是混合结构的，它包含两大部分：一部分是经典计算设备，负责执行经典计算与控制；另一部分是量子设备，负责执行量子计算。所以，QPanda 的量子程序与量子线路的区别在于前者可以包含一部分经典操作（如测量操作、经典逻辑运算操作等）。量子程序的定义更好地兼容了量子计算与经典计算。除了量子计算，它把一部分简单的经典计算也纳入了量子计算机的框架中，在量子计算机底层硬件的支持下，可以大大减少量子计算机与经典计算机之间频繁的数据交互。

在 QPanda 中，声明一个量子程序可以用 QProg 对象，它是一个容器，可以用来承载量子逻辑门、量子线路、测量等操作。初始化 QProg 的操作如下。

```
prog = QProg()
```

读者还可以用已有的量子操作来构建量子程序。

```
qubit = qAlloc()
gate = H(qubit)
prog = QProg(gate)
```

在 QPanda 中，读者可以通过运算符“≪”向 QProg 对象的尾部插入新的量子操作。

```
prog << H(qubit)
```

读者可以通过运算符“≪”向 QProg 对象的尾部插入量子逻辑门、测量、量子线路及其他的量子程序。QProg 的使用方式如代码 1.2 所示。

代码 1.2 QProg 的使用方式

```
import pyqpanda as pq


if __name__ == '__main__':

    qvm = pq.CPUQVM()
    qvm.initQVM()
    qubits = qvm.qAlloc_many(3)
    cbits = qvm.cAlloc_many(3)
    #申请量子程序
    prog = pq.QProg()
    #给量子程序插入量子门和测量操作
    prog << pq.H(qubits[0])\
```

```
14          << pq.CNOT(qubits[0],qubits[1])\
15          << pq.CNOT(qubits[1],qubits[2])\
16          << pq.measure_all(qubits,cbits)
17      result = qvm.run_with_configuration(prog,cbits,1000)
18      print(result)
```

代码 1.2 使用 QProg 构建的量子程序制备了 3 量子比特的 GHZ 态，形式如式 (1.45) 所示。

$$\frac{1}{\sqrt{2}}(|000\rangle + |111\rangle) \tag{1.45}$$

3 量子比特的 GHZ 态可以通过 1 个 H 门和 2 个 CNOT 门制备得到，量子程序的计算结果如下。

```
1   '000': 513, '111': 487
```

1.2.6　QIf 与 QWhile

量子线路的本质是一个量子逻辑门的执行序列，它是从左至右依次执行的。在经典计算中，人们经常会使用 if、for、while 等判断或循环操作。自然地，人们会考虑在量子计算机的层面是否存在与经典计算机中相似的循环和分支语句。因此，就有了 QIf 和 QWhile。

在量子计算中，QIf 和 QWhile 的判断条件的信息并不是量子比特，而是一个经典的信息。这个经典的信息是基于测量的。在执行量子程序时，测量语句会先对量子比特施加一个测量操作，再将这个量子比特的测量结果保存到经典寄存器中。最后，可以根据这个经典寄存器的值，选择接下来要进行的操作。一段简单的 QIf 示例如代码 1.3 所示。

代码 1.3　QIf 示例

```
1   import pyqpanda as pq
2
3   if __name__ == "__main__":
4
5       qvm = pq.CPUQVM()
6       qvm.init_qvm()
7       qubits = qvm.qAlloc_many(4)
8       cbits = qvm.cAlloc_many(4)
9
10      prog = pq.QProg()
11      branch_true = pq.QProg()
12      branch_false = pq.QProg()
13      prog << pq.X(qubits[3]) << pq.Measure(qubits[3],cbits[3])
```

```
14        # 构建QIf的正确分支及错误分支
15        branch_true << pq.H(qubits[0])\
16                    << pq.H(qubits[1])\
17                    << pq.H(qubits[2])\
18                    << pq.Measure(qubits[0],cbits[0])\
19                    << pq.Measure(qubits[1],cbits[1])
20        branch_false << pq.H(qubits[0]) \
21                     << pq.CNOT(qubits[0], qubits[1])\
22                     << pq.CNOT(qubits[1], qubits[2])\
23                     << pq.Measure(qubits[0],cbits[0])\
24                     << pq.Measure(qubits[1],cbits[1])\
25                     << pq.Measure(qubits[2],cbits[2])
26
27        # 构建QIf
28        qif = pq.QIfProg(cbits[3] ==1 , branch_true, branch_false)
29
30        # 将QIf插入量子程序
31        prog << qif
32
33        # 进行蒙特卡罗测量，并返回目标比特的测量结果，下标为二进制
34        result = qvm.run_with_configuration(prog, cbits, 1000)
35
36        # 打印测量结果
37        print(result)
```

代码 1.3 构建了一个包含 QIf 的量子程序。首先，对 qubits[·] 施加一个 X 门，使其状态从 $|0\rangle$ 翻转为 $|1\rangle$，然后对其执行测量操作，并把测量得到的值放在 cbits[3] 中。接下来，构建 QIf 的正确分支和错误分支，正确分支是通过 H 门制备 qubits[0] 和 qubits[1] 的叠加态，错误分支是制备 qubits[0] 到 qubits[2] 的 GHZ 态。最后，通过 QIfProg 构建量子判断程序，判断条件为当 cbits 的值为 1 时执行正确分支，否则执行错误分支。代码 1.3 的计算结果如下。

```
1    '1000': 254, '1001': 236, '1010': 236, '1011': 274
```

从结果可以看出，程序很好地执行了量子判断，达到了预期效果。

1.2.7 基于量子信息的 IF 与 WHILE

1.2.6 小节介绍的是“量子信息、经典控制”，那么有没有“量子信息、量子控制”呢？对 IF 而言，答案是有的。定义“量子信息、量子控制”过程是一组量子比特的操作，它是由另一组量子比特的值决定的。一个简单的例子就是 CNOT 门。对 $\mathbf{CNOT}(q_0, q_1)$ 而言，q_1 是否执行 NOT 门是由 q_0 的值决定的。基于量子信息的 IF 的性质如下。第一，这种控制可以叠加。如果判断变量本身处于叠加

态，那么操作比特也会出现执行/不执行量子逻辑门这两种分支，由此可判断变量和操作比特之间会形成纠缠态。第二，控制变量和操作比特之间不能共享量子比特，即 **CNOT**(q_0, q_1) 中的控制比特和目标比特一定不能相同。

基于量子信息的 IF 在实际的量子算法中使用得比较少，因此大部分量子软件开发包都没有加入这个功能。在 Shor 算法和其他基于布尔运算的线路中会采用这个思想（如对是否求模的判断），但实际中，一般是利用 CNOT 门的组合来实现。目前，WHILE 还没有合适的定义，因为量子信息不确定，那么很有可能会在 WHILE 中产生无法停机的分支。以经典控制的 QWhile 为例，如果控制变量 c 是 1 量子比特，那么每次都会有一个概率使得这个循环继续下去。因此，为了执行这个序列，就需要无限长的操作序列，这导致从物理上无法定义这种操作。

第 2 章　QPanda 与本源量子计算云平台的使用

本章介绍 QPanda 的安装、使用，以及本源量子计算云平台的使用方法。

2.1　QPanda 的安装及使用案例

QPanda 是由本源量子开发的开源量子计算编程框架。该框架采用 C++语言开发，同时提供了 Python 接口，这使得开发人员既可以使用 Python 编写量子程序，又能够享受到 C++的高效性能。QPanda 还提供了量子虚拟机和量子处理器两种模式，使得用户既可以在模拟器中测试和验证自己的量子算法，也可以在真实的量子处理器中运行量子算法。

QPanda 提供了许多常见的量子逻辑门操作和量子算法实现，还支持用户自定义量子逻辑门和量子算法的实现，有很强的灵活性和扩展性。一般通过 Python 下载安装 QPanda，Python 版本的 QPanda（称为 PyQPanda）对系统环境的要求见表2.1 和表 2.2。

表 2.1　PyQPanda 对 Windows 系统环境的要求

软件	版本
Microsoft Visual C++ Redistributable x64	2015 版
Python	不低于 3.8 版且不高于 3.11 版

表 2.2　PyQPanda 对 Linux 系统环境的要求

软件	版本
GCC	不低于 5.4.0 版
Python	不低于 3.8 版且不高于 3.11 版

如果你已经安装了 Python 环境和 pip 工具，在终端或者控制台运行代码 2.1。

代码 2.1　安装 PyQPanda

```
1  pip install pyqpanda
```

安装好 PyQPanda 后，就可以在 Python 环境中直接调用 PyQPanda 创建量子程序了，如代码块 2.2 所示。

代码 2.2　创建量子程序

```
import pyqpanda as pq

if __name__ == "__main__":

    qvm = pq.CPUQVM()
    qvm.init_qvm()
    qubits = qvm.qAlloc_many(2)
    cbits = qvm.cAlloc_many(2)

    # 创建量子程序
    Circuit = pq.QCircuit()
    Circuit << pq.H(qubits[0]) \
          << pq.CNOT(qubits[0], qubits[1])
    pq.draw_qprog(Circuit, 'pic',
            filename = 'D:/test.png')
```

代码 2.1 创建了一个 2 量子比特的量子线路，并先在第一个量子比特上添加了一个 H 门，然后在两个量子比特之间添加入一个 CNOT 门，最后将生成的图片打印输出在的 D 盘目录下，结果如图 2.1 所示。

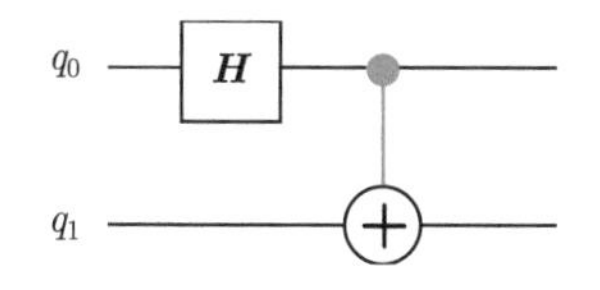

图 2.1　2 量子比特的量子线路

2.2　本源量子计算云平台的使用案例

本源量子计算云平台是国内首家基于模拟器研发且能在经典计算机上模拟 32 位量子芯片进行量子计算和量子算法编程的系统。目前，该系统主要服务各大科研院所、高校及相关企业，旨在为专业人员提供基于量子虚拟机的开发平台。本节介绍如何使用本源量子计算云平台。

首先，在浏览器中直接搜索“本源量子”，进入本源量子官方网站，单击图 2.2 中的“量子云”按钮。

图 2.2　本源量子官网页面

进入页面之后，单击“登录/注册”按钮，如图 2.3 所示，根据提示登录或注册账号（也可以直接通过扫码进行登录或注册）。

图 2.3　量子计算云平台

登录成功后，单击“工作台”按钮，就能看到如图 2.4 所示的工作台主界面。

在工作台的左侧工具栏中，本源量子计算云平台提供了量子语言和图形化界面相互转化功能。首先介绍图形化编程，单击左侧栏中的图形化编程，进入如图 2.5 所示的界面，界面中间就是量子线路，可以根据需求增加或减少线路中的量子比特数。

线路上面是该平台支持的所有量子逻辑门。在使用时，只需要选择想要使用的量子逻辑门，将其拖动到下面的线路中即可成功添加，双击这个量子逻辑门可以删除，也可以通过鼠标拖动改变这个量子逻辑门的位置。当在线路中添加量子逻辑门时，右侧的代码编译器会同时生成对应的代码。直接在代码编译器中输入代码，则可以在空线路中直接生成对应的量子线路。

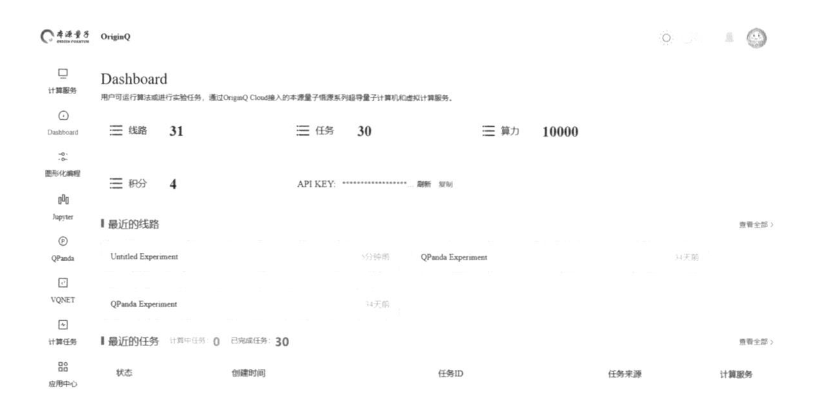

图 2.4　工作台主界面

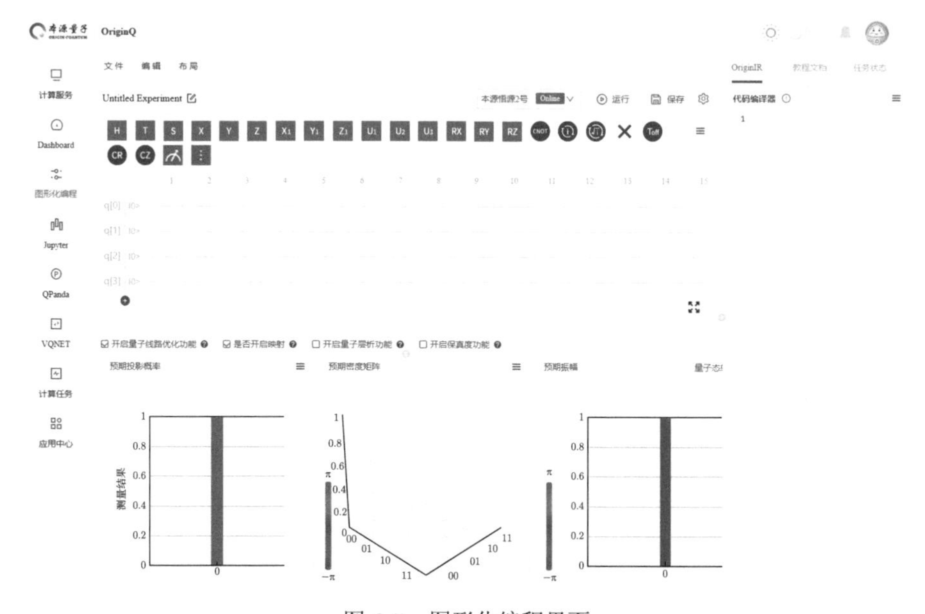

图 2.5　图形化编程界面

图 2.6和图 2.7 所示分别为在一个 2 量子比特的量子线路中添加 H 门、CNOT 门和测量门的图形化编程示例，以及对应生成的代码。

本源量子计算云平台提供了 1 个免费的在线量子计算机，以及 4 个量子虚拟机，如图 2.8 所示。用户可以选择一台计算机对设置好的线路进行计算，并且可以在图 2.8 中右上角的设置中选择执行线路的次数。

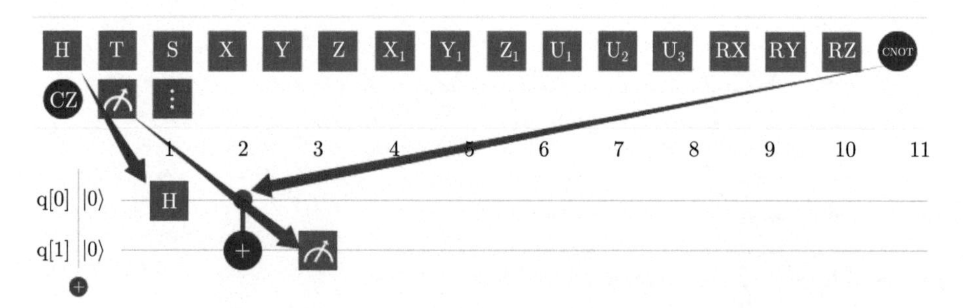

图 2.6 图形化编程示例（本源量子计算云平台）

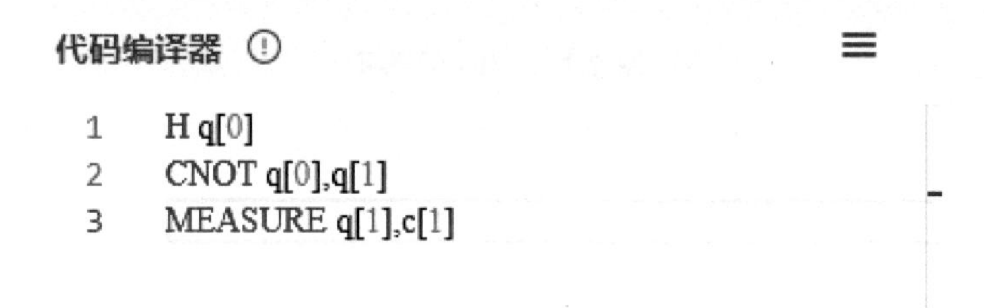

图 2.7 图 2.6 所示示例对应生成的代码

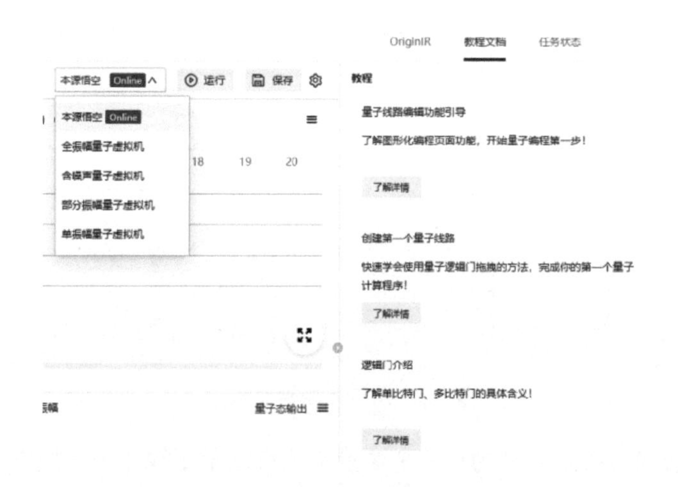

图 2.8 平台提供的量子计算机

在本示例中，选择“本源悟空”，并将执行的次数设置为 1000 次。单击“运行”按钮，线路就被发送到实体的机器上进行计算，计算结果如图 2.9 所示。如果想要知道更详细的结果，可以单击“了解详情”按钮，里面提供了计算时间、芯片的拓扑结构，以及输入的量子线路在实际量子计算机中的具体执行情况。

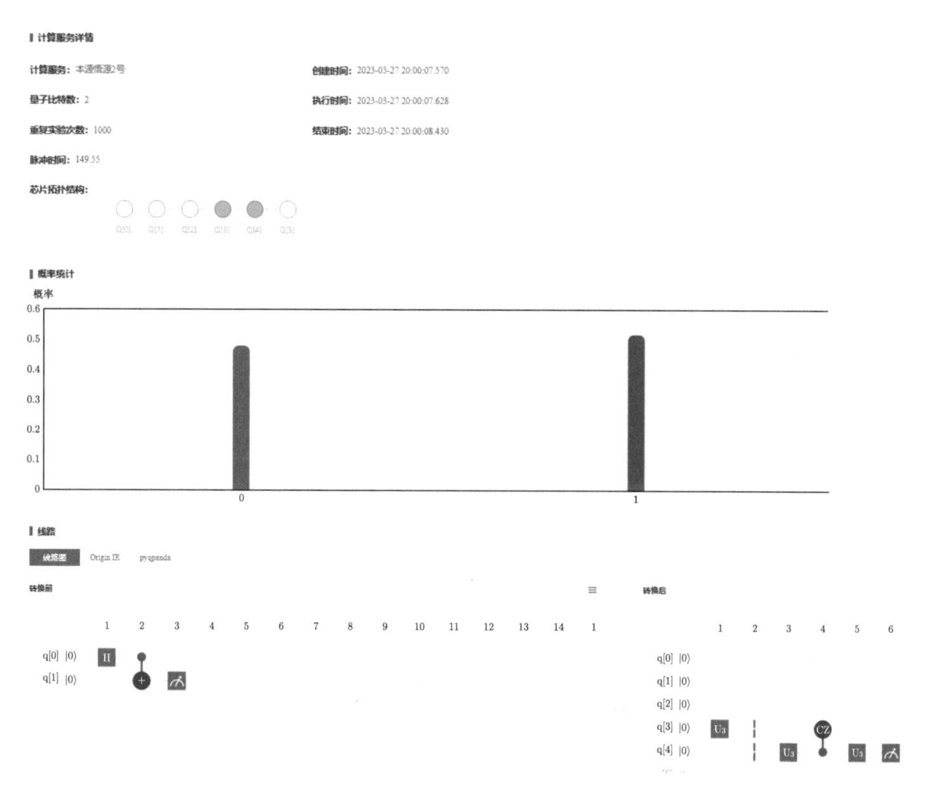

图 2.9　计算结果

对于习惯使用代码来进行更多复杂逻辑操作的用户，该平台提供了使用 Python 来进行编程的功能。首先单击图 2.4左侧工具栏中的“Jupyter”，进入如图 2.10 所示的界面后，再单击其中的“Python 3”按钮，即可新建一个 Jupyter 文件。这里已经提前链接了 PyQPanda 的库，可以直接使用 Python 进行编程。

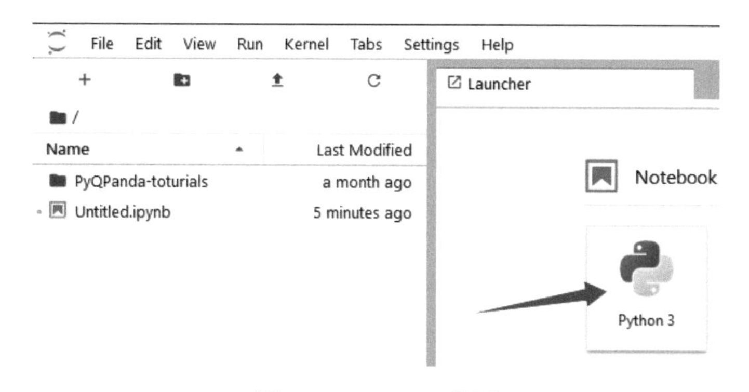

图 2.10　Jupyter 界面

图 2.11 所示为使用 Jupyter 进行操作的示例。

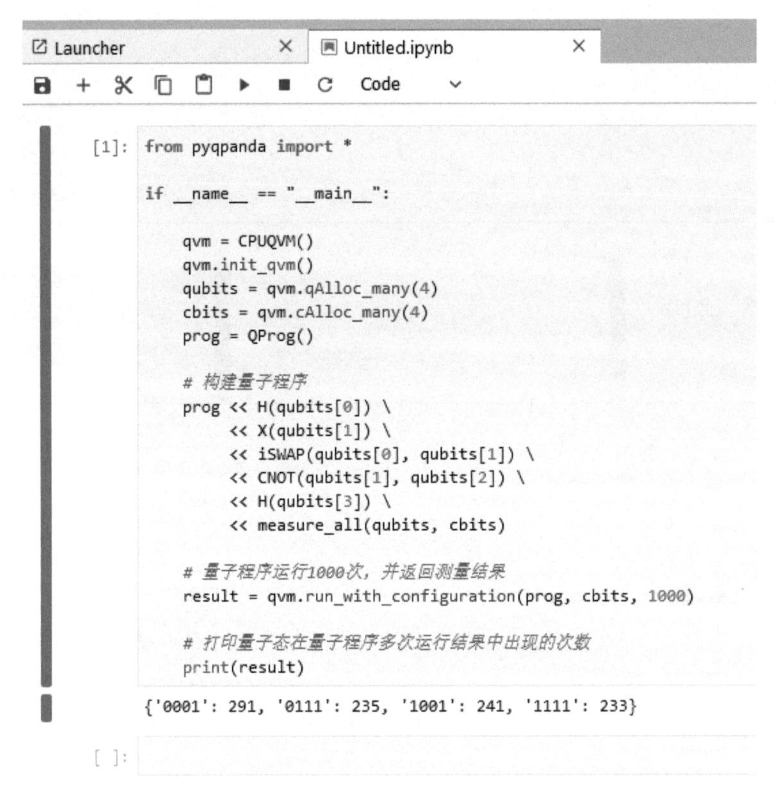

图 2.11 Jupyter 示例

在这个示例中，我们首先建立了一个含有 4 个量子比特和 4 个经典比特的量子线路，并添加了 5 个量子逻辑门和 1 个测量门。然后，设置执行次数为 1000 次，最后打印量子态在量子程序多次运行结果中出现的次数。单击计算按钮，等待一段时间后，就能看到输出的结果。

练习 2.1 尝试安装 PyQPanda，创建并运行量子程序，观察程序运行的结果。

练习 2.2 尝试使用本源量子计算云平台，通过该平台创建图 2.6 中示例的量子线路，并提交量子计算机运行，观察运行的结果。

第 3 章　Shor 算法

与傅里叶变换在经典计算领域拥有非常多的应用场景相似，量子傅里叶变换在量子计算领域中同样拥有多种应用，如实现常数模四则运算、量子相位估计等。3.1 节 ~ 3.3 节分别介绍量子算术运算、量子傅里叶变换、量子相位估计，这些都是高效的量子大数分解算法——Shor 算法实现的基本组件。3.4 节介绍 Shor 算法及其应用。

3.1　量子算术运算

在某些应用中，量子计算机中需要像经典计算机一样实现基本的四则运算，不同点在于这些量子“运算器”能够实现量子态的计算，从而在特定场景下提升计算效率。本节主要介绍量子算术基本组件的实现原理，包括加减乘除量子线路、量子四则运算，并结合 QPanda 介绍相关接口的具体实现。

3.1.1　量子加法器

量子加法器有多种实现方法，最朴素的实现思想是将被加数 a、b 转换为二进制，分别按位相加并不断处理进位信息，即基于非多数加法（Unmajority and Add，UMA）模块实现的量子加法器。这种量子加法器主要包括两种子线路模块，即就地多数（in-place Majority，MAJ）模块和 UMA 模块（见图 3.1），它们的作用分别是获得当前二进制位的进位数值和当前二进制位的结果数值。

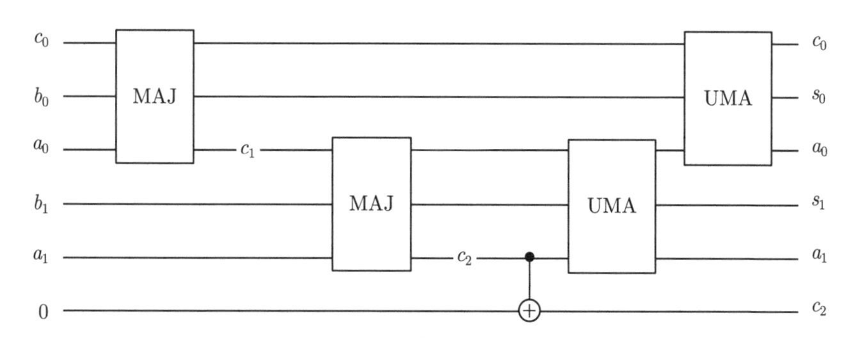

图 3.1　基于 UMA 模块和 MAJ 模块的量子加法器

MAJ 模块的输入分别为前一位的进位值 c_i，当前位的两个待加值 a_i、b_i；输出为 $(a_i + c_i) \bmod 2$、$(a_i + b_i) \bmod 2$ 和当前位进位值 c_{i+1}。

MAJ 模块的作用是实现进位。得到进位 c_{i+1}，就是要判断 $(a + b + c)$ 与 2 的关系。在待加值中任选一个数 a_i 对进位情况进行如式 (3.1) 所示的枚举。

$$\begin{aligned} &a_i = 0, c_i + 1 = [(a_i + b_i) \bmod 2] * [(a_i + c_i) \bmod 2] \\ &a_i = 1, c_i + 1 = \{[(a_i + b_i) \bmod 2] * [(a_i + c_i) \bmod 2] + 1\} \bmod 2 \end{aligned} \tag{3.1}$$

因此，只需要考察 a_i 和 $[(a_i + b_i) \bmod 2] * [(a_i + c_i) \bmod 2]$ 就可以判断进位情况。也就是说，从现有的量子逻辑门出发，制备量子态 a_i、$(a_i + b_i) \bmod 2$ 和 $(a_i + c_i) \bmod 2$，就可以准确判断进位的情况。可以使用 CNOT 门来完成模 2 加法，得到 $(a_i + b_i) \bmod 2$、$(a_i + c_i) \bmod 2$，并使用 Toffoli 门完成 a_i 与 $\{[(a_i + b_i) \bmod 2] * [(a_i + c_i) \bmod 2]\}$ 的异或运算。MAJ 模块的量子线路与代码实现分别如图 3.2和代码 3.1 所示。

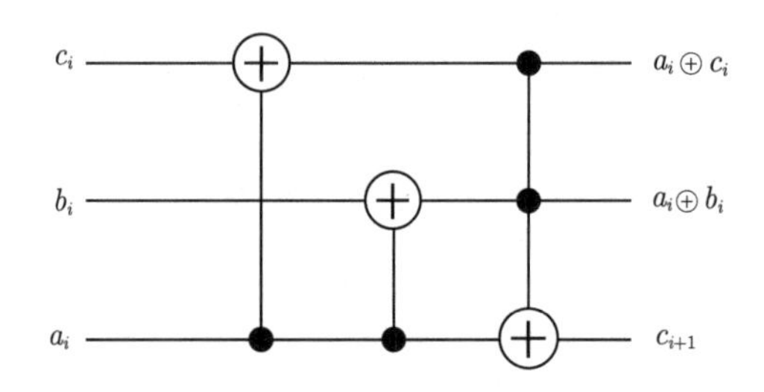

图 3.2　MAJ 模块的量子线路

代码 3.1　MAJ 模块的代码实现

```
1  import pyqpanda as pq
2
3  def MAJ(qveca, qvecb, qvecc):
4      circ = pq.QCircuit()
5      circ << pq.CNOT(qveca, qvecb) << pq.CNOT(qveca, qvecc) << pq.Toffoli(qvecb, qvecc,
           qveca)
6      return circ
```

UMA 模块的输入分别为 $(a_i + c_i) \bmod 2$、$(a_i + b_i) \bmod 2$ 和当前位进位值 c_{i+1}，输出为 c_i、$(a_i + b_i + c_i) \bmod 2 = s_i$ 和 a_i。

UMA 模块的作用是获得当前位结果。若想得到当前位 s_i，就要得到 $(a_i + b_i + c_i) \bmod 2$。该模块首先通过与 MAJ 模块所用的完全相反的 Toffoli 门由 c_{i+1} 得到 a_i，然后利用与 MAJ 模块所用的相反的 CNOT 门变换得到 c_i，最后综合

已有的 $(a_i + b_i) \bmod 2$，就可以通过简单的 CNOT 门得到 $(a_i + b_i + c_i) \bmod 2$。UMA 模块的量子线路与代码实现分别如图 3.3和代码 3.2 所示。

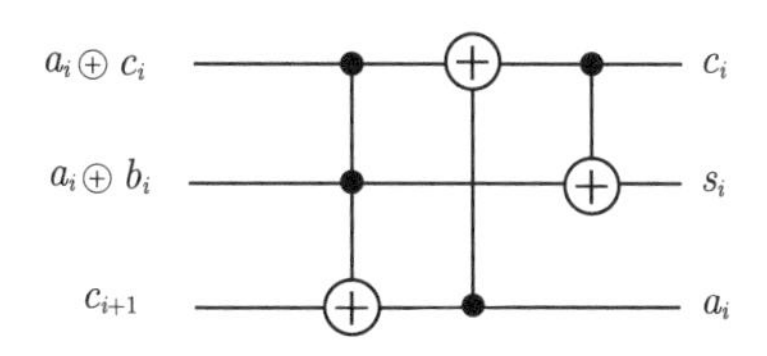

图 3.3　UMA 模块的量子线路

代码 3.2　UMA 模块的代码实现

```
import pyqpanda as pq

def UMA(qveca, qvecb, qvecc):
    circ = pq.QCircuit()
    circ << pq.Toffoli(qveca, qvecb, qvecc) << pq.CNOT(qvecc, qveca) << pq.CNOT(qveca,
        qvecb)
    return circ
```

在 QPanda 中，加法器的接口函数为 QAdder(adder1,adder2,c,is_carry)、QAdderIgnoreCarry(adder1,adder2,c) 和 QAdd(adder1,adder2,k)。其中，前两个接口函数的区别是是否保留进位，它们都只支持正数加法。参数 adder1 与 adder2 为执行加法的量子比特且格式完全一致，c 为辅助量子比特（简称辅助比特）。第三个接口函数是带符号的加法器，是基于量子减法器实现的。待加数添加了符号位，相应的辅助比特也从一个（或两个）量子比特变为一个 adder1.size()+2 量子比特。加法器的输出比特都是 adder1，其他非进位比特不变。

QAdder 的量子线路设计如代码 3.3 所示，它借助 MAJ 模块和 UMA 模块对adder1 和adder2不断按位做异或和进位计算（调用方式如代码3.4 所示）。

代码 3.3　QAdder 的量子线路设计

```
import pyqpanda as pq

def QAdder(adder1, adder2, qvecc, is_carry):
    if len(adder1) == 0 and len(adder1) != len(adder2):
        raise ValueError('adder1 and adder2 must be equal, but not equal to 0!')
    nn = len(adder1)
    circ = pq.QCircuit()
    circ << pq.MAJ(qvecc[0], adder1[0], adder2[0])
    for i in range(1, nn):
```

```
10        circ << pq.MAJ(adder2[i - 1], adder1[i], adder2[i])
11    circ << pq.CNOT(adder2[nn - 1], is_carry)
12    for i in range(nn - 1, 0, - 1):
13        circ << pq.UMA(adder2[i - 1], adder1[i], adder2[i])
14    circ << pq.UMA(qvecc[0], adder1[0], adder2[0])
15
16    return circ
```

代码 3.4 QAdder 的调用方式

```
1  import pyqpanda as pq
2
3  if __name__ == "__main__":
4      qvm = pq.CPUQVM()
5      qvm.init_qvm()
6      # 根据输入的数值长度申请量子比特数
7      qvec1 = qvm.qAlloc_many(5)
8      qvec2 = qvm.qAlloc_many(5)
9      qvec3 = qvm.qAlloc_many(4)
10     auxadd = qvm.qAlloc()
11     aux = qvm.qAlloc()
12     prog = pq.create_empty_qprog()
13
14     # 计算14+12
15     prog << pq.bind_data(14,qvec1) \
16         << pq.bind_data(12,qvec2) \
17         << pq.QAdder(qvec1, qvec2, auxadd, aux)
18     # 对量子程序进行概率测量
19     result = pvm.prob_run_dict(prog, qvec1,1)
20
21     # 打印测量结果
22     for key in result:
23       print(key+":"+str(result[key]))
24       c = int(key, 2)
25     print(c)
26     # 输出结果
27     # 11010: 1.0
28     # 26
```

练习 3.1 结合 QAdder 量子线路，构造 QAdderIgnoreCarry 量子加法器（不保留进位）。

3.1.2 量子减法器

基础的量子加法器只支持非负整数的加法。对于以小数形式输入的被加数 a 和 b，它们的小数点位置必须相同，小数点对齐后整体长度相同。带符号变换的量子加法器则需要追加辅助比特，用于记录符号位。对于任意两个目标量子态 A、B，首先对 B 进行特定的补码操作，然后转换为 $A-B=A+(-B)$，此处的 $-B$ 并不以符号位取反的方式实现。该特定的补码操作为：符号位为正则不变，符号位为负需要按位取反后再加 1。因此，需要一个额外的辅助比特来控制是否进行求补码的操作。符号位为负时补码的量子线路设计如代码 3.5 所示。量子减法器实质上就是量子加法器的带符号版本。

代码 3.5　符号位为负时补码的量子线路设计

```
import pyqpanda as pq

def QComplement(qveca, qveck):

    if len(qveck) < len(qveca) + 2:
        raise ValueError('Auxiliary qubits is not big enough!')
    nn = len(qveca)
    t = qveck[-1]
    q1 = qveck[nn + 1]

    circ = pq.QCircuit()
    circ1 = pq.QCircuit()
    for i in range(0,nn-1):
        circ1 << pq.X(qveca[i])
    qvecb = qveck[0:nn]
    circ1 << pq.X(qvecb[0])
    circ1 << pq.QAdderIgnoreCarry(qveca, qvecb, t)
    circ1 << pq.X(qvecb[0])

    circ << pq.CNOT(qveca[nn - 1], q1)
    circ << circ1.control(q1)
    circ << pq.CNOT(qveca[nn - 1], q1)
    return circ
```

在 QPanda 中，量子减法器（带符号的加法器）的接口函数为 $\mathrm{QSub}(a,b,k)$。与带符号的加法器相同，两个待减数的量子比特最高位为符号位，辅助比特 k.size()=a.size()+2。减法的输出比特是 a，其他比特不变。下面给出量子减法器的量子线路与测试，如代码 3.6 所示。a 与 b 相减的结果小于 0 时，测量得到的最高位为 1。

代码 3.6　量子减法器的量子线路与测试

```
import pyqpanda as pq
import math

def QSub(qveca, qvecb, qveck):
    nn = len(qveca)
    anc = qveck[0: nn+2]
    t = qveck[nn]
    circ = pq.QCircuit()
    circ << pq.X(qvecb[-1])\
        << pq.QComplement(qveca, anc)\
        << pq.QComplement(qvecb, anc)\
        << pq.QAdderIgnoreCarry(qveca, qvecb, t)\
        << pq.QComplement(qveca, anc)\
        << pq.QComplement(qvecb, anc)\
        << pq.X(qvecb[-1])

    return circ

if __name__ == "__main__":
    qvm = pq.CPUQVM()
    qvm.init_qvm()
    a = 10
    b = 15
    n = math.ceil(math.log(a, 2))+1
    qvec1 = qvm.qAlloc_many(n)
    qvec2 = qvm.qAlloc_many(n)
    auxadd = qvm.qAlloc_many(n+2)
    prog = pq.create_empty_qprog()

    # 测试15-13
    prog.insert(pq.bind_data(a,qvec1)) \
        .insert(pq.bind_data(b,qvec2)) \
        .insert(QSub(qvec1, qvec2, auxadd))
    # 对量子程序进行概率测量
    result = pq.prob_run_dict(prog, qvec1,1)

    # 打印测量结果
    for key in result:
       print(key+":"+str(result[key]))
       c = int(key, 2)
    print(c)
    # 15-13的测量结果为:
    # 00010: 1.0
    # 2
    # 10-15的测量结果为(最高位为符号位, 结果为-5):
    # 10101:1.0
```

练习 3.2　分析通过 QAdder 逆操作实现的量子减法与用 QSub 实现的量子减法的区别。

3.1.3　量子乘法器

量子乘法器是基于量子加法器完成的。计算

$$
\begin{aligned}
x * y &= \sum_{i=0}^{n} 2^i x_i y \\
&= x_0 y + 2(x_1 y + 2(x_2 y + \cdots + 2(x_{n-2} y + 2(x_{n-1} y))) \cdots)
\end{aligned}
\tag{3.2}
$$

将乘数 y 作为受控比特，将乘数 x 以二进制形式逐位作为控制比特，将受控加法器的运算结果累加到辅助比特中。每完成一次 x 控制的受控加法就将乘数 y 左移一位并在末位补零。最后，把通过受控加法器输出的数值在辅助比特中累加起来，得到乘法结果。量子乘法器的量子线路与测试如代码 3.7 所示。

代码 3.7　量子乘法器的量子线路与测试

```
import pyqpanda as pq

def lshift(qvec):
    circ = pq.QCircuit()
    for i in range(len(qvec)-1,0,-1):
        circ << pq.SWAP(qvec[i], qvec[i - 1])
    return circ

def QMultiplier(qveca, qvecb, qveck, qvecd):
    nn = len(qveca)
    qvecc = qveca + qveck
    t = qveck[-1]
    circ, fcirc = pq.QCircuit()
    circ << pq.QAdder(qvecd, qvecc, t)
    fcirc << circ.control(qvecb[0])

    for i in range(1,nn):
        circ1 = pq.QCircuit()
        fcirc << lshift(qvecc)
        circ1 << pq.QAdder(qvecd, qvecc, t)
        fcirc << circ1.control(qvecb[i])
    for i in range(1,nn):
        fcirc << lshift(qvecc).dagger()
    return fcirc
```

在 QPanda 中，量子乘法器的接口函数主要有两个，分别为 QMultiplier(a, b, k, d) 和 QMul(a, b, k, d)。这两个接口函数的输入待乘量子比特都包含符号位，但只有 QMul 支持带符号的乘法运算。相应地，在 QMultiplier 中，辅助比特 k.size()=a.size()+1，结果比特 d.size()=2∗a.size()。在 QMul 中，辅助比特 k.size()=a.size()，结果比特 d.size()=2∗a.size()−1。乘法的输出比特都是 d，其他比特不变。如果等长的输入比特 a 和 b 中存在小数点，那么输出比特 d 中的小数点位置坐标为输入比特中的 2 倍。

QMultiplier 的计算测试代码如代码 3.8 所示。

代码 3.8　QMultiplier 的计算测试代码

```
import pyqpanda as pq
import math

if __name__ == "__main__":
    # 为了节约量子比特数，辅助比特将会互相借用
    qvm = pq.CPUQVM()
    qvm.init_qvm()
    a = 5
    b = 7
    n = max(math.ceil(math.log(a, 2)),math.ceil(math.log(b, 2)))+1
    qvec1 = qvm.qAlloc_many(n)
    qvec2 = qvm.qAlloc_many(n)
    qvec3 = qvm.qAlloc_many(2*n)
    auxmul = qvm.qAlloc_many(n+1)
    prog = pq.create_empty_qprog()

    # 5*7=35
    prog.insert(pq.bind_data(a,qvec1)) \
        .insert(pq.bind_data(b,qvec2)) \
        .insert(pq.QMultiplier(qvec1, qvec2, auxmul, qvec3))
    # 对量子程序进行概率测量
    result = pq.prob_run_dict(prog, qvec3,1)

    # 打印测量结果
    for key in result:
      print(key+":"+str(result[key]))
      c = int(key, 2)
    print(c)
```

练习 3.3　结合 QMultiplier 和 QSub 的量子线路，设计带符号的乘法量子线路。

3.1.4　量子除法器

在经典计算机中，除法的实现是非常容易的，其中最经典的辗转相除法可以计算商和余数，基本思想可以理解为每次将被除数减去除数，多次做减法，直到

余数为 0 或者余数小于除数。所以，本书介绍的量子除法器是基于量子减法器完成的，通过执行减法后被除数的符号位是否改变来完成大小比较，并决定除法是否终止。被除数减去除数时，商结果加 1。每完成一次减法后，重新进行被除数与除数的大小比较，直至除尽或者达到预设精度。因此，还需要额外追加一个存储精度参数的辅助比特。量子除法器的一种代码实现如代码 3.9 所示。

代码 3.9 量子除法器的一种代码实现

```
import pyqpanda as pq

def QDivider(qveca, qvecb, qvecc, qveck, t):
    # t为经典寄存器，t存储的结果为0或者1
    nn = len(qveca)
    qvecd = qveck[0: nn]
    qvece = qveck[0: 2*nn + 2]
    prog = pq.QProg()
    prog_in = pq.QProg()
    prog << pq.X(qvecc[0]) << pq.X(qvecc[nn - 1]) << pq.X(qvecd[0]) << pq.X(qvecd[nn - 1])
    prog_in << pq.QSub(qveca, qvecb, qvece)\
            << pq.QSub(qvecc, qvecd, qvece)\
            << pq.Measure(qveca[nn - 1], t)
    qwhile = pq.QWhileProg(t < 1, prog_in)
    prog << qwhile\
         << pq.X(qvecb[nn - 1])\
         << pq.QSub(qveca, qvecb, qvece)\
         << pq.X(qvecb[nn - 1])\
         << pq.X(qvecd[0])\
         << pq.X(qvecd[nn - 1])
    return prog
```

在 QPanda 中，量子除法器的接口函数为 QDivider(a,b,c,k,t)、QDivider(a,b,c,k,f,s)、QDiv(a,b,c,k,t)、QDiv(a,b,c,k,f,s)。

与量子乘法器相似，量子除法器也分为两类：尽管输入的待运算比特都带有符号位，但接口分为带符号运算和仅限正数两类。k 为辅助比特，t 或 s 为限制 QWhile 循环次数的经典比特。

此外，量子除法器有除不尽的问题，因此接口函数有以上 4 种，它们的输入参数和输出参数分别有如下性质。

（1）QDivider 返还余数和商（分别存储在 a 和 c 中）时，c.size()=a.size()，但 k.size()=a.size()$*$2+2。

（2）QDivider 返还精度和商（分别存储在 f 和 c 中）时，c.size()=a.size()，但 k.size()=a.size()$*$2+5。

（3）QDiv 返还余数和商（分别存储在 a 和 c 中）时，c.size()=a.size()，但 k.size()=a.size()$*$2+4。

（4）QDiv 返还精度和商（分别存储在 f 和 c 中）时，c.size()=a.size()，但 k.size()=a.size()*3+7。

如果参数不能满足量子四则运算所需的量子比特数，那么虽然计算依然会进行，但结果会溢出。量子除法器的输出比特是 c，带精度的除法中 a、b、k 都不会变，否则 b、k 不变但 a 中存储余数。

结合以上的基础运算接口，测试运算 $[(4/1)+1-3]\times 5=10$，具体测试代码如代码 3.10 所示。

代码 3.10 量子四则运算测试代码示例

```
import pyqpanda as pq

if __name__ == "__main__":
    # 为了节约量子比特数，辅助比特将会互相借用
    qvm = pq.CPUQVM()
    qvm.init_qvm()

    qdivvec = qvm.qAlloc_many(10)
    qmulvec = qdivvec[:7]
    qsubvec = qmulvec[:-1]
    qvec1 = qvm.qAlloc_many(4)
    qvec2 = qvm.qAlloc_many(4)
    qvec3 = qvm.qAlloc_many(4)
    cbit = qvm.cAlloc()
    prog = pq.create_empty_qprog()

    # (4/1+1-3)*5=10
    prog << pq.bind_data(4,qvec3)\
        << pq.bind_data(1,qvec2) \
        << pq.QDivider(qvec3, qvec2, qvec1, qdivvec, cbit) \
        << pq.bind_data(1,qvec2) \
        << pq.bind_data(1,qvec2) \
        << pq.QAdd(qvec1, qvec2, qsubvec)\
        << pq.bind_data(1,qvec2) \
        << pq.bind_data(3,qvec2) \
        << pq.QSub(qvec1, qvec2, qsubvec) \
        << pq.bind_data(3,qvec2) \
        << pq.bind_data(5,qvec2) \
        << pq.QMul(qvec1, qvec2, qvec3, qmulvec)\
        << pq.bind_data(5,qvec2)
    # 对量子程序进行概率测量
    result = pq.prob_run_dict(prog, qmulvec,1)
    pq.destroy_quantum_machine(qvm)

    # 打印测量结果
    for key in result:
```

```
37        print(key+":"+str(result[key]))
```

练习 3.4 利用以上基础运算的函数接口，学习如何申请寄存器并求解($[5/2]+1-4)\times 2$，其中 $[\cdot]$ 表示取整。

3.2 量子傅里叶变换

量子傅里叶变换（Quantum Fourier Transform，QFT）是离散傅里叶变换（Discrete Fourier Transform，DFT）的量子实现方案。已知离散傅里叶变换的形式为

$$y_k \mapsto \frac{1}{\sqrt{N}}\sum_{j=0}^{N-1} x_j \mathrm{e}^{2\pi \mathrm{i} jk/N} \tag{3.3}$$

对式 (3.3) 进行简单替换，可以直接得到 QFT：

$$|x\rangle \mapsto \frac{1}{\sqrt{N}}\sum_{k=0}^{N-1} |k\rangle \mathrm{e}^{2\pi \mathrm{i} xk/N} \tag{3.4}$$

其中，$N=2^n$，n 为量子比特数，且基 $|0\rangle,\cdots,|2^n-1\rangle$ 是 n 量子比特的计算基。容易发现，单量子比特的 QFT 等价于作用一个 H 门。

QFT 的实质是将空间 $\mathrm{span}\{|x\rangle\}$ 中的某个向量 $\sum\limits_x \alpha_x|x\rangle$ 通过变换表示为另一个等价空间 $\mathrm{span}\{|k\rangle\}$ 中基向量的线性组合 $\sum\limits_k \beta_k|k\rangle$，这个过程可以看作希尔伯特空间上的线性变换，并且该变换为酉变换。

下面首先给出 2 量子比特 QFT 的过程，不妨设其初始态为 $|11\rangle$，并且已知两个量子比特构成的空间的基矢包含 $\{|00\rangle\ |01\rangle\ |10\rangle\ |11\rangle\}$，那么按照上面的变换定义可以得到（二进制 11 等于十进制 3）：

$$\begin{aligned}|11\rangle = |3\rangle &\mapsto \frac{1}{2}(\mathrm{e}^{\frac{3\pi\mathrm{i}0}{2}}|0\rangle + \mathrm{e}^{\frac{3\pi\mathrm{i}1}{2}}|1\rangle + \mathrm{e}^{\frac{3\pi\mathrm{i}2}{2}}|2\rangle + \mathrm{e}^{\frac{3\pi\mathrm{i}3}{2}}|3\rangle)\\ &= \frac{1}{2}(|0\rangle - \mathrm{i}\,|1\rangle - |2\rangle + \mathrm{i}\,|3\rangle)\end{aligned} \tag{3.5}$$

该变换可以采用图 3.4 所示的量子线路实现。

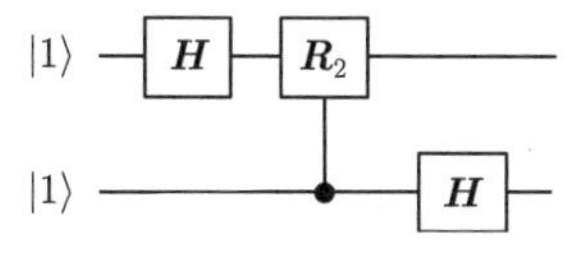

图 3.4 QFT 量子线路

图中，$\boldsymbol{R}_2$ 为旋转门：

$$-\boxed{\boldsymbol{R}_2}- = \begin{bmatrix} 1 & 0 \\ 0 & \mathrm{e}^{2\pi\mathrm{i}/2^2} \end{bmatrix} \tag{3.6}$$

将该量子线路采用 PyQPanda 实现，如代码 3.11 所示。

代码 3.11　2 量子比特 QFT

```
import pyqpanda as pq
import math

if __name__ == "__main__":
    qvm = pq.CPUQVM()
    qvm.init_qvm()
    qvec = qvm.qAlloc_many(2)

    prog = pq.QProg()

    prog << pq.H(qvec[0])
    prog << pq.CR(qvec[1], qvec[0], 0.5 * math.pi)
    prog << pq.H(qvec[1])
```

可以看到，2 量子比特 QFT 比单量子比特 QFT 多了一个受控旋转门。类似地，QFT 在增加量子比特时逐步增加 2 个、3 个、$\cdots$、n 个受控旋转门，这与一个迭代的过程相似。

更一般的推导：将状态 j 写成二进制形式 $j = j_1j_2\cdots j_n$，或者更正式地，写成 $j = j_12^{n-1} + j_22^{n-2} + \cdots + j_n2^0$。同时，用记号 $0.j_\ell j_{\ell+1}\cdots j_m$ 表示二进制分数 $j_\ell/2 + j_{\ell+1}/2^2 + \cdots + j_m/2^{m-\ell+1}$，则 $j/2^\ell = j_1j_2\cdots j_{n-\ell}.j_{n-\ell+1}\cdots j_n$。采用这种记号，通过简单的推导可以得到 QFT 的两种基本表现形式——加法形式与乘法形式：

$$\begin{aligned} |j\rangle = |j_1j_2\cdots j_n\rangle \mapsto\ & \frac{1}{2^{n/2}}\sum_{k=0}^{2^n-1} \mathrm{e}^{2\pi\mathrm{i}jk/2^n}|k\rangle \\ &= \frac{1}{2^{n/2}}(|0\rangle + \mathrm{e}^{2\pi\mathrm{i}0.j_1j_2\cdots j_n}|1\rangle)(|0\rangle + \mathrm{e}^{2\pi\mathrm{i}0.j_2\cdots j_n}|1\rangle)\cdots(|0\rangle + \mathrm{e}^{2\pi\mathrm{i}0.j_n}|1\rangle) \end{aligned} \tag{3.7}$$

若令

$$\phi_\ell(j) = \frac{1}{\sqrt{2}}(|0\rangle + \mathrm{e}^{2\pi\mathrm{i}j2^{-\ell}}|1\rangle) \tag{3.8}$$

则式(3.7)可表示为

$$|j\rangle = |j_1 j_2 \cdots j_n\rangle \mapsto \phi_n(j) \otimes \phi_{n-1}(j) \otimes \cdots \otimes \phi_1(j) \tag{3.9}$$

显然，QFT 将存在于基向量中的 j 转移到了振幅 $\mathrm{e}^{2\pi\mathrm{i}j2^{-\ell}}$ 的指数中。借助 QFT 及其逆变换（IQFT），可以实现数据在基向量和振幅之间的相互转化，正是这种特性使得 QFT 能够在众多叠加态中高效地提取到周期信息。

参考上述迭代规律，可以给出 n 量子比特 QFT 的量子线路，如图 3.5 所示。值得注意的一点是，当 $|j_1 j_2 \cdots j_n\rangle = |000\cdots 0\rangle$ 时，该变换等价于将一系列 H 门分别作用到每个量子比特上。

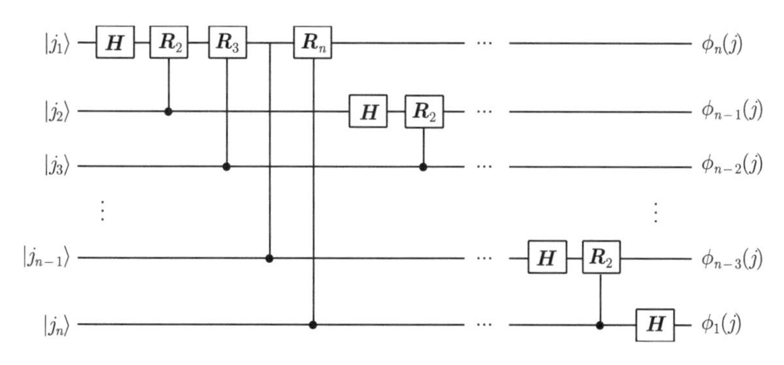

图 3.5　n 量子比特 QFT 的量子线路

图中，$\boldsymbol{R}_k$ 为受控旋转门：

$$\boldsymbol{R}_k = \begin{bmatrix} 1 & 0 & 0 & 0 \\ 0 & 1 & 0 & 0 \\ 0 & 0 & 1 & 0 \\ 0 & 0 & 0 & \mathrm{e}^{2\pi\mathrm{i}/2^k} \end{bmatrix} \tag{3.10}$$

受控旋转门根据两个量子比特之间的纠缠态来执行相位旋转。因此，根据图中的线路，可以计算任意量子比特 j_ℓ 的状态演变。首先，通过 H 门：

$$\boldsymbol{H}|j_\ell\rangle = \frac{1}{\sqrt{2}}(|0\rangle + \mathrm{e}^{\pi\mathrm{i}j_\ell}|1\rangle) = \frac{1}{\sqrt{2}}(|0\rangle + \mathrm{e}^{2\pi\mathrm{i}0.j_\ell}|1\rangle) \tag{3.11}$$

随后，依次通过受控量子比特分别是 $j_{\ell+k-1}$ 的 R_k 门，其中 $2 \leqslant k \leqslant n$。满足关系：

$$\boldsymbol{R}_k(|j_{\ell+k-1}\rangle \boldsymbol{H}|j_\ell\rangle = |j_{\ell+k-1}\rangle \left[\frac{1}{\sqrt{2}}(|0\rangle + \mathrm{e}^{\frac{2\pi\mathrm{i}j_{\ell+k-1}}{2^k}}\mathrm{e}^{\frac{2\pi\mathrm{i}j_\ell}{2}}|1\rangle)\right] \tag{3.12}$$

根据式(3.12)，容易得出图中任意量子比特 j_ℓ 的最终状态。下面给出 j_1 态的线路演变过程，其他态的计算过程与之相似。

$$\begin{aligned}
|j_1\rangle \mapsto & \frac{1}{\sqrt{2}}(|0\rangle + \mathrm{e}^{2\pi \mathrm{i} 0.j_1}|1\rangle) && \text{Hadamard 变换} \\
\mapsto & \frac{1}{\sqrt{2}}(|0\rangle + \mathrm{e}^{2\pi \mathrm{i} 0.j_1 j_2}|1\rangle) && \text{控制比特在 } |j_2\rangle \text{ 的旋转门 } \mathrm{R}_2 \\
\mapsto & \frac{1}{\sqrt{2}}(|0\rangle + \mathrm{e}^{2\pi \mathrm{i} 0.j_1 j_2 j_3}|1\rangle) && \text{控制比特在 } |j_3\rangle \text{ 的旋转门 } \mathrm{R}_3 \\
& \vdots && \vdots \\
\mapsto & \frac{1}{\sqrt{2}}(|0\rangle + \mathrm{e}^{2\pi \mathrm{i} 0.j_1 j_2 \cdots j_n}|1\rangle) && \text{控制比特在 } |j_n\rangle \text{ 的旋转门 } \mathrm{R}_n \\
= & \phi_n(j)
\end{aligned}$$

因此，上述量子线路的最终输出状态为

$$\begin{aligned}
|j_1 j_2 \cdots j_n\rangle \mapsto & \frac{1}{\sqrt{2^n}} \bigotimes_{\ell=1}^{n} (|0\rangle + \mathrm{e}^{2\pi \mathrm{i} 0.j_\ell j_{\ell+1} \cdots j_n}|1\rangle) \\
& = \phi_n(j) \otimes \phi_{n-1}(j) \otimes \cdots \otimes \phi_1(j)
\end{aligned} \tag{3.13}$$

式 (3.13) 与式 (3.9) 是一致的（经过简单换序），即对量子态 $|j\rangle$ 进行了 QFT。因此，任意量子比特数的 QFT 能够被代码 3.12实现。

代码 3.12　QFT 的一般形式

```
import pyqpanda as pq
import math

if __name__ == "__main__":
    qvm = pq.CPUQVM()
    qvm.init_qvm()
    qvec = qvm.qAlloc_many(4)
    n = len(qvec)
    prog = pq.QProg()

    for i in range(0, n):
        prog << pq.H(qvec[i])
        for j in range(i + 1, n):
            prog << pq.CR(qvec[j], qvec[i], 2 * math.pi / 2**(j - i + 1))

    pq.finalize()
```

利用 QFT 可以构造加法器、量子相位估计（Quantum Phase Estimation, QPE）等基本组件，从而可以进一步实现 HHL 算法或 Shor 算法等。因此，QFT 在量子计算中是十分重要的。为此，上述 QFT 线路已经被封装在 PyQPanda 中。QFT 及 IQFT 的调用方式如代码 3.13 所示。

代码 3.13　QFT 及其逆变换

```
import pyqpanda as pq

if __name__ == "__main__":
    qvm = pq.CPUQVM()
    qvm.init_qvm()
    qvec = qvm.qAlloc_many(3)
    prog = pq.create_empty_qprog()

    # 构建量子程序
    prog << pq.QFT(qvec)

    # 对量子程序进行概率测量
    result = pq.prob_run_dict(prog, qvec, -1)
    pq.destroy_quantum_machine(qvm)

    # 打印测量结果
    for key in result:
        print(key+":"+str(result[key]))
```

练习 3.5　请尝试使用 PyQPanda 构造一个 3 量子比特 IQFT 的量子线路（可以使用 PyQPanda 中的 QFT 接口配合验证）。

练习 3.6　已知 QFT 可以看作一个线性变换，尝试给出 3 量子比特 QFT 所需的变换矩阵（8×8）。

QFT 的应用非常广泛，可以使基向量和振幅相互转化，是目前很多主流量子算法的基本组件。例如，利用 QFT 的张量积分解形式，可以实现基于常数的加法器和模运算器，与其他量子运算器相比可以节省量子比特数；利用 QFT 可以实现 QPE 求解相位的近似估计，进而可以构造 HHL 算法求解线性方程组；利用 QFT 可以实现 Shor 算法求解隐藏子群问题，针对整数分解或者离散对数等困难问题可以实现指数级的加速。

3.2.1　基于 QFT 的常数算术运算

1. 基于 QFT 的常数加法器

利用 QFT 可以实现常数加法器，具体实现思路是利用 QFT 的张量积分解，将加法运算转化为 QFT 后的相位求和。参考文献 [2-3] 给出了基于 QFT 的常数

加法器的具体实现 $|x\rangle \mapsto |x+a\rangle$，其中 a 为常数。通过经典预处理，对 a 进行傅里叶展开，可得到其相位数组（见代码 3.14）。首先，对 a 进行傅里叶展开：

$$\begin{aligned}|a_{n-1}a_{n-2}\cdots a_0\rangle = |a\rangle \mapsto \\ &\frac{1}{2^{n/2}}\sum_{k=0}^{2^n-1} \mathrm{e}^{2\pi \mathrm{i}ak/2^n}|k\rangle = \frac{1}{2^{n/2}}\bigotimes_{\ell=1}^{n}[|0\rangle + \mathrm{e}^{2\pi \mathrm{i}a2^{-\ell}}|1\rangle] \\ &= \frac{1}{2^{n/2}}(|0\rangle + \mathrm{e}^{2\pi \mathrm{i}0.a_0}|1\rangle)(|0\rangle + \mathrm{e}^{2\pi \mathrm{i}0.a_1a_0}|1\rangle)\cdots(|0\rangle \\ &+ \mathrm{e}^{2\pi \mathrm{i}0.a_{n-1}a_{n-2}\cdots a_0}|1\rangle)\end{aligned} \tag{3.14}$$

其中，$0.a_\ell a_{\ell-1}\cdots a_{l-m+1}$ 表示二进制分数 $\frac{a_\ell}{2} + \frac{a_{\ell-1}}{2^2} + \cdots + \frac{a_{\ell-m+1}}{2^m}$。随后，令 $\phi_\ell(x) = \frac{1}{\sqrt{2}}(|0\rangle + \mathrm{e}^{2\pi \mathrm{i}a2^{-\ell-1}}|1\rangle)$，则式 (3.14) 可表示为

$$\begin{aligned}|a_{n-1}a_{n-2}\cdots a_0\rangle = |a\rangle &\mapsto \frac{1}{2^{n/2}}\sum_{k=0}^{2^n-1} \mathrm{e}^{2\pi \mathrm{i}ak/2^n}|k\rangle \\ &= \phi_{n-1}(a)\otimes\phi_{n-2}(a)\otimes\cdots\otimes\phi_0(a)\end{aligned} \tag{3.15}$$

进而，可以预先得到 a 做傅里叶展开的相位数组 $[\theta_k(a)]_k$，$k \in [0, n-1]$。其中，有

$$\theta_k(a) = 2\pi\sum_{j=0}^{k}\frac{a_j}{2^{k+1-j}} = 2\pi\left(\frac{a_k}{2} + \frac{a_{k-1}}{2^2} + \cdots + \frac{a_0}{2^{k+1}}\right), \quad a_k \in \{0,1\} \tag{3.16}$$

代码 3.14　通过经典预处理得到相位数组

```
1  import numpy as np
2  import math
3
4  def getAngles(a, n):
5      s = bin(int(a))[2:].zfill(n)
6      angles = np.zeros([n])
7      for i in range(0, n):
8          for j in range(i, n):
9              if s[j] == '1':
10                 angles[n - i - 1] += math.pow(2, -(j - i))
11         angles[n - i - 1] *= np.pi
12     return angles
```

相应地，将 x 作为量子态 $|x\rangle$ 进行 QFT，可以构造出 $n+1$ 量子比特的常数加法器，其中 $n=\max\{\lceil\log_2 x\rceil,\lceil\log_2 a\rceil\}$。基于 QFT 的常数加法器的量子线路如图 3.6 所示，其中 RZ 门表示为 $\begin{bmatrix}1 & 0\\0 & \mathrm{e}^{\mathrm{i}\theta_k(a)}\end{bmatrix}$。

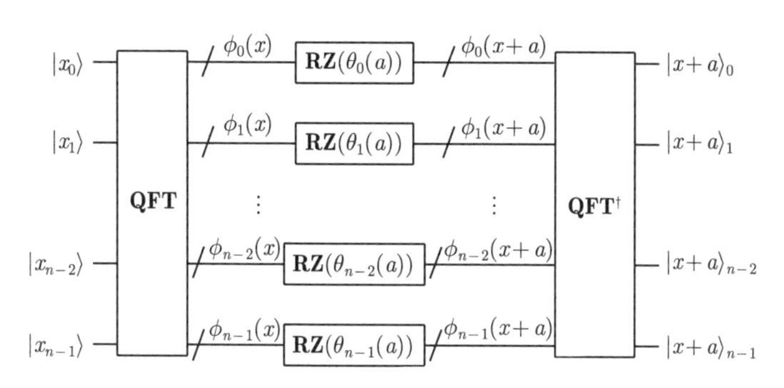

图 3.6　基于 QFT 的常数加法器（简记为“+/− 常数”）

基于 QFT 的常数加法器的实现代码如代码 3.15 所示。相应地，调用 PyQPanda 中的 QFTConAdd() 接口，可以实现 $|x+a\rangle$ 和 $|x-a\rangle$ 的运算。注意到，对于减法，可利用 QFTConAdd.dagger() 接口：若 $a\leqslant x$，得到的结果为 $|x-a\rangle$；若 $a>x$，得到的结果为 $|2^n-x+a\rangle$。用例测试如代码 3.16 所示。

代码 3.15　基于 QFT 的常数加法器的实现代码

```
1  import pyqpanda as pq
2
3  def QFTConAdd(a, qvec):
4      circ = pq.QCircuit()
5      circ << pq.QFT(qvec)
6      num = len(qvec)
7      angles = pq.getAngles(a, num)
8      for i in range(0, num):
9          circ << pq.RZ(qvec[i], angles[num - i - 1])
10     circ << pq.QFT(qvec).dagger()
11
12     return circ
```

代码 3.16　基于 QFT 的常数加法器用例测试

```
1  import pyqpanda as pq
2  import math
3
4  if __name__ == "__main__":
5      qvm = pq.CPUQVM()
```

```
6     qvm.init_qvm()
7     prog = pq.QProg()
8     # 常数a
9     a = 7
10    # 将整数x寄存在量子寄存器中
11    x = 9
12    # 若a=x, 且a是2的幂次, 则需申请n=\lceil \log(a,2) \\rceil+2量子比特
13    n = max(math.ceil(math.log(x, 2)),math.ceil(math.log(a, 2)))+1
14    qvec = qvm.qAlloc_many(n)
15    prog << pq.bind_nonnegative_data(x, qvec) \
16        << pq.QFTConAdd(a, qvec)
17    result = pq.prob_run_dict(prog, qvec, 1)
18    for key in result:
19        print(key + ":" + str(result[key]))
20        d = int(key, 2)
21    print(d)
```

练习 3.7 比较基于 UMA 的常数加法器和基于 QFT 的常数加法器，可以从量子比特数和线路深度这两个角度进行分析。

以基于 QFT 的常数加法器为基础，可以构造出常数模加法器、常数模加乘运算器、常数模乘法器和常数模幂运算器。下面统一符号：设模数为 $N \in \mathbb{N}$ 且其量子比特数 $n = \lceil \log_2 N \rceil$；$a \in [0, N-1]$，为常数。

2. 基于 QFT 的常数模加法器

若对于变量 $x \in [0, N-1]$ 计算常数模加 $[(a+x) \bmod N]$，量子线路实现的主要过程如下。

（1）借助辅助比特 aux，利用基于 QFT 的常数加法器计算 $x+a-N$。

（2）获得 $|x+a-N\rangle$ 的最高进位比特（aux），根据它是 1 还是 0 来判断 $x+a-N$ 是小于 0 还是大于等于 0。

（3）若 aux=1，表示 $x+a<N$，则对量子寄存器 $|x\rangle$ 执行加 N 操作；若 aux=0，表示 $x+a \geqslant N$，不执行操作，进入下一步。

（4）当前量子寄存器 $|x\rangle$ 已转化为 $|(x+a) \bmod N\rangle$。为了保证辅助比特不改变状态，可通过减 a 和加 a 操作，以及比较 $(x+a) \bmod N - a$ 的大小，利用 CNOT 门操作将辅助比特重置为 0。

基于 QFT 的常数模加法器的量子线路如图 3.7 所示，相应的实现代码如代码 3.17 所示。

下面以简单的 $(9+7) \bmod 11$ 为例，给出它的 PyQPanda 测试代码，如代码 3.18 所示。

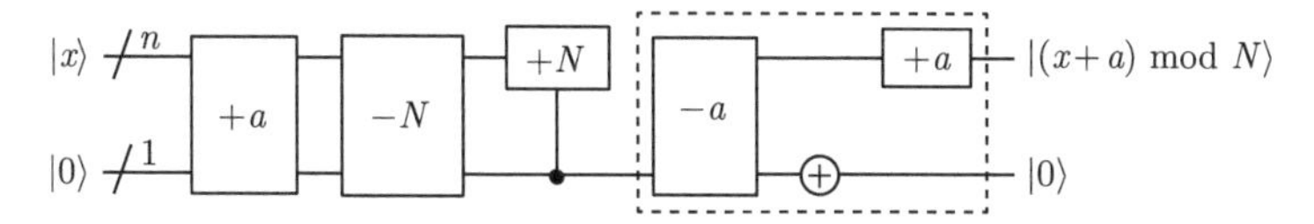

图 3.7 基于 QFT 的常数模加法器的量子线路（简记为 ADDN）

代码 3.17 基于 QFT 的常数模加法器的实现代码

```
import pyqpanda as pq

def ConModAdd(a, N, qvec, auxadd):
    circ = pq.QCircuit()
    q = qvec + auxadd
    circ << pq.QFTConAdd(a, q) \
        << pq.QFTConAdd(N, q).dagger() \
        << pq.QFTConAdd(N, qvec).control(auxadd) \
        << pq.QFTConAdd(a, q).dagger() \
        << pq.X(auxadd) \
        << pq.QFTConAdd(a, qvec)
    return circ
```

代码 3.18 $(9+7) \bmod 11$ 的 PyQPanda 测试代码

```
import pyqpanda as pq
import math

if __name__ == "__main__":

    N = 11
    # 选择整数 a,b,x\in [0,N-1], 其中a与N互素
    a = 9
    x = 7
    qvm = pq.CPUQVM()
    qvm.init_qvm()
    prog = pq.QProg()
    # 若N是2的幂次, 需要申请\lceil log(N,2) \rceil+1 量子比特
    n = math.ceil(math.log(N, 2))
    qvec = qvm.qAlloc_many(n)
    # 用于计算模加法的辅助比特
    auxadd = qvm.qAlloc_many(1)

    prog << pq.bind_nonnegative_data(x, qvec) \
         << pq.ConModAdd(a, N, qvec, auxadd)
    result = pq.prob_run_dict(prog, qvec, 1)

    for key in result:
        print(key + ":" + str(result[key]))
        c = int(key, 2)
    print(c)
```

练习 3.8 图 3.7中的虚线框部分表示比较器，主要目的是将辅助比特置0。尝试设计不同的比较器满足一样的计算效果（可以通过增加一个辅助比特来设计）。

3. 基于 QFT 的常数模加乘运算器与常数模乘法器

若对变量 $x, y \in [0, N-1]$ 计算常数模加乘 $[(y + ax) \bmod N]$。首先，有

$$ax \bmod N = (\cdots((2^0 ax_0) \bmod N + 2^1 ax_1) \bmod N + \cdots + 2^{n-1} ax_{n-1}) \bmod N \tag{3.17}$$

其中，$x = 2^0 x_0 + 2^1 x_1 + 2^2 x_2 + \cdots + 2^{n-1} x_{n-1}, x_i \in \{0, 1\}$。

由式 (3.17) 可知，实现常数模乘需要 $n-1$ 次常数模加。因此，结合常数模加可以实现常数模加乘（$|x\rangle|b\rangle \mapsto |x\rangle|(b + ax) \bmod N\rangle$），具体量子线路如图 3.8所示，测试用例如代码 3.19所示。

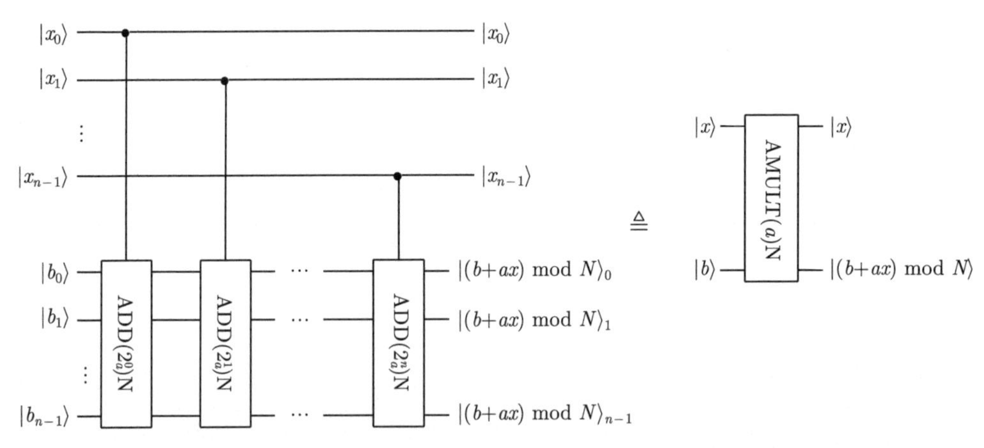

图 3.8 基于 QFT 的常数模加乘运算器（简记为 AMULN）

代码 3.19 基于 QFT 的常数模加乘运算器测试用例

```
1  import pyqpanda as pq
2  import math
3
4  if __name__ == "__main__":
5      N = 11
6      # 选择整数a,b,x\in [0,N-1]
7      a = 2
8      b = 10
9      x = 8
10     # 若N是2的幂次，需要申请\lceil log(N,2) \rceil+1 量子比特
```

```
11    n = math.ceil(math.log(N, 2))
12    qvm = pq.CPUQVM()
13    qvm.init_qvm()
14    prog = pq.QProg()
15
16    qvec1 = qvm.qAlloc_many(n)
17    qvec2 = qvm.qAlloc_many(n)
18    # 用于计算模加法的辅助比特
19    auxadd = qvm.qAlloc_many(1)
20
21    prog << pq.bind_nonnegative_data(x, qvec1) \
22        << pq.bind_nonnegative_data(b, qvec2) \
23        << pq.ConModaddmul(a, N, qvec1, qvec2, auxadd)
24
25    result = pq.prob_run_dict(prog, qvec2, 1)
26
27    for key in result:
28        print(key + ":" + str(result[key]))
29        c = int(key, 2)
30    print(c)
```

进一步地，根据关系式 $|x\rangle|0\rangle \mapsto |x\rangle|ax \bmod N\rangle \mapsto |ax \bmod N\rangle|x\rangle \mapsto |ax \bmod N\rangle|(x - a^{-1}ax) \bmod N\rangle = |ax \bmod N\rangle|0\rangle$，即可实现基于 QFT 的常数模乘法器，具体量子线路如图 3.9 所示，共需要 $2n+1$ 量子比特，测试用例如代码 3.20 所示。

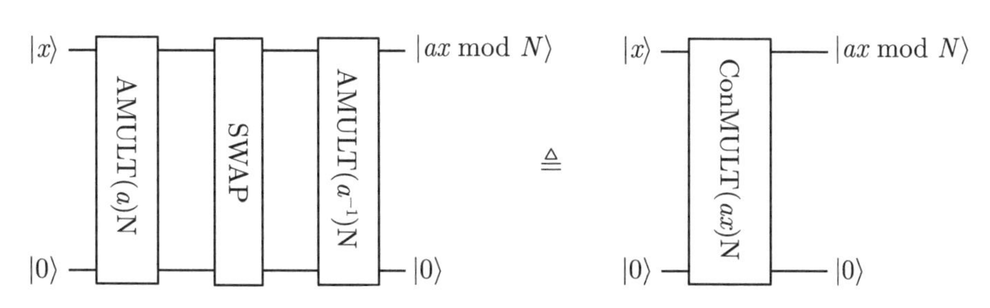

图 3.9　基于 QFT 的常数模乘法器（简记为 ConMULTN）

代码 3.20　基于 QFT 的常数模乘法器测试用例

```
1  import pyqpanda as pq
2  import math
3
4  if __name__ == "__main__":
5      N = 11
6      # 选择整数:math:`a,b,x\in [0,N-1]`.
7      a = 2
```

```
8     x = 8
9     # 若N是2的幂次，需要申请\lceil log(N,2) \rceil+1 量子比特
10    n = math.ceil(math.log(N, 2))
11    qvm = pq.CPUQVM()
12    qvm.init_qvm()
13    prog = pq.QProg()
14    qvec1 = qvm.qAlloc_many(n)
15    qvec2 = qvm.qAlloc_many(n)
16    # 用于计算模加法的辅助比特
17    auxadd = qvm.qAlloc_many(1)
18
19    prog << pq.bind_nonnegative_data(x, qvec1) \
20        << pq.ConModMul(a, N, qvec1, qvec2, auxadd)
21
22    result = pq.prob_run_dict(prog, qvec1, 1)
23
24    for key in result:
25        print(key + ":" + str(result[key]))
26        c = int(key, 2)
27    print(c)
```

练习 3.9 结合常数模加法器和上述线路，实现常数模加乘法运算器和常数模乘运算器代码。

4. 基于 QFT 的常数模幂运算器

为了计算模幂 $a^x \bmod N$，有

$$
\begin{aligned}
a^x \bmod N &= a^{2^0 x_0 + 2^1 x_1 + 2^2 x_2 + \cdots + 2^{n-1} x_{n-1}} \bmod N \\
&= [(a^{2^0 x_0} \bmod N)(a^{2^1 x_1} \bmod N) \cdots (a^{2^{n-1} x_{n-1}} \bmod N)] \bmod N
\end{aligned} \tag{3.18}
$$

因此，常数模幂可以通过多次常数模乘运算得到，需要多申请一个量子寄存器迭代模加每次的模乘结果，具体量子线路如图 3.10 所示。该量子线路需要 3 个量子寄存器，共需要 $3n+1$ 量子比特。利用 PyQPanda，可以实现模幂的测试（以 $2^4 \bmod 11$ 为例，如代码 3.21 所示）。

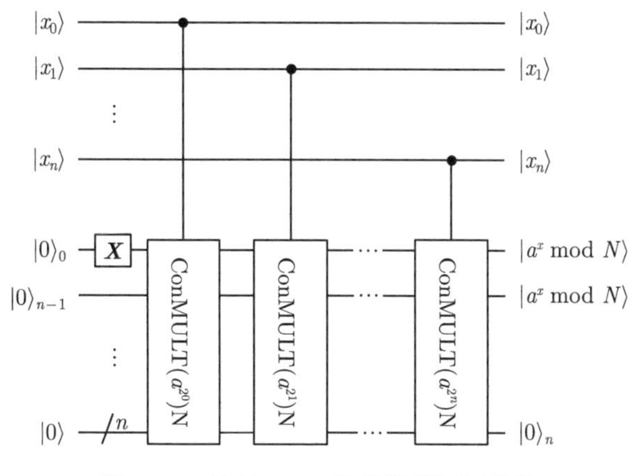

图 3.10 基于 QFT 的常数模幂运算器

代码 3.21 基于 QFT 的常数模幂运算器测试用例

```
import pyqpanda as pq
import math

if __name__ == "__main__":

    N = 11
    # 选择整数:math:`a,b,x\in [0,N-1]`, 其中a与N互素
    a = 2
    x = 4
    # 若N是2的幂次, 需要申请\lceil log(N,2) \rceil+1 量子比特
    n = math.ceil(math.log(N, 2))
    qvm = pq.CPUQVM()
    qvm.init_qvm()
    prog = pq.QProg()
    qvec1 = qvm.qAlloc_many(n)
    qvec2 = qvm.qAlloc_many(n)
    qvec3 = qvm.qAlloc_many(n)
    # 用于计算模加法的辅助比特
    auxadd = qvm.qAlloc_many(1)

    prog << pq.bind_nonnegative_data(x, qvec1) \
        << pq.ConModExp(a, N, qvec1, qvec2, qvec3, auxadd)

    result = pq.prob_run_dict(prog, qvec3, 1)

    for key in result:
        print(key + ":" + str(result[key]))
        c = int(key, 2)
    print(c)
```

练习 3.10 结合基于 QFT 的常数模乘运算器和基于 QFT 的常数模幂运算器的量子线路，写出基于 QFT 的常数模幂运算器的实现代码。

3.2.2 变量模运算基本组件

本小节重点介绍全量子态参与运算的模运算（称为变量模运算）基本组件。该组件与常数模运算组件不同，后者将一部分量子态作为常数，进行经典处理。本小节均假设模数为 $N \in \mathbb{N}$ 且 $n = \lceil \log_2 N \rceil$。下面介绍的基本组件中部分设计思想与文献 [4] 中的思想相似，但个别有不同。

1. 变量模加运算器

对于两个量子寄存器 $|x\rangle$、$|y\rangle$ 及模数 N，设 $x, y \in [0, N-1]$，令 $|x\rangle$ 为第一寄存器，$|y\rangle$ 为第二寄存器，则实现 $|(x+y) \bmod N\rangle$ 的具体步骤如下。

（1）借助一个辅助比特（aux1）作为加法进位，利用 PyQPanda 中的加法器 [Python 中的接口为 QAdder()，此操作需要一个额外的辅助比特（aux0）] 实现 $|x+y\rangle$，所得结果寄存在第一寄存器中。

（2）利用基于 QFT 的常数加法器 [QFTConAdd()]，对第一寄存器和辅助比特 aux1 进行常数模减，得到 $|x+y-N\rangle$。

（3）根据辅助比特 aux1，对 $|x+y-N\rangle$ 进行受控加 N 操作：若 aux1=1（表示 $x+y<N$），则对第一寄存器执行加 N 操作；若 aux1=0（表示 $x+y \geqslant N$），不执行相关操作。当前第一个寄存器中的结果为

$$\begin{cases} |x+y\rangle, & 0 \leqslant x+y < N \\ |x+y-N\rangle, & N \leqslant x+y < 2N \end{cases}$$

（4）通过构造比较器对辅助比特 aux1 复位。先对第一个和第二个寄存器执行带进位的减法操作，再进行 CNOT 门操作，可以将辅助比特重置为 0，最后对第一个和第二个寄存器执行不带进位的加法操作 [QAdderIgnoreCarry()] 即可。

变量模加运算器（简记为 MAdd）的量子线路如图 3.11 所示，共需要 $2n+2$ 量子比特。实现代码与测试用例如代码 3.22 所示。

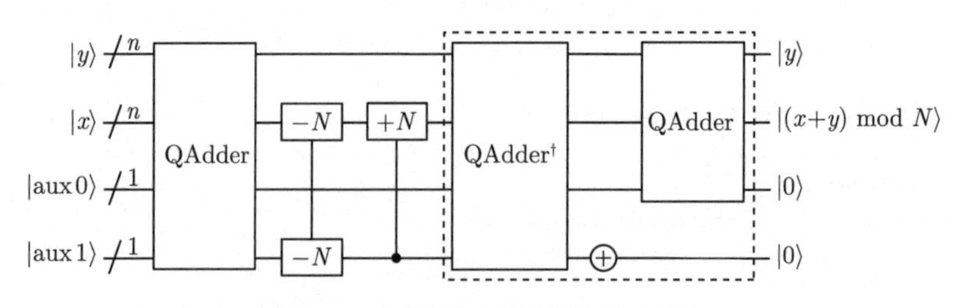

图 3.11 变量模加运算器的量子线路

代码 3.22 变量模加运算器的实现代码与测试用例

```
import pyqpanda as pq
import math

def VarModAdd(qvec1, qvec2, auxadd, aux, N):
    q = qvec1 + aux
    circ = pq.QCircuit()
    circ << pq.QAdder(qvec1, qvec2, auxadd, aux[0]) \
        << pq.QFTConAdd(N, q).dagger() \
        << pq.QFTConAdd(N, qvec1).control(aux) \
        << pq.QAdder(qvec1, qvec2, auxadd, aux[0]).dagger() \
        << pq.X(aux[0]) \
        << pq.QAdderIgnoreCarry(qvec1, qvec2, auxadd)
    return circ


if __name__ == "__main__":
    N = 11
    # 选择两个整数x,y\in \[0,N-1\].
    x = 7
    y = 9
    # 若N是2的幂次，则需要申请n=\lceil \log(N,2) \rceil+1量子比特
    n = math.ceil(math.log(N, 2))
    qvm = pq.CPUQVM()
    qvm.init_qvm()
    prog = pq.QProg()

    qvec1 = qvm.qAlloc_many(n)
    qvec2 = qvm.qAlloc_many(n)
    aux = qvm.qAlloc_many(1)
    auxadd = qvm.qAlloc()

    prog << pq.bind_nonnegative_data(x, qvec1) \
        << pq.bind_nonnegative_data(y, qvec2) \
        << VarModAdd(qvec1, qvec2, auxadd, aux, N)

    result = pq.prob_run_dict(prog, qvec1, 1)

    for key in result:
        print(key + ":" + str(result[key]))
        c = int(key, 2)
    print(c)
```

练习 3.11 思考变量模加运算器和常数模加法器的不同，分析它们的可应用场景。

2. 变量二倍模乘运算器

下面介绍一种特殊的二倍模乘运算器。模数 N 为奇数情形下的二倍模乘仅需要简单的 SWAP 门和常数加法操作。与常数模乘运算需要 $2n+1$ 量子比特相比，该线路仅需要 $n+1$ 量子比特。具体实现思想如下：设模数 N 为奇数且 $n=\lceil\log_2(N)\rceil$，求解变量 $x\in[0,N-1]$，设计量子线路以计算 $|2x \bmod N\rangle$。

（1）借助辅助比特 aux，对量子寄存器 $|x\rangle$ 按位向左移一位。此过程的线路仅需从最高位开始，依次和下一低位作交换即可，具体量子线路如图 3.12 所示。

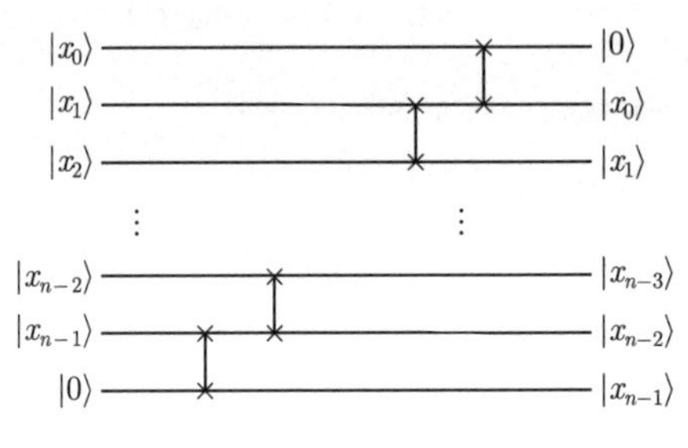

图 3.12 向左移位实现二倍乘操作

（2）对量子寄存器 $|x\rangle$ 和辅助比特整体执行减 N 操作（利用基于 QFT 的常数加法器），得到 $|2x-N\rangle$。

（3）通过辅助比特来对量子寄存器 $|x\rangle$ 执行常数加 N 操作。至此，当前量子寄存器的结果为

$$\begin{cases} |2x\rangle|1\rangle, & 0\leqslant 2x<N \\ |2x-N\rangle|0\rangle, & N\leqslant 2x<2N \end{cases}$$

（4）最后，通过最低位比特对辅助比特执行复位操作。

若寄存器中存储的结果是 $|2x\rangle$，即为偶数，最低位比特为 $|0\rangle$。执行 X(LSB($2x$)) 门操作后，LSB($2x$)=1 且 aux 的状态为 $|1\rangle$，对 aux 执行 X 门操作，使 aux 的状态变为 $|0\rangle$。

若寄存器中存的结果是 $|2x-N\rangle$，由于 N 是奇数，所以 $2x-N$ 为奇数，最低位比特为 $|1\rangle$。执行 X(LSB($2x-N$)) 门操作后，LSB($2x-N$)=0 且 aux 的状态为 $|0\rangle$，不对 aux 执行 X 门操作。

最后，对第一寄存器的 LSB 再次执行 X 门操作，完成 LSB 的复位，从而实现可逆的量子线路，其结果 $|2x \bmod N\rangle$ 存在第一寄存器中。

与文献 [4] 中的 $n+2$ 量子比特相比，此变量二倍模乘运算器仅需要 $n+1$ 量子比特。

测试用例如代码 3.23 所示。

代码 3.23　变量二倍模乘的测试用例

```
import pyqpanda as pq
import math

if __name__ == "__main__":
    # 整数N必须为奇数. 选择整数 x\in \[0,N-1\]
    N = 11
    x = 7
    # 若N是2的幂次，则需要申请n=\lceil \log(N,2) \rceil+1量子比特
    n = math.ceil(math.log(N, 2))
    qvm = pq.CPUQVM()
    qvm.init_qvm()
    prog = pq.QProg()
    qvec = qvm.qAlloc_many(n)
    aux = qvm.qAlloc_many(1)

    prog << pq.bind_nonnegative_data(x, qvec) \
        << pq.VarModDou(qvec, aux, N)

    result = pq.prob_run_dict(prog, qvec, 1)

    for key in result:
        print(key + ":" + str(result[key]))
        c = int(key, 2)
    print(c)
```

练习 3.12　结合图 3.13，写出左移二倍乘和二倍模乘的实现代码。思考该变量二倍模乘运算器为什么不适用于非奇数的模数。

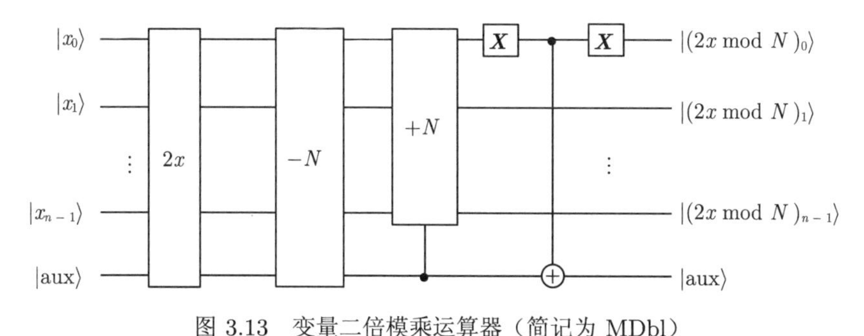

图 3.13　变量二倍模乘运算器（简记为 MDbl）

3. 变量模乘法运算器

结合变量二倍模乘和变量模加运算器，可以实现奇模数下的变量模乘法运算器。设模数 N 为奇数，针对变量 $x, y \in [0, N-1]$，利用量子线路计算 $|xy \bmod N\rangle$。

基本原理：已知表达式 $x = \sum_{i=0}^{n-1} x_i 2^i$，有

$$\begin{aligned} xy \bmod N = \sum_{i=0}^{n-1} x_i 2^i y \bmod N = x_0 y + 2(x_1 y + 2(x_2 y + \cdots \\ + 2(x_{n-2} y + 2(x_{n-1} y \bmod N) \bmod N) \bmod N) \cdots) \bmod N \end{aligned} \tag{3.19}$$

与经典的高位到低位的快速模乘运算对比可知，变量模乘线路可转换为一系列受控的变量模加线路以及 $n-1$ 次的二倍模乘线路，具体量子线路如图 3.14 所示。该线路所需量子比特数为 $3n+2$，得到 $|x\rangle|y\rangle|0\rangle \mapsto |x\rangle|y\rangle|xy \bmod N\rangle$。具体测试用例如代码 3.24 所示。

代码 3.24　变量模乘的测试用例

```
import pyqpanda as pq
import math

if __name__ == "__main__":
    # 整数N必须为奇数. 选择整数x,y\in \[0,N-1\]
    N = 11
    x = 7
    y = 5
    n = math.ceil(math.log(N, 2))
    qvm = pq.CPUQVM()
    qvm.init_qvm()
    prog = pq.QProg()

    qvec1 = qvm.qAlloc_many(n)
    qvec2 = qvm.qAlloc_many(n)
    qvec3 = qvm.qAlloc_many(n)
    auxadd = qvm.qAlloc()
    aux = qvm.qAlloc_many(1)

    prog << pq.bind_nonnegative_data(x, qvec1) \
        << pq.bind_nonnegative_data(y, qvec2) \
        << pq.VarModMul(qvec1, qvec2, qvec3, auxadd, aux, N)
    result = pq.prob_run_dict(prog, qvec3, 1)

    for key in result:
        print(key + ":" + str(result[key]))
        c = int(key, 2)
    print(c)
```

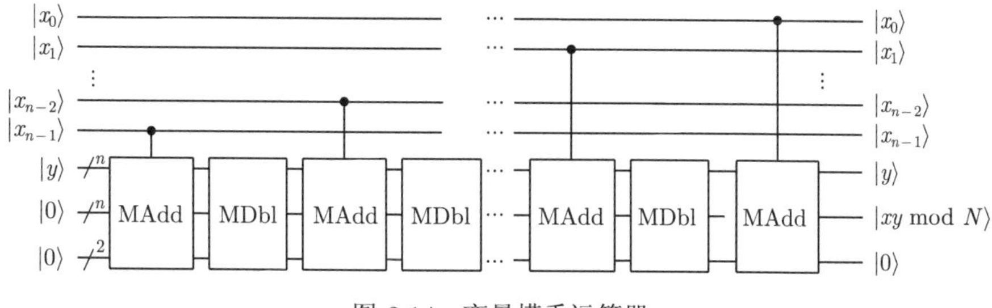

图 3.14 变量模乘运算器

练习 3.13 结合二倍模乘和模加线路，实现变量模乘代码。

4. 变量模平方运算器

若变量 $x \in [0, N-1]$，利用量子线路计算 $|x^2 \bmod N\rangle$，有

$$x^2 \bmod N = \sum_{i=0}^{n-1} x_i 2^i x \bmod N = x_0 x + 2(x_1 x + 2(x_2 x + \cdots$$
$$+ 2(x_{n-2}x + 2(x_{n-1}x \bmod N) \bmod N) \bmod N) \cdots) \bmod N \tag{3.20}$$

与经典的高位到低位的快速模乘运算对比可知，变量模平方线路可转换为一系列受控的变量模加线路以及 $n-1$ 次的变量二倍乘线路。具体量子线路如图 3.15 所示。该线路所需量子比特数为 $2n+2$，得到 $|x\rangle|0\rangle \mapsto |x\rangle|x^2 \bmod N\rangle$。变量模平方与变量模乘相比，节省了一个 n 量子比特量子寄存器，仅需要增加一个辅助比特来将 x_i 的受控信息转移到辅助比特上，之后根据辅助比特的受控性进行变量模加即可，具体实现代码如代码 3.25 所示。以 $7^2 \bmod 11$ 为例的测试用例如代码 3.26 所示。

代码 3.25 变量模平方的实现代码

```
import pyqpanda as pq

def VarModSqr(qvec1, qvec2, auxadd, aux, auxsqr, N):
    circ = pq.QCircuit()
    for i in range(len(qvec1) - 1, 0, -1):
        circ << pq.CNOT(qvec1[i], auxsqr) \
             << pq.VarModAdd(qvec2, qvec1, auxadd, aux, N).control(auxsqr) \
             << pq.VarModDou(qvec2, aux, N) \
             << pq.CNOT(qvec1[i], auxsqr)
    circ << pq.CNOT(qvec1[0], auxsqr)
    circ << pq.VarModAdd(qvec2, qvec1, auxadd, aux, N).control(auxsqr)
    circ << pq.CNOT(qvec1[0], auxsqr)
    return circ
```

代码 3.26 变量模平方的测试用例

```
import pyqpanda as pq
import math

if __name__ == "__main__":

    x = 7
    N = 11
    # 若N是2的幂次，则需要申请n=\lceil \log(N,2) \rceil+1量子比特
    n = math.ceil(math.log(N, 2))
    qvm = pq.CPUQVM()
    qvm.init_qvm()
    prog = pq.QProg()

    qvec1 = qvm.qAlloc_many(n)
    qvec2 = qvm.qAlloc_many(n)
    auxadd = qvm.qAlloc()
    aux = qvm.qAlloc_many(1)
    auxsqr = qvm.qAlloc()

    prog << pq.bind_nonnegative_data(x, qvec1) \
        << pq.VarModSqr(qvec1, qvec2, auxadd, aux, auxsqr, N)

    result = pq.prob_run_dict(prog, qvec2, 1)

    for key in result:
        print(key + ":" + str(result[key]))
        c = int(key, 2)
    print(c)
```

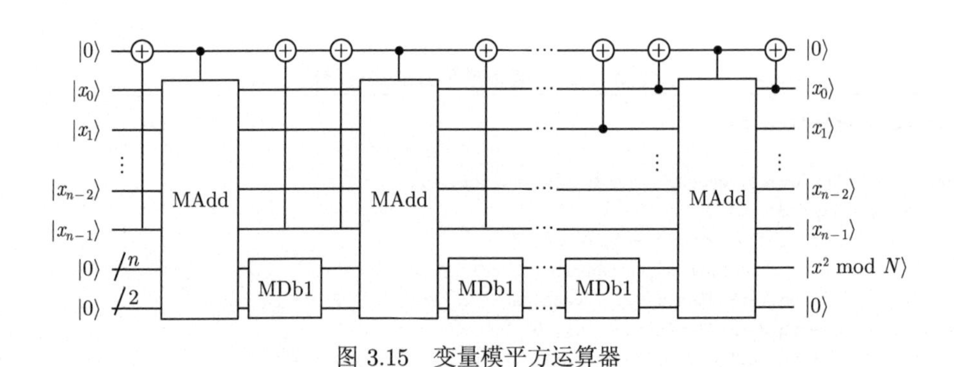

图 3.15 变量模平方运算器

练习 3.14 利用上述量子模运算基础组件设计量子运算器，求解 $2 \times (4 + 3^3) \bmod 11$，保证以最少的量子比特数实现上述运算。

3.3　量子相位估计

量子相位估计（QPE）是量子计算中非常重要的子程序之一，在许多量子算法中充当核心模块的角色。QPE 可以求解 $\boldsymbol{U}|\psi\rangle = \mathrm{e}^{2\pi\mathrm{i}\theta}|\psi\rangle$ 中的 θ。其中，$|\psi\rangle$ 为酉算符 $\boldsymbol{U} \in \mathbb{C}^{2^m \times 2^m}$ 的本征向量，$\mathrm{e}^{2\pi\mathrm{i}\theta}$ 为相应的本征值。由于 $\boldsymbol{U}$ 是酉算符，因此其所有本征值的范数均为 1。θ 是相位信息，所以满足 $\theta \in [0,1)$。

利用 QPE 可以求解

$$\mathrm{QPE}(\boldsymbol{U}, |0\rangle_n|\psi\rangle_m) = |\tilde{\theta}\rangle_n|\psi\rangle_m \tag{3.21}$$

因此，求得的 $\tilde{\theta}$ 为 $2^n\theta$ 的 n 量子比特近似。下面结合例 3.1 介绍 QPE 的具体实现思想。

例 3.1　选取一个 U_1 门，并使用量子相位估计估计其相位。已知：

$$\boldsymbol{U}_1\left(\frac{\pi}{4}\right)|1\rangle = \begin{bmatrix} 1 & 0 \\ 0 & \mathrm{e}^{\frac{\mathrm{i}\pi}{4}} \end{bmatrix}\begin{bmatrix} 0 \\ 1 \end{bmatrix} = \mathrm{e}^{\frac{\mathrm{i}\pi}{4}}|1\rangle \tag{3.22}$$

即 $\boldsymbol{U}_1\left(\dfrac{\pi}{4}\right)|1\rangle = \mathrm{e}^{2\pi\mathrm{i}\theta}|1\rangle$，目标是利用QPE找到 $\theta = \dfrac{1}{8}$。这个例子需使用 3 量子比特并获得一个确切的结果，而非估计值。

首先，制备好量子态，准备 3 个控制比特和 1 个工作比特，具体实现线路如图 3.16 所示。随后，设计量子线路，其中工作比特作为酉算符 $\boldsymbol{U}_1$ 的本征向量。通过应用 X 门来初始化 $|\psi\rangle = |1\rangle$，对前 3 个控制比特执行 H 门操作：

$$\boldsymbol{H}(|0\rangle_3) \otimes \boldsymbol{X}(|0\rangle) = \frac{1}{\sqrt{2^3}}(|0\rangle + |1\rangle)^{\otimes 3} \otimes |1\rangle \tag{3.23}$$

接着，依次对 $|\psi\rangle$ 执行受控的 $\boldsymbol{U}_1^{2^i}$（$i = 0,1,2$）操作，得

$$\begin{aligned}\frac{1}{\sqrt{2^3}}(|0\rangle + |1\rangle)^{\otimes 3} \otimes |1\rangle &\overset{\text{受控的}\boldsymbol{U}_1^{2^i}}{\mapsto} \frac{1}{\sqrt{2^3}}\bigotimes_{i=0}^{3}(|0\rangle + \mathrm{e}^{\frac{2^i \mathrm{i}\pi}{4}}|1\rangle) \otimes |1\rangle \\ &= \frac{1}{\sqrt{2^3}}\sum_{i=0}^{7}\mathrm{e}^{2\pi\mathrm{i}\theta k}|k\rangle \otimes |1\rangle, \theta = \frac{1}{8}\end{aligned} \tag{3.24}$$

此时，相位的信息已经存储在 3 个控制比特的振幅信息中。下面，通过对前 3 个控制比特进行 IQFT，将振幅上的相位信息转移到基向量上：

$$\frac{1}{\sqrt{2^3}}\sum_{k=0}^{7}\mathrm{e}^{2\pi\mathrm{i}\theta k}|k\rangle \overset{\mathrm{IQFT}}{\mapsto} \frac{1}{2^3}\sum_{k=0}^{7}\mathrm{e}^{2\pi\mathrm{i}\theta k}\sum_{j=0}^{7}\mathrm{e}^{-\frac{2\pi\mathrm{i}jk}{8}}|j\rangle$$

$$
= \frac{1}{2^3} \sum_{k=0}^{7} \sum_{j=0}^{7} \mathrm{e}^{-2\pi \mathrm{i} k(8\theta - j)/8} |j\rangle \tag{3.25}
$$

由于 $\theta = 1/8$ 已知，所以理论上将以 1 的概率测量得到 1。实际测量也符合上述理论，见代码 3.27中的输出结果。

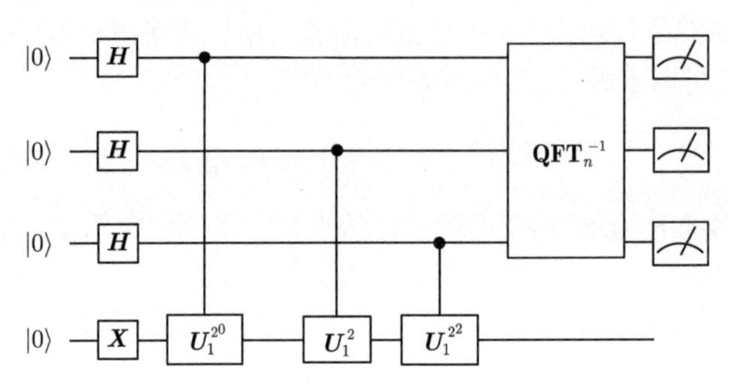

图 3.16　例 3.1的 QPE 实现线路

代码 3.27　例 3.1的 QPE 求解实现代码

```
import pyqpanda as pq
from numpy import pi

if __name__ == "__main__":

    machine = pq.CPUQVM()
    machine.init_qvm()

    qvec = machine.qAlloc_many(1)
    ctqv = machine.qAlloc_many(3)
    prog = pq.create_empty_qprog()

    # 构建量子程序
    prog << pq.H(ctqv) \
        << pq.X(qvec) \
        << pq.U1(qvec, pi / 4).control(ctqv[0]) \
        << pq.U1(qvec, pi / 2).control(ctqv[1]) \
        << pq.U1(qvec, pi).control(ctqv[2]) \
        << pq.QFT(ctqv).dagger()

    # 对量子程序进行概率测量
    result = machine.prob_run_dict(prog, ctqv, -1)
    pq.destroy_quantum_machine(machine)

    # 打印测量结果
    for key in result:
        print(key + ":" + str(result[key]))
```

```
28
29      # 得到测量结果
30      # 000: 3.2111743275244235e-33
31      # 001: 1.0000000000000009
32      # 010: 3.2111743275244235e-33
33      # 011: 9.495567745759803e-66
34      # 100: 8.076634476588178e-34
35      # 101: 3.2245416112311566e-32
36      # 110: 8.076634476588178e-34
37      # 111: 9.495567745759803e-66
```

结合上述例子可知，QPE 是在 QFT 的基础上构造的。注意，QPE 需要已知构造好的给定算符 $\boldsymbol{U}$ 的本征向量 $|\psi\rangle$，因此，QPE 主要包含下述步骤。

（1）制备控制寄存器和工作寄存器，工作寄存器存储本征向量 $|\psi\rangle$ 的值。

（2）通过 H 门操作将控制寄存器处理成叠加态。

（3）通过一系列特殊旋转量子门操作将 $\boldsymbol{U}$ 的本征值信息分解、转移到控制量子寄存器的振幅上。

（4）对辅助比特执行 IQFT，将振幅上的相位信息转移到基向量上。

（5）对辅助比特的基向量分别进行测量后，将它们进行综合，可得到本征值的相位信息。

最后，介绍 QPE 实现的具体数学原理和算法成功概率。已知两个寄存器组成的 $n+m$ 维量子态 $|0\rangle_n|\psi\rangle_m$ 为 $\boldsymbol{U}$ 的本征向量。首先对第一个寄存器中的 n 量子比特分别进行 H 门操作。

对于任意给定的量子比特 $a|0\rangle+b|1\rangle$，基于酉算符 $\boldsymbol{U}$ 定义受控量子逻辑门 $\mathbf{CU}^{2^t}$，使得

$$\mathbf{CU}^{2^t}(a|0\rangle+b|1\rangle)\bigotimes|\psi\rangle=(a|0\rangle+\mathrm{e}^{2\pi\mathrm{i}\varphi 2^t}b|1\rangle)\bigotimes|\psi\rangle \tag{3.26}$$

借助该量子门可以将相位 φ 转移到量子比特 $a|0\rangle+\mathrm{e}^{2\pi\mathrm{i}\varphi 2^t}b|1\rangle$ 的振幅上。经过简单计算，可以得到第一个寄存器的最终状态为

$$|\phi\rangle=\frac{1}{2^{n/2}}\bigotimes_{t=0}^{n-1}(|0\rangle+\mathrm{e}^{2\pi\mathrm{i}\varphi 2^t}|1\rangle)=\frac{1}{2^{n/2}}\sum_{k=0}^{2^n-1}\mathrm{e}^{2\pi\mathrm{i}\varphi k}|k\rangle \tag{3.27}$$

对 $|\phi\rangle$ 进行 IQFT，可得

$$\begin{aligned}\mathrm{QFT}^{-1}|\phi\rangle&=\frac{1}{2^{n/2}}\sum_{k=0}^{2^n-1}\mathrm{e}^{2\pi\mathrm{i}\varphi k}\left(\frac{1}{2^{n/2}}\sum_{j=0}^{2^n-1}\mathrm{e}^{-\frac{2\pi\mathrm{i}kj}{2^n}}|j\rangle\right)\\&=\frac{1}{2^n}\sum_{k=0}^{2^n-1}\sum_{j=0}^{2^n-1}\mathrm{e}^{-\frac{2\pi\mathrm{i}k}{2^n}(j-2^n\varphi)}|j\rangle\end{aligned} \tag{3.28}$$

如果存在整数 $j_0 = 2^n\varphi$，则测量第一个寄存器可以以概率 1 稳定得到量子态 $|2^n\varphi\rangle$。否则，记 $j_0 = [2^n\varphi]$，即

$$2^n\delta = |x_0 - 2^n\varphi| < \frac{1}{2} \tag{3.29}$$

此时，测量第一个寄存器得到 $|j_0\rangle$ 的概率为

$$\begin{aligned}
P_{j_0} &= \left(\left\langle j_0 \left| \frac{1}{2^n} \sum_{k=0}^{2^n-1} \sum_{j=0}^{2^n-1} \mathrm{e}^{\frac{-2\pi \mathrm{i} k}{2^n}(j-2^n\varphi)} \right| j_0 \right\rangle\right)^2 \\
&= \left(\left\langle j_0 \left| \frac{1}{2^n} \sum_{k=0}^{2^n-1} \mathrm{e}^{-\frac{2\pi \mathrm{i} k}{2^n}(j_0-2^n\varphi)} \right| j_0 \right\rangle\right)^2 \\
&= \frac{1}{2^{2n}} \left| \sum_{k=0}^{2^n-1} \mathrm{e}^{2\pi \mathrm{i} k\delta} \right|^2 = \frac{1}{2^{2n}} \left| \frac{2\sin \pi 2^n\delta}{2\sin \pi\delta} \right|^2 \geqslant \frac{1}{2^{2n}} \left| \frac{2^{n+1}\delta}{\pi\delta} \right|^2 = \frac{4}{\pi^2}
\end{aligned} \tag{3.30}$$

由式 (3.30) 可知，当 $2^n\varphi$ 不为整数时，依然可以以不低于 $\frac{4}{\pi^2}$ 的概率测量得到 $|j_0\rangle$。将第一个寄存器的测量结果（二进制字符串 $\phi_1\phi_2\cdots\phi_n$）除以 2^n，即可得到相位 $\theta = 0.\phi_1\phi_2\cdots\phi_n$。例如，若测量结果是 0001（$n = 4$），则除以 2^4 后，可得到相位为 1/16。注意到，辅助比特数 n 越大，测量得到的精度也就越高。

QPE 的一般量子线路如图 3.17 所示。

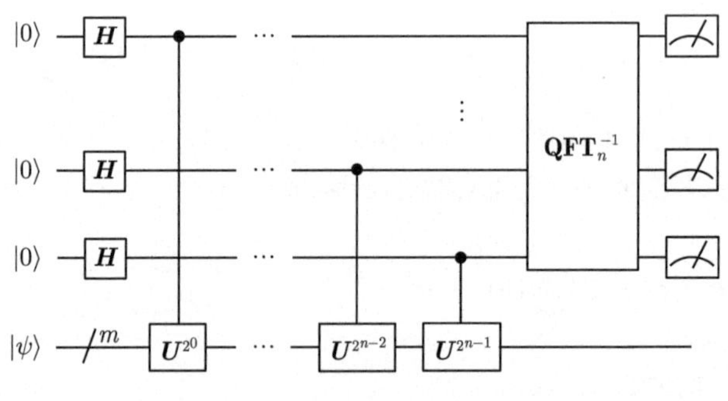

图 3.17　QPE 的一般量子线路

练习 3.15　考虑使用受控 Y 门进行实验，设计 QPE 量子线路并尝试得到预期的结果。（提示：$|\psi\rangle$ 应当是 Y 门的本征向量。）

3.4　Shor 算法及其应用

在本章前文所述的各种量子计算的辅助工具基础上，Shor 算法第一次在理论上实现了具有现实意义的量子计算优越性。该算法最早由美国数学家 Peter W. Shor 在 1994 年提出[5]，充分利用了量子的叠加态特性与纠缠态特性，在特定问题的求解上对目前最高效的经典数学算法实现了亚指数级别甚至指数级别的加速效果。

Shor 算法能够高效求解的问题在数学上可以被归纳为阿贝尔群的隐藏子群问题，解释这个概念需要引入一些抽象、晦涩的代数术语，这有违本书的初衷，所幸这类问题中人们最关心的两个是容易理解的且有现实意义的。这两个问题就是整数分解问题（Integer Factorization Problem，IFP）与离散对数问题（Discrete Logarithm Problem，DLP）。

人们特别关心这两个问题的第一个重要原因是它们在数学发展中具有特殊的意义。例如，整数分解算法的改进几乎贯穿了整个数学的发展史，从千年前的 Eratosthenes 筛法到 20 世纪的二次筛法、数域筛法，人们在不断寻找更加高效的分解算法，但是将算法的时间复杂度下降到多项式级别的目标始终没有达到。此外，关注这两个问题的第二个重要原因（或许也是多数人关注 Shor 算法的直接原因）就是它们在当代密码学中的重要地位。公钥思想的诞生可以看作密码学由传统走向现代的一个分水岭，RSA 算法及 ECC 算法作为公钥密码算法中最具代表性的两个密码算法，它们依赖的数学困难问题恰好分别是整数分解问题与离散对数问题。换句话说，如果整数分解问题与离散对数问题能够被高效地求解，则 RSA 算法及 ECC 算法的安全性将失去根基。

本节重点介绍如何借助 PyQPanda 使用 Shor 算法完成对整数分解问题与离散对数问题的求解。首先，介绍 Shor 算法求解整数分解的量子线路部分，其中 N 是待分解的数字，$n=\lceil\log_2 N\rceil$，a 是选取的随机数，使得 $\gcd(a,N)=1$。Shor 算法的量子线路如图 3.18 所示，前文介绍的模数运算组件与量子傅里叶变换组件都是 Shor 算法量子线路的重要组成部分。

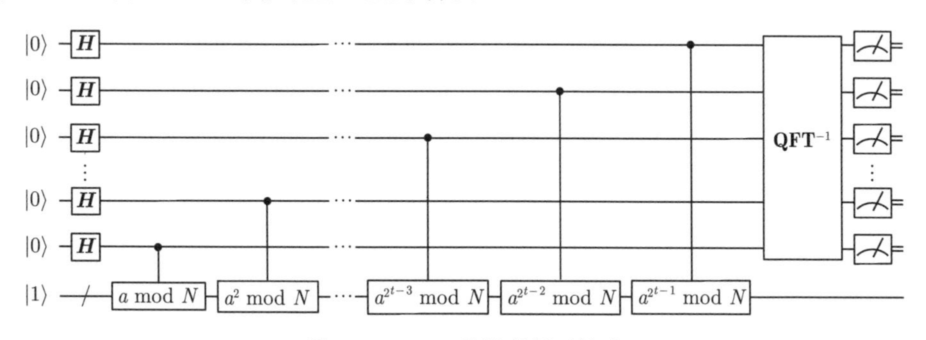

图 3.18　Shor 算法的量子线路

接下来，介绍 Shor 算法分解整数的具体流程。首先，通过简单的分析可知，分解一个数字 N，可以通过寻找定数字 a 的周期来实现：

$$a^r \equiv 1 \bmod N, \gcd(a,N)=1 \tag{3.31}$$

寻找周期 r 的步骤如下。

（1）首先初始化 t 量子比特作为第一个寄存器，然后初始化 $O(n)$ 量子比特作为第二个寄存器，并给第二个量子比特赋值 1，得到量子态：

$$\varphi = |0\rangle_t \otimes |0\cdots 001\rangle \tag{3.32}$$

（2）对第一个寄存器进行 QFT，制备叠加态。对初态 $|0\rangle$ 来说，这一作用等价于对每个量子比特执行一个 H 门操作，得到量子态：

$$\varphi = \frac{1}{2^{t/2}}\sum_{j=0}^{M-1}|j\rangle|1\rangle \tag{3.33}$$

其中，令 $2^t = M$。

（3）对两个量子寄存器进行如图 3.18 所示的模指数运算，该步骤能够高效计算叠加态，得到

$$\varphi = \frac{1}{2^{t/2}}\sum_{j=0}^{M-1}|j\rangle|a^j \bmod N\rangle \tag{3.34}$$

式 (3.34) 所示的量子态能够近似地写为

$$\varphi \approx \frac{1}{2^{t/2}\sqrt{r}}\sum_{s=0}^{r-1}\sum_{j=0}^{M-1}\mathrm{e}^{2\pi \mathrm{i} sj/r}|j\rangle|a_{js}\rangle \tag{3.35}$$

（4）对第一个量子寄存器进行 IQFT，得到

$$\varphi \approx \frac{1}{\sqrt{r}}\sum_{s=0}^{r-1}|\frac{s2^t}{r}\rangle|a_{js}\rangle \tag{3.36}$$

（5）对第一个量子寄存器进行测量，得到 s/r 的估计值。

得到估计值后，使用连分数算法就能够得到正确的周期 r。如果得到的周期是奇数，则重新选取 a，进行下一轮求解，否则通过欧几里得算法能够得到 N 的整数分解。

下面详细说明经典后处理的实现过程——连分数展开[6]：对结果量子态的第一个寄存器进行测量，可以得到 $\left|\left[\frac{2^t s}{r}\right]\right\rangle$（$0 \leqslant s \leqslant r$）。其中，有

$$\left|\left[\frac{2^t s}{r}\right] - \frac{2^t s}{r}\right| \leqslant \frac{1}{2} \tag{3.37}$$

即

$$\left|\frac{\left[\frac{2^t s}{r}\right]}{2^t} - \frac{s}{r}\right| \leqslant \frac{1}{2^{t+1}} \tag{3.38}$$

如果 $r = 2^k$（$k \in \mathbb{Z}, k \leqslant t$），那么 $\frac{2^t s}{r}$ 均为整数，对第一个寄存器进行大量测量，得到每个状态的概率 $\frac{1}{r}$ 或者总状态数，也能求得整数 r。如果取 $t = 2n + 1 + \left[\log_2\left(2 + \frac{1}{2\epsilon}\right)\right]$，那么可以得到二进制展开精度为 $2n + 1$ 位的相位估计结果，且测量得到该结果的概率至少为 $\frac{1-\epsilon}{r}$。所以，一般取 $t = 2n$[5]。

上述内容在理论上给出了 Shor 算法的流程，接下来通过两个例子帮助理解。

分解 $N = 35$ 时，Shor 算法的经典流程如下。

（1）选定随机数 $a = 4$，检验 $\gcd(4, 35) = 1$。

（2）假设利用量子线路与后处理得到 a 的周期 $r = 6$，即

$$4^6 \equiv 1 \bmod 35 \tag{3.39}$$

（3）计算 $\gcd(a^{r/2} - 1, N) \& \gcd(a^{r/2} + 1, N)$，从而有

$$\gcd(63, 35) = 7, \gcd(65, 35) = 5 \tag{3.40}$$

这样，就得到了 35 的整数分解。

分解 $N = 35$ 时，Shor 算法的量子计算流程与后处理如下。

（1）选定 $n = \lceil \log_2 N \rceil = 6$，申请两个量子寄存器 $|0\rangle_{12} |1\rangle_{O(n)}$。

（2）对第一个寄存器作用 H 门，得到

$$\varphi = \frac{1}{64} \sum_{j=0}^{4095} |j\rangle |1\rangle \tag{3.41}$$

（3）对量子寄存器采用模指数运算组件，得到

$$\varphi = \frac{1}{64}\sum_{j=0}^{4095}|j\rangle\,|4^j \bmod 35\rangle \tag{3.42}$$

上面的量子态也可以表述成下面的形式：

$$\begin{aligned}\varphi = \frac{1}{64}((&|0\rangle + |6\rangle + |12\rangle + \cdots + |4092\rangle)\,|1\rangle \\ &+ (|1\rangle + |7\rangle + |13\rangle + \cdots + |4093\rangle)\,|4\rangle \\ &+ (|2\rangle + |8\rangle + |14\rangle + \cdots + |4094\rangle)\,|16\rangle \\ &+ (|3\rangle + |9\rangle + |15\rangle + \cdots + |4095\rangle)\,|29\rangle \\ &+ (|4\rangle + |10\rangle + |16\rangle + \cdots + |4090\rangle)\,|11\rangle \\ &+ (|5\rangle + |11\rangle + |17\rangle + \cdots + |4091\rangle)\,|9\rangle)\end{aligned} \tag{3.43}$$

（4）对第一个寄存器进行 IQFT。上面的量子态可以看作 6 个态的叠加态，对其中每个态的第一个寄存器中的数据进行 IQFT，可以得到第一个寄存器的 IQFT（等价于对量子态进行 IQFT，结果如图 3.19 所示）。

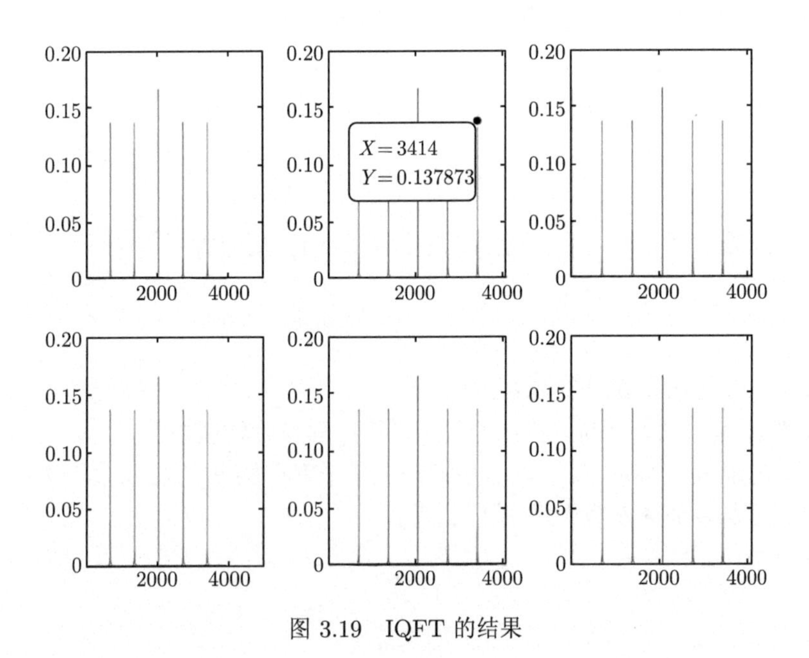

图 3.19　IQFT 的结果

（5）对第一个量子寄存器进行测量，不妨假设得到的概率峰值为 3414，则依据连分数算法可以得到

$$\frac{3414}{4096} \approx \frac{5}{6}$$

从而得到正确的周期 $r = 6$。

代码 3.28 所示为使用 PyQPanda 实现的算法的量子线路部分，其中待分解的数字为 15，选取的随机数 $a = 2$。

代码 3.28 Shor 算法示例

```
import pyqpanda as pq
import math


if __name__ == "__main__":
    n = 15
    a = 2
    machine = pq.CPUQVM()
    machine.init_qvm()
    t = int(math.log2(n)) + 1

    # 构建量子程序

    # 第一个量子寄存器，控制比特
    qvec1 = machine.qAlloc_many(2 * t)

    # 第二个量子寄存器，目标比特，辅助比特
    qvec2 = machine.qAlloc_many(t)
    qvec3 = machine.qAlloc_many(t)
    qvec4 = machine.qAlloc_many(t)
    qvec5 = machine.qAlloc_many(2)

    cbits = machine.cAlloc_many(2 * t)
    qcProg = pq.CreateEmptyQProg()

    qcProg << pq.QFT(qvec1)
    qcProg << pq.X(qvec2[0])

    # 利用PyQPanda内置模指语句实现模幂运算
    qcProg << pq.constModExp(qvec1, qvec2, a, n, qvec3, qvec4, qvec5)
    qcProg << pq.QFT(qvec1).dagger()

    # 测量第一个寄存器的全部量子比特
    qcProg << pq.measure_all(qvec1, cbits)

    result = machine.directly_run(qcProg)
    print(result)
```

```
38
39     pq.finalize()
```

通过第一个寄存器的测量结果可以读取到 4 个高概率测量结果：

$$0 = \frac{0}{4},\ \frac{1}{4},\ \frac{1}{2} = \frac{2}{4},\ \frac{3}{4}$$

例如，运行结果为：{'c0': False, 'c1': False, 'c2': False, 'c3': False, 'c4': False, 'c5': False, 'c6': True, 'c7': False}，对应的分数为 $\frac{64}{256} = \frac{1}{4}$，从而可以得到 2 的周期 4（$2^4 \equiv 1 \bmod 15$）。代码 3.28所使用的量子线路包含 $5n+2$ 量子比特，在实际线路中，可以采用多种多样的方式减少量子比特数，如半经典傅里叶变换（Semi-classical Quantum Fourier Transform）、傅里叶模数运算组件[2]、脏量子比特辅助计算[7] 等。

此外，Shor 算法还能够高效地求解离散对数问题，这意味着椭圆曲线上加法群以及其他有限域上的离散对数问题都能够被大规模量子计算机以多项式时间复杂度解决。但是这部分内容需要更多的预备知识，实现的线路也远比代码 3.28复杂，这里不再展开，有兴趣的读者可以参考文献 [4, 6, 8]。

练习 3.16　尝试利用连分数算法由上述例子中的 $\frac{3414}{4096}$ 得到目标 $\frac{5}{6}$。

练习 3.17　开放问题：尽管椭圆曲线加法群或者一般有限域的量子线路的构建是困难的，但 $\mathbb{Z}/p\mathbb{Z}$ 上的结构足够简单，其上的离散对数问题不需要借助额外接口就能够使用 PyQPanda 求解，并且求解线路与整数分解问题的线路相近。请仿照代码 3.28给出求解离散对数问题的量子线路部分，设待求解的问题为 $3^x \equiv 2 \bmod 7$。

第 4 章 量子态制备算法

当涉及量子态制备时，人们就进入了量子世界的奇妙领域。量子世界不再与经典物理规律相契合，而是涉及超越直观理解的概念。量子态制备指的是创建和准备量子系统，使其处于特定的量子态。这一过程常常涉及精密的控制和调整，旨在实现特定的量子性质和行为。量子态制备通过精密的实验和技术手段，操纵微观粒子，使它们展现出令人惊奇的量子现象，为量子计算和量子通信等领域的发展奠定基础。这一领域的探索挑战着人们对物质世界的直观认知，也为未来的科技创新打开了崭新的可能性。

4.1 编码到基向量

将任意整数的二进制展开与其对应的直积态进行如下绑定：

$$|p\rangle = |p_n p_{n-1} \cdots p_1 p_0\rangle \tag{4.1}$$

此编码过程[9] 本质上是先将整数表示为二进制，再用每个量子比特分别表示一位二进制数值，由索引比特将同一个数的不同位串联起来。编码 k 个整数经典数据 N_i($N_i < N$) 到基向量上需要 $\lceil \log_2 N \rceil$ 个存储量子比特和 $\lceil \log_2 k \rceil$ 个索引量子比特。例如，当需要在 QPanda 中对一个长度为 4 的二进制字符串 1001 编码时，得到的结果为 $|1001\rangle$。实现及结果分别如代码 4.1 和代码 4.2 所示。

代码 4.1 基向量编码

```
import pyqpanda as pq
import numpy as np

if __name__=="__main__":

    # 构建全振幅虚拟机
    qvm = pq.CPUQVM()
    qvm.init_qvm()

    x = '1001'

    # 申请量子比特
    qubits = qvm.qAlloc_many(4)
```

```
14
15      # 实例化编码类Encode
16      cir_encode = pq.Encode()
17
18      # 调用Encode类中基态编码接口
19      cir_encode.basic_encode(qubits,x)
20
21      # 调用Encode类中内置获取编码线路接口
22      prog = pq.QProg()
23      prog << cir_encode.get_circuit()
24
25      # 获取量子编码后的编码比特
26      encode_qubits = cir_encode.get_out_qubits()
27
28      # 获取线路的概率测量结果
29      result = qvm.prob_run_dict(prog, encode_qubits)
30
31      print(result)
32
33
```

代码 4.2　基向量编码的输出结果

```
1   # 输出结果
2   '0000': 0.0,
3   '0001': 0.0,
4   '0010': 0.0,
5   '0011': 0.0,
6   '0100': 0.0,
7   '0101': 0.0,
8   '0110': 0.0,
9   '0111': 0.0,
10  '1000': 0.0,
11  '1001': 1.0,
12  '1010': 0.0,
13  '1011': 0.0,
14  '1100': 0.0,
15  '1101': 0.0,
16  '1110': 0.0,
17  '1111': 0.0
```

4.2 编码到量子比特旋转角度与相位

角度编码[9] 是利用旋转门 RX、RY、RZ 的旋转角度进行对经典信息的编码。PyQPanda 提供了两种角度编码，分别为经典角度编码（angle_encode）与密集

角度编码 (dense_angle_encode) 方式。其中，经典角度编码是将 N 个经典数据编码至 N 量子比特上：

$$|x\rangle = \bigotimes_{i=1}^{N}(\cos x_i|0\rangle + \sin x_i|1\rangle) \tag{4.2}$$

其中，$|x\rangle$ 为所需编码的经典数据向量。但是由于一个量子比特不仅可以加载角度信息，还可以加载相位信息，因此，完全可以将一个长度为 N 的经典数据编码至 $\lceil N \rceil$ 量子比特上：

$$|x\rangle = \bigotimes_{i=1}^{\lceil N/2 \rceil}\left(\cos\left(\pi x_{2i-1}\right)|0\rangle + \mathrm{e}^{2\pi \mathrm{i} x_{2i}}\sin\left(\pi x_{2i-1}\right)|1\rangle\right) \tag{4.3}$$

代码示例及输出结果分别如代码 4.3 和代码 4.4 所示。

代码 4.3 经典角度编码的代码示例

```
import pyqpanda as pq
import numpy as np

if __name__=="__main__":

    # 构建全振幅虚拟机
    qvm = pq.CPUQVM()
    qvm.init_qvm()
    x = [np.pi,np.pi]

    # 申请量子比特
    qubits = qvm.qAlloc_many(2)

    # 实例化编码类Encode
    cir_encode = pq.Encode()

    # 调用Encode类中经典角度编码或密集角度编码接口并输出概率
    cir_encode.angle_encode(qubits,x)
    prog = pq.QProg()
    prog << cir_encode.get_circuit()
    encode_qubits=cir_encode.get_out_qubits()
    result = qvm.prob_run_dict(prog, encode_qubits)
    print(result)
    qvm.finalize()
```

代码 4.4 经典角度编码的输出结果

```
# 输出结果
'00': 1.405799628556214e-65,
```

```
'01': 3.749399456654644e-33,
'10': 3.749399456654644e-33,
'11': 1.0
```

其中，将两个数据分别编码至量子比特的旋转角度 $\cos(\pi x_{2i-1})|0\rangle$ 与相位信息 $\mathrm{e}^{2\pi \mathrm{i} x_{2i}}\sin(\pi x_{2i-1})|1\rangle$ 中。代码示例及输出结果分别如代码 4.5 和代码 4.6 所示。

代码 4.5　密集角度编码的代码示例

```
import pyqpanda as pq
import numpy as np

if __name__=="__main__":

    # 构建全振幅虚拟机
    qvm = pq.CPUQVM()
    qvm.init_qvm()
    x=[np.pi,np.pi]

    # 实例化编码类Encode
    cir_encode = pq.Encode()

    # 申请量子比特
    qubits = qvm.qAlloc_many(1)
    cir_encode.dense_angle_encode(qubits,x)
    prog = pq.QProg()
    prog << cir_encode.get_circuit()
    qvm.directly_run(prog)
    result = qvm.get_qstate()
    print(result)
    qvm.finalize()
```

代码 4.6　密集角度编码的输出结果

```
# 输出结果
(6.12323e-17,0),
(-1,1.22465e-16)
```

可以发现，在经典角度编码中，经典数据向量 $|x\rangle$ 向 y 轴旋转了 π。

4.3　编码到振幅

假设物理量 A 有 4 个主要特性，可以由 4 个值域归一化的实数表示，将 A 编码到对应的复合波函数上可以表示为

$$|A(x)\rangle = p_{00}|00\rangle + p_{01}|01\rangle + p_{10}|11\rangle + p_{11}|11\rangle \tag{4.4}$$

其中，p_{ij} 为不同特性对应的归一化数值，$\sum p_{ij}^2 = 1$。

考虑到 $|A(x)\rangle$ 为叠加态，显然至少有两个非零 p_{ij}^2（否则单一状态不需要进行编码），因此不妨假设

$$p_{00}^2 + p_{01}^2 \neq 0,\ p_{10}^2 + p_{11}^2 \neq 0 \tag{4.5}$$

记

$$p_1 = \sqrt{p_{10}^2 + p_{11}^2} \tag{4.6}$$

$$p_{1|0} = \frac{\sqrt{p_{01}^2}}{\sqrt{p_{00}^2 + p_{01}^2}} \tag{4.7}$$

$$p_{1|1} = \frac{\sqrt{p_{11}^2}}{\sqrt{p_{10}^2 + p_{11}^2}} \tag{4.8}$$

且令

$$\theta_1 = 2\arcsin p_1 \quad \theta_2 = 2\arcsin p_{1|0} \quad \theta_3 = 2\arcsin p_{1|1} \tag{4.9}$$

如果将 p_{ij} 推广到复数域，则需要追加量子比特数，分别编码实部和虚部。借助直积分解，两个量子比特足够描述物理量 A 的状态，量子线路如图 4.1 所示。

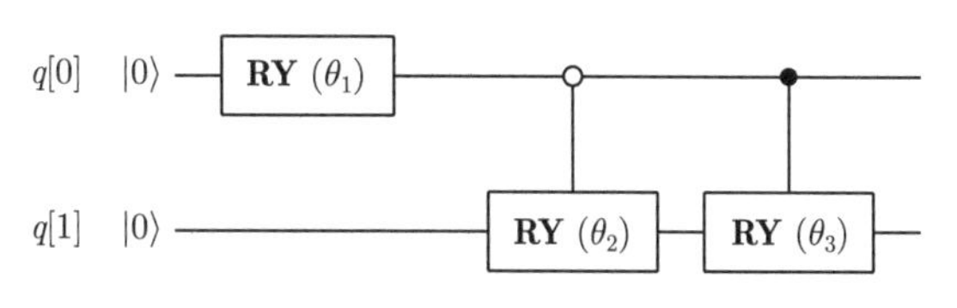

图 4.1　编码到振幅的量子线路

其中，空心点代表虚控点，实心点代表实控点。

若用 **CRY** 表示受控 RY 门的矩阵形式，则有

$$\mathbf{CRY}(\theta_2)|00\rangle = \cos\frac{\theta_2}{2}|00\rangle + \sin\frac{\theta_2}{2}|01\rangle \tag{4.10}$$

$$\mathbf{CRY}(\theta_3)|10\rangle = \cos\frac{\theta_3}{2}|10\rangle + \sin\frac{\theta_3}{2}|11\rangle \tag{4.11}$$

因此，有

$$\begin{aligned}
&\mathbf{CRY}(\theta_3)\mathbf{CRY}(\theta_2)(\mathbf{RY}(\theta_1)\otimes \boldsymbol{I})(|0\rangle\otimes|0\rangle)\\
=&\mathbf{CRY}(\theta_3)\mathbf{CRY}(\theta_2)(\cos\frac{\theta_1}{2}|00\rangle+\sin\frac{\theta_1}{2}|10\rangle)\\
=&\mathbf{CRY}(\theta_3)(\cos\frac{\theta_1}{2}\cos\frac{\theta_2}{2}|00\rangle+\cos\frac{\theta_1}{2}\sin\frac{\theta_2}{2}|01\rangle+\sin\frac{\theta_1}{2}|10\rangle)\\
=&\cos\frac{\theta_1}{2}\cos\frac{\theta_2}{2}|00\rangle+\cos\frac{\theta_1}{2}\sin\frac{\theta_2}{2}|01\rangle\\
&+\sin\frac{\theta_1}{2}\cos\frac{\theta_3}{2}|10\rangle+\sin\frac{\theta_1}{2}\sin\frac{\theta_3}{2}|11\rangle
\end{aligned} \tag{4.12}$$

则有

$$\sin\frac{\theta_1}{2}\cos\frac{\theta_3}{2}=p_1\sqrt{1-p_{1|1}^2}=\frac{\sqrt{p_{10}^2}}{\sqrt{p_{00}^2+p_{01}^2+p_{10}^2+p_{11}^2}}=p_{10} \tag{4.13}$$

$$\sin\frac{\theta_1}{2}\sin\frac{\theta_3}{2}=p_{11} \tag{4.14}$$

$$\cos\frac{\theta_1}{2}\cos\frac{\theta_2}{2}=p_{00} \tag{4.15}$$

$$\cos\frac{\theta_1}{2}\sin\frac{\theta_2}{2}=p_{01} \tag{4.16}$$

于是，有

$$|A(x)\rangle=p_{00}|00\rangle+p_{01}|01\rangle+p_{10}|10\rangle+p_{11}|11\rangle \tag{4.17}$$

至此，就成功地将 4 个经典数据编码到基向量的振幅上。通常，一个振幅编码算法需要考虑 3 点，分别为编码线路的深度、宽度（量子比特数），以及 CNOT 门的数量。对应以上 3 点，QPanda 中提供了不同的编码方法。

4.3.1 Top-down 振幅编码

Top-down[10] 振幅编码 [amplitude_encode(qubit, data)] 是先对数据向量进行处理，得到对应的角度树，再从角度树的根节点开始，依次向下进行编码，如图 4.2 所示。

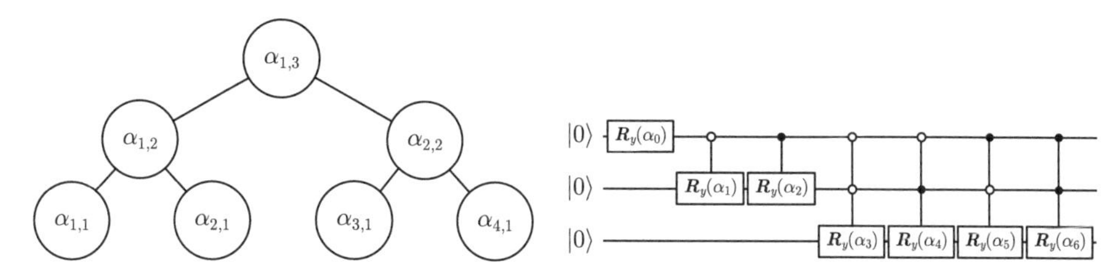

图 4.2　Top-down 振幅编码示意图

这种编码方式具有 $O(\lceil \log_2 N \rceil)$ 的线路宽度，以及 $O(N)$ 的线路深度。Top-down 振幅编码的代码示例与输出结果分别如代码 4.7 和代码 4.8 所示，量子线路如图 4.3 所示。

代码 4.7　Top-down 振幅编码的代码示例

```
import pyqpanda as pq
import numpy as np

if __name__=="__main__":

    machine = pq.CPUQVM()
    machine.init_qvm()

    data = [0,1/np.sqrt(3),0,0,0,1/np.sqrt(3),1/np.sqrt(3),0]
    qubit = machine.qAlloc_many(3)
    cir_encode = pq.Encode()
    cir_encode.amplitude_encode(qubit,data)
    prog = pq.QProg()
    prog << cir_encode.get_circuit()
    pq.draw_qprog(prog,"latex")
    encode_qubits = cir_encode.get_out_qubits()
    result = machine.prob_run_dict(prog, encode_qubits)
    print(result)
    machine.finalize()
```

代码 4.8　Top-down 振幅编码的输出结果

```
# 输出结果
'000': 1.2497998188848808e-33,
'001': 0.33333333333333315,
'010': 0.0,
'011': 0.0,
'100': 1.2497998188848817e-33,
'101': 0.3333333333333334,
'110': 0.3333333333333334,
'111': 0.0
```

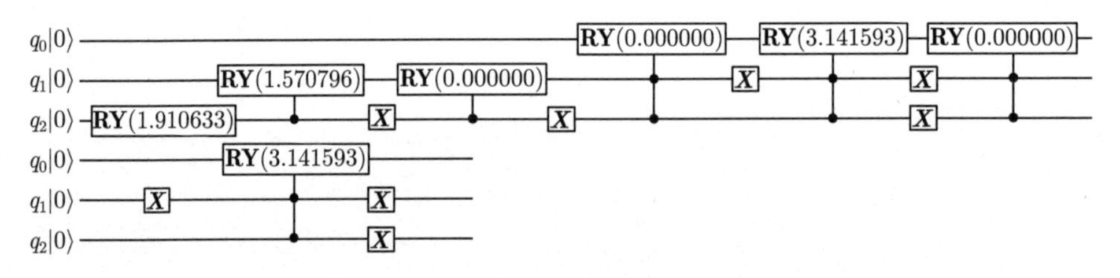

图 4.3 Top-down 振幅编码量子线路

4.3.2 Bottom-top 振幅编码

与 Top-down 振幅编码相反，Bottom-top 振幅编码[10] 利用 dc_amplitude_encode 通过 $O(n)$ 的宽度构建一个深度为 $O(\lceil \log_2 N \rceil)$ 的量子线路。其中，角度树中最左子树 $(\alpha_0, \alpha_1, \alpha_3)$ 对应的量子比特为输出比特，其余为辅助比特。构建形式如图 4.4 所示。

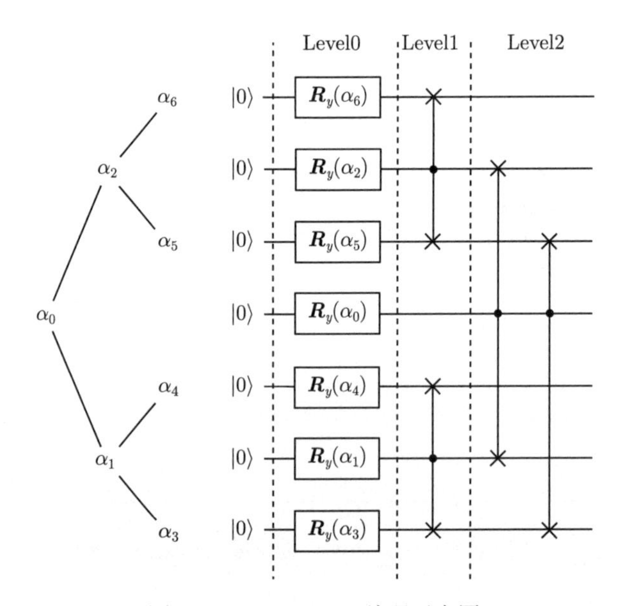

图 4.4 Bottom-top 编码示意图

其中，level1 与 level2 对应的量子逻辑门为受控 SWAP 门，作用为交换辅助比特与输出比特量子态。Bottom-top 振幅编码的代码示例如代码 4.9 所示，量子线路如图 4.5 所示。

代码 4.9　Bottom-top 振幅编码的代码示例

```
import pyqpanda as pq
import numpy as np

if __name__=="__main__":

    machine = pq.CPUQVM()
    machine.init_qvm()

    data = [0,1/np.sqrt(3),0,0,0,1/np.sqrt(3),1/np.sqrt(3),0]
    qubit = machine.qAlloc_many(7)
    cir_encode = pq.Encode()
    cir_encode.dc_amplitude_encode(qubit,data)
    prog = pq.QProg()
    prog << cir_encode.get_circuit()
    pq.draw_qprog(prog,"latex")
```

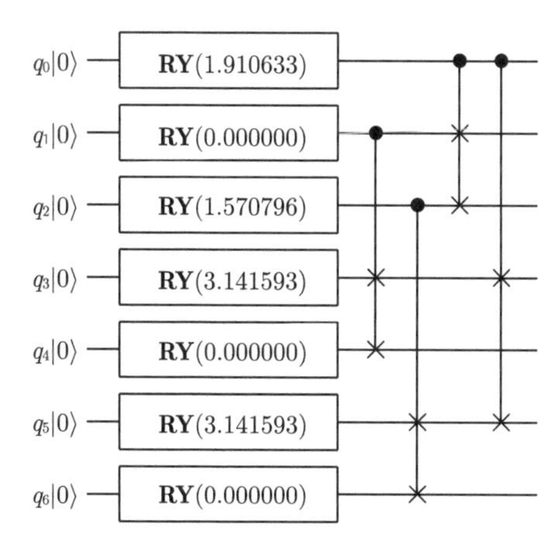

图 4.5　Bottom-top 振幅编码的量子线路

4.3.3　双向振幅编码

双向振幅编码[10]（bid_amplitude_encode）综合了 Top-down 振幅编码和 Bottom-top 振幅编码这两种方式，利用 spilt 状态树（见图 4.6）对编码方式进行选择，即选择深度与宽度。线路宽度为 $O_{\mathrm{w}}\left(2^{\mathrm{split}}+\log_2^2(N)-\mathrm{split}^2\right)$，线路深度为 $O_{\mathrm{d}}\left((\mathrm{split}+1)\dfrac{N}{2^{\mathrm{split}}}\right)$，而 PyQPanda 中的接口默认为 $n/2$，默认情况下的量子线路示例如图 4.7 所示。从 O_{w} 和 O_{d} 可以看出：当 split 为 1 时，双向振幅编码就是 Bottom-top 振幅编码；当 spilt 为 n 时，双向振幅编码就是 Top-down 振幅编码。

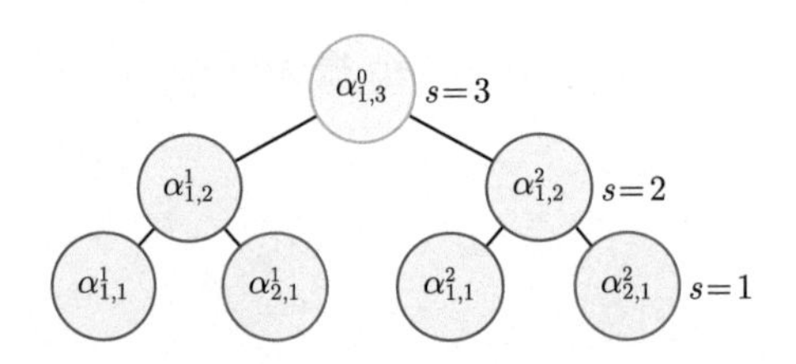

图 4.6 split 状态树

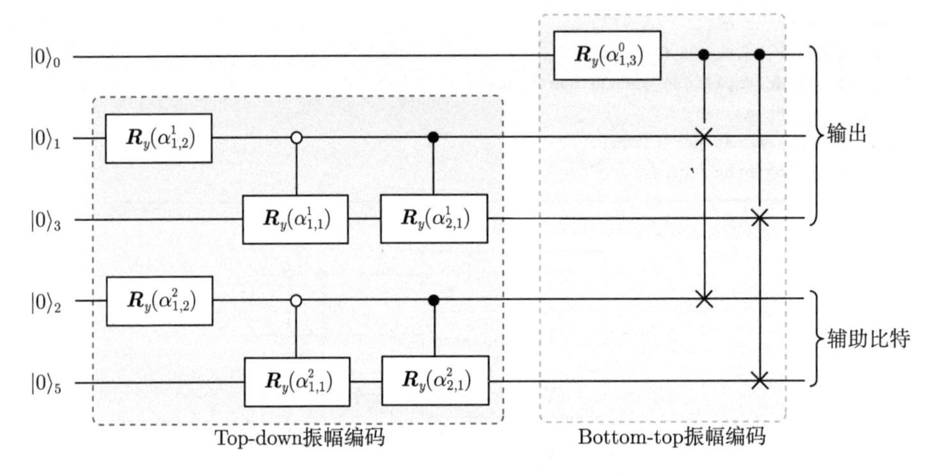

图 4.7 Split 为 $n/2$ 时的量子线路示例

双向振幅编码的代码示例如代码 4.10 所示，量子线路如图 4.8 所示。

代码 4.10 双向振幅编码的代码示例

```
import pyqpanda as pq
import numpy as np

if __name__=="__main__":

    machine = pq.CPUQVM()
    machine.init_qvm()

    data = [0,1/np.sqrt(3),0,0,0,1/np.sqrt(3),1/np.sqrt(3),0]
    qubit = machine.qAlloc_many(5)
    cir_encode = pq.Encode()
    cir_encode.bid_amplitude_encode(qubit,data,0)
    prog = pq.QProg()
    prog << cir_encode.get_circuit()
    pq.draw_qprog(prog,"latex")
```

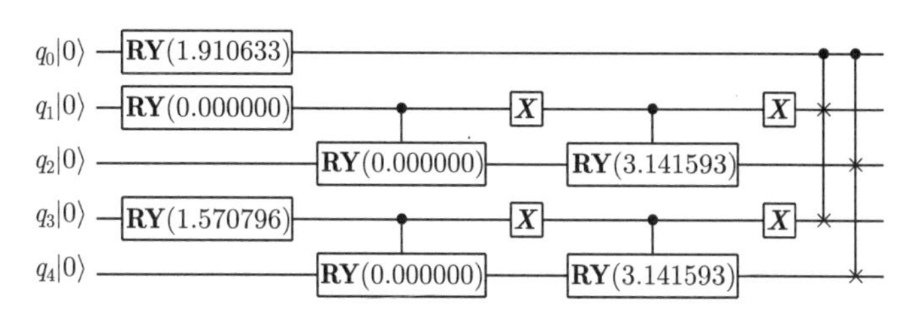

图 4.8 双向振幅编码的量子线路

4.3.4 基于 Schmidt 分解的振幅编码

由 Top-down 振幅编码可见，使用 $\lceil \log_2 N \rceil$ 量子比特编码长度为 N 的经典数据大约需要 2^{2n} 个受控旋转门，这极大地降低了量子线路的保真度。基于 Schmidt 分解的振幅编码[11]（schmidt_encode）则可以有效降低线路中的受控旋转门数量。首先，一个纯态 $|\psi\rangle$ 可以被表示为

$$|\psi\rangle = \sum_{i=1}^{k} \lambda_i |\alpha_i\rangle \otimes |\beta_i\rangle \tag{4.18}$$

进一步，可以被表示为

$$|\psi\rangle = \sum_{i=1}^{m} \sum_{j=1}^{n} C_{ij} |e_i\rangle \otimes |f_j\rangle \tag{4.19}$$

其中，$|e_i\rangle \in \mathbb{C}^m, |f_j\rangle \in \mathbb{C}^n$。

$\boldsymbol{C}$ 可以进行奇异值分解（Singular Value Decomposition，SVD），即 $\boldsymbol{C} = \boldsymbol{U}\Sigma\boldsymbol{V}^\dagger$。因此，可以得出 $\sigma_{ii} = \lambda_i$，$|\alpha_i\rangle = \boldsymbol{U}|e_i\rangle$，$|\beta_i\rangle = \boldsymbol{V}^\dagger |f_i\rangle$。其中，$\sigma_{ii}$ 是 $\boldsymbol{C}$ 的奇异值。$\boldsymbol{U}$、$\boldsymbol{V}^\dagger$ 均可以通过 QPanda 中的 matrix_decompose 接口分解为单双门集合，init 门则是用于将 σ_{ii} 编码至线路的振幅。很明显，这个过程是一个不断递归的过程，直至 σ_{ii} 的数量小于 2 时，将其编码至一个量子比特的振幅上。基于 Schmidt 分解的振幅编码的代码示例如代码 4.11 所示，量子线路如图 4.9 所示。

代码 4.11 基于 Schmidt 分解的振幅编码的代码示例

```
import pyqpanda as pq
import numpy as np

if __name__=="__main__":

    machine = pq.CPUQVM()
```

```
7        machine.init_qvm()
8
9        data = [0,1/np.sqrt(3),0,0,0,1/np.sqrt(3),1/np.sqrt(3),0]
10       qubit = machine.qAlloc_many(3)
11       cir_encode = pq.Encode()
12       cir_encode.schmidt_encode(qubit,data,0)
13       prog = pq.QProg()
14       prog << cir_encode.get_circuit()
15       pq.draw_qprog(prog,"latex")
```

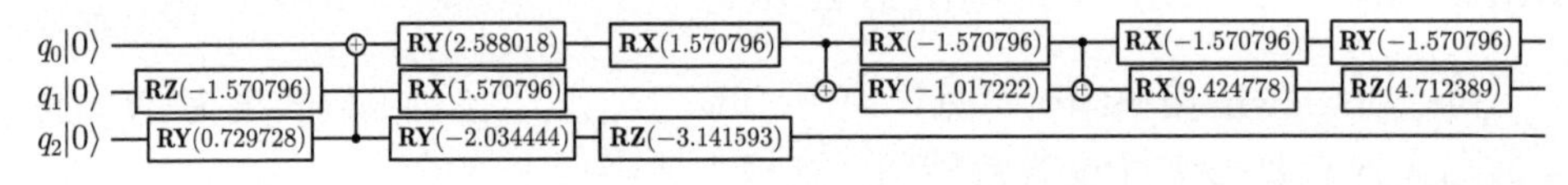

图 4.9　基于 Schmidt 分解的振幅编码的量子线路

练习 4.1　上述振幅编码所编码的数据具备稀疏性。针对稀疏数据，你是否可以用一种非上述 4 种指数级深度的振幅编码实现经典数据到量子态的转换？

练习 4.2　上述 4 种振幅编码均是精确编码，而如果仅想得到一个近似的编码结果，你是否可以通过对 Schmidt 编码进行修改完成近似编码？

练习 4.3　中等规模带噪声量子（Noisy Intermediate Scale Quantum）计算机的拓扑结果并不具备全连接性质，因此需要对量子比特进行拓扑连接，然而这无形中增加了线路的深度。你能否设计一种可以在拓扑结构限制下完成制备的近似制备算法？

第 5 章　量子搜索算法

本章主要介绍量子搜索的核心算法。5.1 节介绍振幅放大（Amplitude Amplification）算法的原理，它可以为格罗弗（Grover）算法等提供基础。5.2 节介绍可以为搜索问题提供平方级加速的 Grover 算法，并提供了具体的实现方法。5.3 节介绍量子行走（Quantum Walk）算法，它从另一个角度展示了基于量子力学原理的搜索策略，丰富了量子搜索的方法论和应用场景。

5.1　振幅放大算法

振幅放大（Amplitude Amplification）[12] 的主要作用是对给定纯态的振幅进行放大，从而调整其测量结果概率分布。

对于某个已知大小的可二元分类且标准 f 确定的有限集合 Ω，基于 f 可以将集合中的任一元素 $|\psi\rangle$ 表示为两个正交基态 $|\phi_0\rangle$、$|\phi_1\rangle$ 的线性组合：

$$|\psi\rangle = \cos\theta|\phi_0\rangle + \sin\theta|\phi_1\rangle, |\phi_0\rangle = |\phi_1^{\perp}\rangle \tag{5.1}$$

振幅放大算法的量子线路可以将叠加态 $|\psi\rangle$ 的表达式中 $|\phi_1\rangle$ 的振幅放大，从而得到一个结果量子态，能够以大概率测量得到目标量子态 $|\phi_1\rangle$。假设可以构造出某种量子逻辑门操作的组合，记该组合为振幅放大算符 $\boldsymbol{Q}$，将 $\boldsymbol{Q}$ 在量子态 $|\psi\rangle$ 上作用 k 次，可得到形如式 (5.2) 的量子态：

$$|\psi_k\rangle = \cos(\theta + k\delta\theta)|\phi_0\rangle + \sin(\theta + k\delta\theta)|\phi_1\rangle \tag{5.2}$$

当 $\theta + k\delta\theta \approx \dfrac{\pi}{2}$ 时，就完成了所需的振幅放大量子线路的构建。

相应的量子线路如图 5.1 所示。

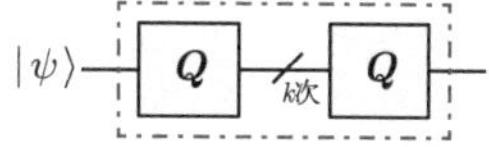

图 5.1　振幅放大量子线路示意图

假设基于集合 Ω 和分类标准 f 的量子态 $|\psi\rangle$ 已经完成制备，关键在于构造振幅放大算符 $\boldsymbol{Q}$。

振幅放大算符的定义如下：

$$\boldsymbol{P}_1 = \boldsymbol{I} - 2|\phi_1\rangle\langle\phi_1| \tag{5.3}$$

$$\boldsymbol{P} = \boldsymbol{I} - 2|\psi\rangle\langle\psi| \tag{5.4}$$

$$\boldsymbol{Q} = -\boldsymbol{P}\boldsymbol{P}_1 \tag{5.5}$$

简单验证可知，在张成的空间中，算符 $\boldsymbol{Q}$ 可以表示为

$$\boldsymbol{Q} = \begin{bmatrix} \cos 2\theta & -\sin 2\theta \\ \sin 2\theta & \cos 2\theta \end{bmatrix} \tag{5.6}$$

这里的矩阵 $\boldsymbol{Q}$ 是一个旋转矩阵。

这个算符的作用效果可以从几何的角度理解。可以将 $|\phi_0\rangle$、$|\phi_1\rangle$ 所张成的量子态空间想象为一个平面，$|\phi_0\rangle$、$|\phi_1\rangle$ 为两个正交基。$\boldsymbol{P}_1$ 的操作相当于在平面上以 $|\phi_0\rangle$ 为法线进行反射，即 $\boldsymbol{P}_1(a|\phi_0\rangle + b|\phi_1\rangle) = a|\phi_0\rangle - b|\phi_1\rangle$。类似地，操作 $-\boldsymbol{P}$ 则是以 $|\psi\rangle$ 为法线进行反射。两次反射实质上可以视为一个角度为两倍初始角度（2θ）的旋转量子逻辑门操作。这个过程如图 5.2 所示。

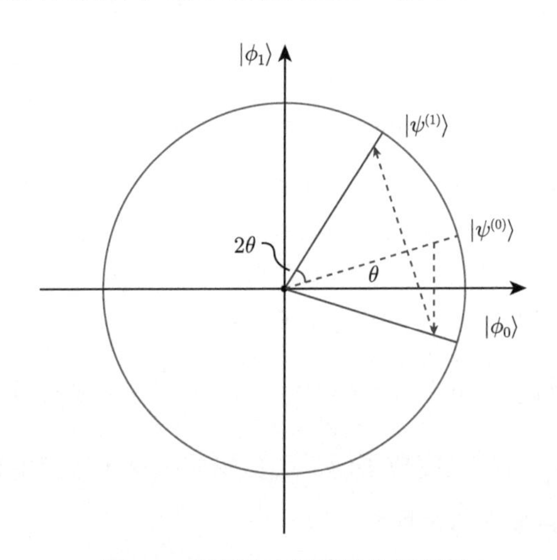

图 5.2　振幅放大算符的几何理解

因此，有

$$\boldsymbol{Q}^k|\psi\rangle = \cos{(2k+1)\theta}|\phi_0\rangle + \sin{(2k+1)\theta}|\phi_1\rangle \tag{5.7}$$

选取合适的旋转次数 k，使得 $\sin^2{(2k+1)\theta}$ 最接近 1，即可完成振幅放大量子线路。

5.2 Grover 算法

本节介绍一个振幅放大操作的重要应用。众所周知，与经典计算机相比，量子计算机的众多优势之一是搜索数据库的速度更快。Grover 算法[13] 展示了这种能力。该算法可以平方级加速非结构化搜索问题，也可以通过搜索快速得到一些问题的解，即可以作为一个通用的技巧或子程序来为其他算法进行二次加速。该算法的加速思想就是 5.1 节介绍的振幅放大。Grover 算法的过程与振幅放大量子线路的过程完全一致，时间复杂度为 $O(\sqrt{N})$，明显低于经典算法的 $O(N)$。

非结构化搜索是指对不具有内在结构的数据的搜索过程。假设有一个很大的待检索空间，需要在该空间中找到具有独特属性的元素，则该元素被称为目标态。

存在一个解元素时的搜索问题的定义：大小为 N 的集合 Ω 中存在某个元素 $\omega \in \Omega$，为该元素特定问题的解，判别函数如式 (5.8) 所示。

$$\begin{cases} f: \Omega \mapsto \{0,1\} \\ f(x) = \begin{cases} 1, & x = \omega \\ 0, & x \neq \omega \end{cases} \end{cases} \tag{5.8}$$

求 ω。

这个搜索问题可以拓展到存在 M 个解元素。方便起见，可以假设 $N = 2^n$，集合 Ω 的索引正好可以存储在 n 个比特中。

要使用经典计算机找到这些具有属性的目标态，往往需要一一检查整个空间中的元素。而在量子计算机中，可以通过 Grover 算法来快速找到目标态。而且该算法不使用列表的内部结构，这使其具有通用性。

通过振幅放大算法，Grover 算法使用 Grover 算符放大目标态的振幅：

$$\boldsymbol{G} = \boldsymbol{A}\boldsymbol{S}_0\boldsymbol{A}^{\dagger}\boldsymbol{S}_f \tag{5.9}$$

不难发现，这里的 Grover 算符 $\boldsymbol{G}$ 就是 5.1 节介绍的振幅放大算符 $\boldsymbol{Q}$。

这里，$\boldsymbol{A}$ 用于制备算法的初始搜索状态，它一般是一串 H 门。$\boldsymbol{H}^{\otimes n}$ 一般用于教科书式的 Grover 搜索。不同的问题可能涉及不同的搜索空间载入方法，此时可以应用第 4 章介绍的量子态制备算法。$\boldsymbol{S}_0$ 所完成的是对所有非 $|0\rangle$ 态的翻转 $2|0\rangle\langle 0| - \boldsymbol{I}$：

$$|x\rangle \mapsto \begin{cases} -|x\rangle, & x \neq 0 \\ |x\rangle, & x = 0 \end{cases} \tag{5.10}$$

通过 $\boldsymbol{AS}_0\boldsymbol{A}^\dagger$，振幅放大算法中 $-\boldsymbol{P}=2|\psi\rangle\langle\psi|-\boldsymbol{I}$ 的操作便完成了，有时这部分被称为扩散算符（Diffuser），又称关于均值的反演操作：

$$\boldsymbol{AS}_0\boldsymbol{A}^\dagger=2\boldsymbol{A}(|0\rangle\langle 0|)\boldsymbol{A}^\dagger-\boldsymbol{I}=2|\psi\rangle\langle\psi|-\boldsymbol{I}=-\boldsymbol{P} \tag{5.11}$$

实际操作中，一般会用 $\boldsymbol{P}=\boldsymbol{I}-2|\psi\rangle\langle\psi|$，即对 $|0\rangle$ 态的翻转来进行替代。这一操作是对全局相位乘 -1，并不会影响结果。

$\boldsymbol{S}_f$ 所完成的是对所有目标态的相位翻转：

$$|x\rangle\mapsto(-1)^{f(x)}|x\rangle \tag{5.12}$$

其中，$f(x)=1$，是式(5.8)定义过的搜索条件。

这个算符相当于完成了振幅放大算法中的 $\boldsymbol{P_1}=\boldsymbol{I}-2|\phi_1\rangle\langle\phi_1|$ 的操作。这里的 $|\phi_1\rangle$ 正是需要振幅放大的目标态，而与之相对应的 $|\phi_0\rangle$ 是所有非解元素的量子态。这一定义可以通过式 (5.13) 和式 (5.14) 表示：

$$|\phi_0\rangle\equiv\frac{1}{\sqrt{N-M}}\sum|x\rangle_{f(x)=0} \tag{5.13}$$

$$|\phi_1\rangle\equiv\frac{1}{\sqrt{M}}\sum|x\rangle_{f(x)=1} \tag{5.14}$$

算符 $\boldsymbol{S}_f$ 针对给定问题的构造方法就是实际应用中使用 Grover 算法的关键，本章称之为可以识别搜索问题的解的量子谕示（Oracle），用来表示一种用于相位标记目标态的任意结构的酉算符。扩散算符（Diffuser）与相位标记（Oracle）共同组成了振幅放大的 Grover 算符，如图 5.3 所示。

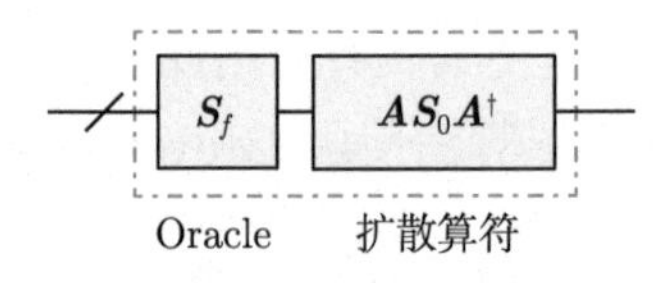

图 5.3 Grover 算符

通过 5.1 节的内容可知，振幅放大算符每次作用会增加两倍的初始角度 θ。θ 是开始时状态向量

$$|\psi\rangle=\sqrt{\frac{N-M}{N}}|\phi_0\rangle+\sqrt{\frac{M}{N}}|\phi_1\rangle \tag{5.15}$$

与非解元素组成的量子态 $|\phi_0\rangle$ 间的夹角：

$$\cos\theta=\sqrt{\frac{N-M}{N}},\sin\theta=\sqrt{\frac{M}{N}} \tag{5.16}$$

根据 5.1 节中得到的关于振幅放大的结论，需要选取合适的旋转次数 k 才能使 $\sin^2(2k+1)\theta$ 最接近 1，即旋转 $|\psi\rangle$，使它尽可能接近 $|\phi_1\rangle$。通过简单计算，令 $(2k+1)\theta=\frac{\pi}{2}$，可以得到此时 k 的取值为 $\frac{\frac{\pi}{4}}{\arcsin\sqrt{M/N}}-\frac{1}{2}$。通常情况下，目标元素占比不会使该值恰好为整数，因此最优的迭代次数应该为最接近 $\frac{\frac{\pi}{4}}{\arcsin\sqrt{M/N}}-\frac{1}{2}$ 的整数。

假设 $M<\frac{N}{2}$，有 $\theta=\arcsin\sqrt{\frac{M}{N}}\geqslant\sin\theta=\sqrt{\frac{M}{N}}$，由此可以得到一个迭代次数的上界：

$$k=\frac{\frac{\pi}{4}}{\arcsin\sqrt{M/N}}-\frac{1}{2}\leqslant\left\lceil\frac{\pi}{4}\sqrt{\frac{N}{M}}\right\rceil \tag{5.17}$$

也就是说，需要执行 $O\left(\sqrt{\frac{N}{M}}\right)$ 次 Grover 算法来以较大的概率获得搜索问题的一个解，这与经典算法需要的 $O\left(\frac{N}{M}\right)$ 次查询相比有着平方级别的加速。$M=1$ 时，Grover 算法的简略量子线路如图 5.4 所示。

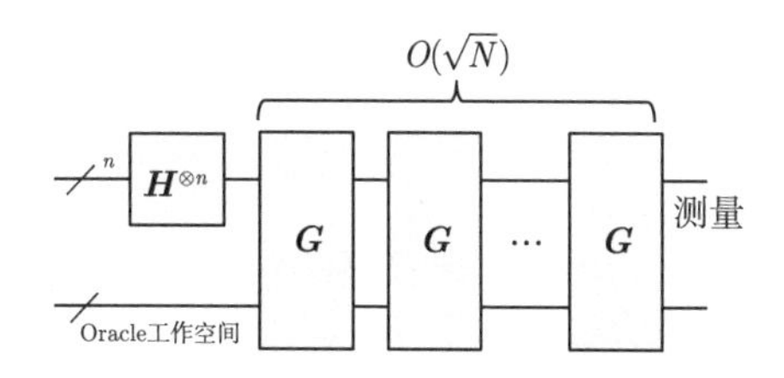

图 5.4　Grover 算法的简略量子线路（$\boldsymbol{G}$ 为使用单次 Grover 算符，$M=1$）

接下来，讨论在实际运行 Grover 算法时一定会遇到的 Oracle 构造问题。如前所述，Oracle 的构造是为了通过相位翻转标记目标态，但标记方法有很多，可以根据不同的问题选择最优的方法。以最简单的情况为例，如果目标是标记 $|11\rangle$ 这个态，可以用矩阵的形式表达该相位翻转：

$$\boldsymbol{P}_1=\begin{bmatrix}1&0&0&0\\0&1&0&0\\0&0&1&0\\0&0&0&-1\end{bmatrix} \tag{5.18}$$

即在 $|11\rangle$ 这个基上乘以 -1。这个矩阵正对应着一个 CZ 门，即得到了一种标记所用的 Oracle。类似的标记方法可以延伸到任意给定的计算基目标态的标记中。如果需要对某个给定的二进制整数 x 进行标记，对应到矩阵上相当于在恒等算符 $\boldsymbol{I}$ 的基础上，标记对应位 $\boldsymbol{P}_{1,(x,x)}$ 的值为 -1，相当于量子操作中相应位的 CZ 门，这里的受控根据 x 的二进制位进行实控和虚控。而在进行多个整数 x 的编码时不难发现，这样的对角线矩阵正是多个单标记对角线矩阵的乘积，这也就意味着在线路上连续进行相应量子态 $|x_i\rangle$ 的 CZ 门操作即可完成多个态的同时标记。在 2 量子比特空间中同时标记 $|10\rangle$ 和 $|11\rangle$ 如图 5.5 所示。

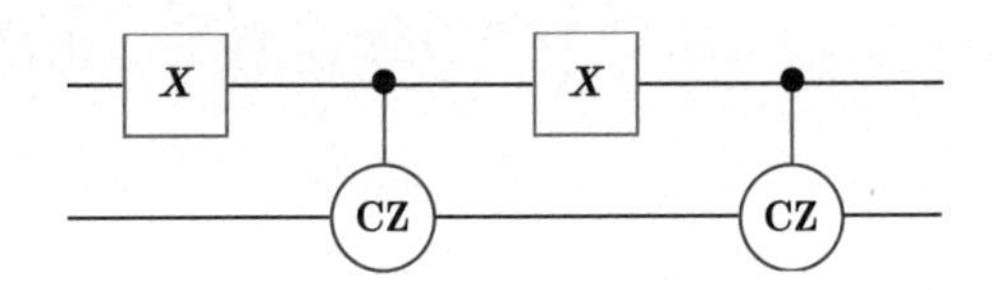

图 5.5　同时标记 $|10\rangle$ 和 $|11\rangle$ 的一种 Oracle

通过这种方法也可以构造出一种全 $|0\rangle$ 态翻转的 $\boldsymbol{S}_0$ 的量子线路，即搜索空间中全部量子比特的虚控 Z 门。读者可能会在一些书中发现这个算符会用多控 X 门来实现，这是因为 Z 门存在着分解（$\boldsymbol{Z}=\boldsymbol{HXH}$），经过简单推导会发现它们之间的等价关系。下面通过代码 5.1 实现一个这样的 2 量子比特扩散算符。

代码 5.1　2 量子比特扩散算符的实现

```
1  import pyqpanda as pq
2  
3  diffuser = pq.QCircuit()
4  diffuser << pq.H(query_qubits) \
5          << pq.X(query_qubits) \
6          << pq.Z(query_qubits[-1]).control(query_qubits[:-1]) \
7          << pq.X(query_qubits) \
8          << pq.H(query_qubits)
```

从上述方法可以看出，添加 Z 门是一种常见的相位标记方法，因为它实现的正是量子态的一个相位翻转。在解决实际问题时，很可能会先构造一个描述问题的解的线路：$\boldsymbol{U}|x\rangle|0\rangle \mapsto |x\rangle|f(x)\rangle$，进而在结果比特上添加一个 Z 门，从而达到标记问题解的目的。需要注意的是，Oracle 部分只有对目标态进行相位翻转的操作，因此如果在 Oracle 中插入运算线路，往往需要在添加 Z 门后进行逆操作，从而退出计算，只对相位翻转进行保留。以查询条件 $f(x)=x_0$ and x_1 为例，通过 Toffoli 门即可求解线路 $\boldsymbol{U}$。综上，可以通过代码 5.2 构造该问题的 Oracle。

代码 5.2　构造 Oracle

```
import pyqpanda as pq

oracle=pq.QCircuit()
oracle<<pq.X(qubits[-1]).control(query_qubits)
oracle<<pq.Z(qubits[-1])
oracle<<pq.X(qubits[-1]).control(query_qubits)
```

这样，就可以得到使用一次 Grover 迭代完整地使用 Grover 算法对条件“x_0 and x_1”进行搜索的代码，见代码 5.3。

代码 5.3　Grover 搜索

```
import pyqpanda as pq


if __name__ == '__main__':
    qvm = pq.CPUQVM()
    qvm.initQVM()
    qubits = qvm.qAlloc_many(3)
    query_qubits = qubits[:2]

    oracle = pq.QCircuit()
    oracle << pq.X(qubits[-1]).control(query_qubits)
    oracle << pq.Z(qubits[-1])
    oracle << pq.X(qubits[-1]).control(query_qubits)

    diffuser = pq.QCircuit()
    diffuser << pq.H(query_qubits) \
            << pq.X(query_qubits) \
            << pq.Z(query_qubits[-1]).control(query_qubits[:-1]) \
            << pq.X(query_qubits) \
            << pq.H(query_qubits)

    prog = pq.QProg()
    prog << pq.H(query_qubits)
    prog << oracle << diffuser

    result = qvm.prob_run_dict(prog, query_qubits)
    print(result)
```

练习 5.1　实现查询条件为 $f(x) := \{x_0 + x_1 + x_2 == 2\}$ 的 Grover 搜索。

5.3　量子行走搜索算法及其应用

本节先简要回顾经典随机行走（Random Walk）的基本内容，以便与量子行走进行对比，随后介绍经典随机行走的量子版本，即量子行走。

5.3.1 马尔可夫链与经典随机行走

俄国数学家安德雷·安德耶维齐·马尔可夫（Andrey Andreyevich Markov）研究并提出了一个用数学方法就能解释自然变化的一般规律模型，被命名为马尔可夫链（Markov Chain）[14]。马尔可夫链是状态空间中从一个状态到另一个状态转化的随机过程，该过程具有“无记忆性”，即下一个状态仅由当前状态确定，而与过去的状态无关。每一次状态的转化由转移概率矩阵 $\boldsymbol{P}$ 描述。4 个节点的马尔可夫链如图 5.6 所示。

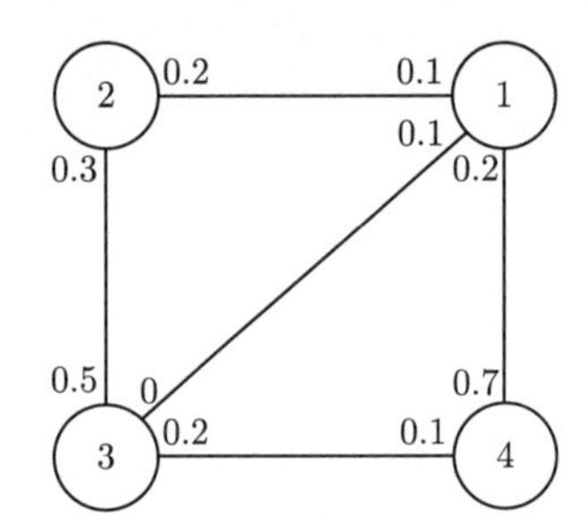

图 5.6 4 个节点的马尔可夫链

图 5.6 中，节点间连线上的数值表示在节点之间转移的概率，因此，转移概率矩阵 $\boldsymbol{P}$ 为

$$\boldsymbol{P}=\begin{bmatrix}0.6 & 0.1 & 0.1 & 0.2\\ 0.2 & 0.5 & 0.3 & 0\\ 0 & 0.5 & 0.3 & 0.2\\ 0.7 & 0 & 0.1 & 0.2\end{bmatrix} \tag{5.19}$$

经典的一维随机行走是马尔可夫链的特殊形式，有很多应用场景，特别是在物理学、数学、计算机科学等领域，考虑它们的量子对应关系是很自然的。随机行走模型作为一个强大的数学工具，在图论、搜索和分类问题中起到了重要的作用。例如，在著名的约束满足条件问题的求解中，随机行走展现了令人惊叹的性能。很多此类算法的效率直接依赖随机行走模型的命中时间（Hitting Time）和混合时间（Mixing Time），这两个因素决定了随机行走在搜索空间的探索所需要的时间。

考虑一个经典粒子在一维离散格点上的随机运动，如图 5.7 所示。假设粒子最初处在格点 0 处，每行走一步，粒子均有概率为 $\frac{1}{2}$ 的可能运动到左边的最邻近格点或右边的最邻近格点。由概率计算可知，当粒子运动 N 步时，粒子与初始位置的相对距离的均方根为 $\sigma = \sqrt{N}$，即在经典随机行走意义下，粒子的扩散速度与时间的开方成正比。

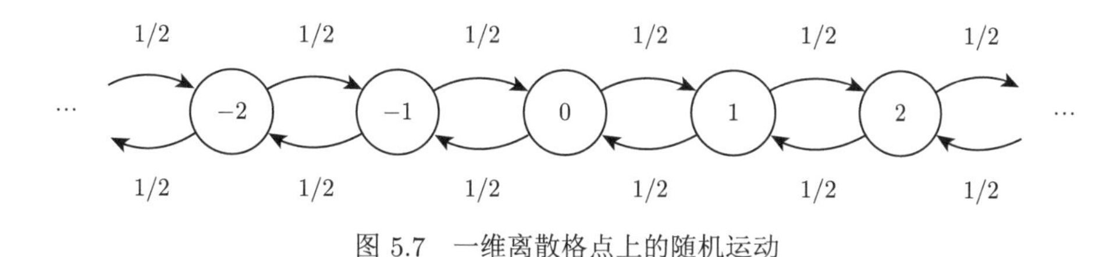

图 5.7　一维离散格点上的随机运动

图 5.8 所示为随机行走步数为 100 时，粒子所处位置的概率分布。

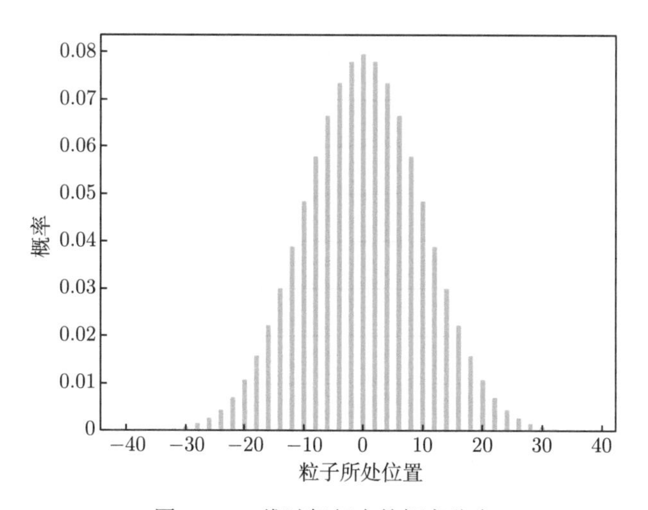

图 5.8　一维随机行走的概率分布

上述定义描述的是一维随机行走，当然也可以在图甚至更高维度空间中定义随机行走。例如，可以应用随机行走解决图论中的 s-t 连通性问题，即对给定无向图 $\boldsymbol{G} = (\boldsymbol{V}, \boldsymbol{E})$，$\boldsymbol{V}$ 表示顶点集，$\boldsymbol{E}$ 表示图上的边，判断给定的两个顶点 $s, t \in \boldsymbol{V}$ 是否连通。通常的图搜索算法需要搜索所有的顶点，算法所需要的时间与边数呈线性关系，但当图本身的顶点数很多而计算资源有限时，可以利用随机行走来解决这一类问题。通常的做法是：从顶点 s 出发，每一步算法都以相等的概率选择当前顶点的邻接边并走到下一个顶点，若最终能达到顶点 t，则说明 s、t 是连通的，若在给定的步数内没有达到顶点 t，则算法认为 s、t 是不连通的。

5.3.2 量子行走

量子行走的主要动机在于通过量子力学原理的演化方式，应用随机过程的思想，是一种由经典的随机行走模型根据量子力学原理发展而来的物理模型。研究表明，量子行走具有比经典行走更快的扩散速度，因此在几乎所有经典随机行走的应用中，量子行走都能起到加速作用。基于量子行走模型，人们又发展出了一种能够对无结构数据库进行加速搜索的算法，也就是量子行走搜索算法。

量子行走与经典随机行走的主要区别是：经典随机行走者在任何时刻都处于一个明确的节点（虽然实际位置是未知的），而量子行走者处于叠加态，即可以同时处于多个节点。这种叠加态满足以下两个特征。

（1）在任意节点处发现行走者的概率为该节点处振幅的平方。

（2）行走者在所有节点的概率和为 1。

无论是量子行走还是量子行走搜索算法，都是新兴的研究领域。人们一般认为，Aharonov 于 1993 年首次系统性地讨论了量子行走模型[15]。从他的研究出发，后续的研究人员对这个模型进行了深入的研究和探索。现在，人们将量子行走算法根据应用演化算符的时机分为两个类型：离散时间量子行走（Discrete Time Quantum Walk）和连续时间量子行走（Continuous Time Quantum Walk）。无论是离散模型还是连续模型，模型考察的路径都在离散的图结构上。这主要是由于图问题在计算科学的广泛应用，它为量子算法的深入研究提供了丰富的成果。

离散时间量子行走模型由两个量子系统构成:行走者（Walker）和硬币（Coin）。系统的时间演化由一个定义好的时间演化算符表示，它只在离散的时刻作用在两个量子系统上。这个模型最早由 Shenvi、Kemp、Whaley 这 3 人应用于超立方图上的搜索问题[16]。他们的量子行走搜索算法从等概率叠加态出发，不断作用于由 Oracle 控制的硬币时间演化算符，Qracle 可以判断搜索结构是否命中。该算法与经典搜索算法相比取得了平方级加速的效果。由于这个算符采用了与 Grover 搜索相似的算符，它最终的加速效果也与 Grover 搜索相当。

连续时间量子行走的概念最早可以追溯到 1964 年 Feynman 在离散格点上描述量子态的演化。但它被应用于设计量子算法是 1998 年 Farhi 和 Gutmann 用连续时间的随机行走遍历决策树[17]。连续时间量子行走模型只由行走者这一个量子系统构成，但与离散模型相似，也有一个定义好的时间演化算符。在连续时间量子行走模型中，演化算符可以在任意时刻作用在量子系统上，因此得名。由于连续时间量子行走模型的演化算符就是从所考察的图的邻接矩阵计算得到哈密顿量，因此它的量子态演化是可以被薛定谔方程完全描述的。

5.3.3　量子行走搜索算法

量子行走作为一种通用的量子计算模型，在发展过程中已涌现了各种量子算法。借助量子力学的叠加原理和相干特性，量子行走搜索算法与经典算法相比可达到平方级加速，在某些特殊的结构上甚至可以达到指数级加速。现在已经有基于量子行走模型的、复杂度为多项式级的各种算法，可解决三角问题、图同构问题、约束 SAT 问题、隐藏子图问题等。量子行走也是许多量子搜索算法的核心。对于某些图结构，量子行走的命中时间与经典随机行走的时间相比可以实现指数级的缩短。鉴于量子行走搜索算法的种种优势，谷歌把量子行走搜索算法应用于图形识别和搜索引擎排序问题。

无结构搜索问题要求在一个没有特殊结构的数据库中寻找特定数据。无结构的前提要求暗示数据集中的所有数据都以随机的顺序排列，因此唯一的搜索方法是遍历数据库，直到找到所求的数据。因此，对于一个大小为 N 的数据库，经典算法在最差的情况下需要遍历所有 N 个数据才能找到所求的解。

1996 年，Grover 提出了一种量子搜索算法，后来该算法被称为 Grover 算法[18]。Grover 算法是迄今为止最重要的量子算法之一，在无序的数据库搜索问题上能发挥最大优势。与经典算法的 $O(N)$ 复杂度相比，Grover 算法的复杂度为 $O(\sqrt{N})$，达到了平方级的加速效果。Grover 算法是在 n 量子比特的叠加态中找到被标记的单一状态，若推广到多个被标记态，也可以理解为抽样算法。它在更大的搜索空间内放大被标记态的振幅，从而增加测量得到目标态的概率。Grover 算法实际上可以看作在一个完全图上的量子随机行走过程。

1. 离散时间量子行走

下面介绍一种带硬币的离散时间量子行走，它由两个部分组成，即抛掷硬币和行走者根据抛掷硬币的结果在节点间的行走。为简单起见，以一维链上的量子行走为例。在一维的量子行走中，基态 $|n\rangle$（$n \in \mathbb{Z}$）表示粒子所处的位置，在每一步行走中，通过执行一个酉操作使粒子位置发生式 (5.20) 所示的变化，以得到一个叠加态。

$$|n\rangle \mapsto a|n-1\rangle + b|n\rangle + c|n+1\rangle \tag{5.20}$$

与经典随机行走相似，粒子在每个位置都发生同样的变化，并且 a、b、c 的值与粒子所在的位置无关。

显然，式(5.20)中的变换是酉变换，当且仅当 $|a|=1$、$b=c=0$，或 $|b|=1$、$a=c=0$，或 $|c|=1$、$a=b=0$。为了解决这个问题，引入一个额外的“硬币”态空间，此时粒子所对应的希尔伯特空间可以表示为

$$\boldsymbol{H} = \boldsymbol{H_P} \otimes \boldsymbol{H_C} \tag{5.21}$$

其中，硬币空间 $\boldsymbol{H_C}$ 是由基态 $|0\rangle$（也可以表示为 $|\uparrow\rangle$）和 $|1\rangle$（也可以表示为 $|\downarrow\rangle$）张量而成，位置空间 $\boldsymbol{H_P}$ 是由基态 $\{|p\rangle : p \in \mathbb{Z}\}$ 张量而成。在每一步量子行走中，分别执行以下两个操作。

（1）硬币算符 $\boldsymbol{C}$：

$$\begin{aligned} \boldsymbol{C}|p,0\rangle &= a|p,0\rangle + b|p,1\rangle \\ \boldsymbol{C}|p,1\rangle &= c|p,0\rangle + d|p,1\rangle \end{aligned} \tag{5.22}$$

（2）移位算符（又称置换算符）$\boldsymbol{S}$：

$$\begin{aligned} \boldsymbol{S}|p,0\rangle &= |p-1,0\rangle \\ \boldsymbol{S}|p,1\rangle &= |p+1,1\rangle \end{aligned} \tag{5.23}$$

这里的 $\boldsymbol{C}$ 可以是任意的二维酉操作，一个经常使用的操作就是 Hadamard 硬币 $\boldsymbol{H}$：

$$\boldsymbol{H} = \frac{1}{\sqrt{2}} \begin{bmatrix} 1 & 1 \\ 1 & -1 \end{bmatrix} \tag{5.24}$$

这里，酉操作 $\boldsymbol{S}$ 的表达式为

$$\boldsymbol{S} = \left(\sum_p |p-1\rangle\langle p| \right) \otimes |0\rangle\langle 0| + \left(\sum_p |p+1\rangle\langle p| \right) \otimes |1\rangle\langle 1| \tag{5.25}$$

在定义了每一步量子行走后，可以得出一次量子行走的酉演化矩阵 $\boldsymbol{U}$ 为

$$\boldsymbol{U} = \boldsymbol{S} \cdot (\boldsymbol{C} \otimes \boldsymbol{I}) \tag{5.26}$$

为了说明量子行走和经典随机行走的区别，在一维情况下，设粒子的初始状态为 $|0,0\rangle$，硬币算符的取值为 Hadamard 变换 $\boldsymbol{H}$，移位算符 $\boldsymbol{S}$ 的取值为式(5.25)。表 5.1 和表 5.2 分别比较了经典随机行走和量子行走的概率分布。

从表 5.1 和表 5.2 可以看出，经典随机行走和量子行走的概率分布有明显的差别，并且这种区别随着步数的增加而更加明显。除概率分布情况不同外，量子行走另一个值得注意的特点是它具有比经典随机行走更快的扩散速度，能够实现平方级别的加速，这也说明了量子行走具有使算法加速的能力。

表 **5.1**　经典随机行走的概率分布

步数	位置为 -5 的概率	位置为 -4 的概率	位置为 -3 的概率	位置为 -2 的概率	位置为 -1 的概率	位置为 0 的概率	位置为 1 的概率	位置为 2 的概率	位置为 3 的概率	位置为 4 的概率	位置为 5 的概率
0						1					
1					$\frac{1}{2}$		$\frac{1}{2}$				
2				$\frac{1}{4}$		$\frac{1}{2}$		$\frac{1}{4}$			
3			$\frac{1}{8}$		$\frac{3}{8}$		$\frac{3}{8}$		$\frac{1}{8}$		
4		$\frac{1}{16}$		$\frac{1}{4}$		$\frac{3}{8}$		$\frac{1}{4}$		$\frac{1}{16}$	
5	$\frac{1}{32}$		$\frac{5}{32}$		$\frac{5}{16}$		$\frac{5}{16}$		$\frac{5}{32}$		$\frac{1}{32}$

表 **5.2**　量子随机行走的概率分布

步数	位置为 -5 的概率	位置为 -4 的概率	位置为 -3 的概率	位置为 -2 的概率	位置为 -1 的概率	位置为 0 的概率	位置为 1 的概率	位置为 2 的概率	位置为 3 的概率	位置为 4 的概率	位置为 5 的概率
0						1					
1					$\frac{1}{2}$		$\frac{1}{2}$				
2				$\frac{1}{4}$		$\frac{1}{2}$		$\frac{1}{4}$			
3			$\frac{1}{8}$		$\frac{5}{8}$		$\frac{1}{8}$		$\frac{1}{8}$		
4		$\frac{1}{16}$		$\frac{5}{8}$		$\frac{1}{8}$		$\frac{1}{8}$		$\frac{1}{16}$	
5	$\frac{1}{32}$		$\frac{17}{32}$		$\frac{1}{8}$		$\frac{1}{8}$		$\frac{5}{32}$		$\frac{1}{32}$

2. 连续时间量子行走

经典连续时间行走是一个连续时间的马尔可夫链，即在给定图上行走者当前时刻处于图上某个顶点的概率完全取决于上一时刻其邻近顶点的概率，概率的大小由概率转移矩阵决定。若顶点 v_k 到 v_j 在 t 时刻的行走概率为 $p_{jk}(t)$，则有

$$\frac{\mathrm{d}}{\mathrm{d}t}p_{jk}(t)=-\sum_{v_l}\boldsymbol{H}_{jl}p_{lk}(t) \tag{5.27}$$

式 (5.27) 的解为

$$p_{jk}(t) = (\mathrm{e}^{-\boldsymbol{H}t})_{jk} \tag{5.28}$$

其中，$\boldsymbol{H}$ 是转移矩阵，在一般的经典连续时间行走中，取 $\boldsymbol{H} = \gamma \boldsymbol{L}$，$\gamma$ 为顶点间的转移概率，$\boldsymbol{L}$ 为图的拉普拉斯矩阵。由于拉普拉斯矩阵的特征值是非负的，故经典连续时间行走的概率总是随着时间呈指数趋势下降。

连续时间量子行走的定义与经典连续时间行走相似。对于具有 N 个顶点的图 $\boldsymbol{G} = (\boldsymbol{V}, \boldsymbol{E})$，$\boldsymbol{V} = \{v_j, j = 1, \cdots, N\}$，每个顶点等同于 N 维希尔伯特空间中的一个基态 $|v_j\rangle$，它的向量形式为第 j 个元素值为 1、其余元素为 0 的标准单位向量：

$$|v_j\rangle = \begin{bmatrix} 0 \\ \vdots \\ 1 \\ \vdots \\ 0 \end{bmatrix} \tag{5.29}$$

若顶点 v_j 为行走的初始位置，v_j 到 v_k 的转移概率满足马尔可夫性，即由式 (5.30) 确定：

$$\frac{\mathrm{d}}{\mathrm{d}t} p_{jk}(t) = -\mathrm{i} \sum_{v_l} \langle v_k | \boldsymbol{H} | v_l \rangle p_{lj}(t) \tag{5.30}$$

式 (5.30) 与定态薛定谔方程有相同的形式，它的解为

$$p_{kj}(t) = \langle v_k | \mathrm{e}^{-\mathrm{i}\gamma \boldsymbol{L} t} | v_j \rangle \tag{5.31}$$

因此，量子行走的转移概率为

$$\pi_{kj} = |\langle v_k | \mathrm{e}^{-\mathrm{i}\gamma \boldsymbol{L} t} | v_j \rangle|^2 \tag{5.32}$$

若拉普拉斯矩阵 $\boldsymbol{L}$ 的特征值和对应的特征向量分别为 $\boldsymbol{E}_j$ 和 $\boldsymbol{q}_j$，则有

$$p_{kj} = \sum_{l} \langle v_k | \boldsymbol{q}_l \rangle \langle \boldsymbol{q}_l | v_j \rangle \mathrm{e}^{-\mathrm{i}\gamma \boldsymbol{E}_l t} \tag{5.33}$$

上述量子行走采用图的拉普拉斯矩阵作为哈密顿量，这种方式被广泛应用于空间搜索及激子量子传输中。采用其他物理模型，邻接矩阵也可以作为哈密顿量，此时的转移概率 $p_{kj}(t)$ 和 π_{kj} 分别为

$$p_{kj}(t) = \langle v_k | \mathrm{e}^{-\mathrm{i}\boldsymbol{A}t} | v_j \rangle \tag{5.34}$$

$$\pi_{kj} = |\langle v_k | \mathrm{e}^{-\mathrm{i}\boldsymbol{A}t} | v_j \rangle|^2 \tag{5.35}$$

5.3.4　量子行走搜索算法编程示例

量子行走搜索算法是基于量子行走模型实现图上标记节点的搜索算法。本小节介绍基于 PyQPanda 实现离散时间量子行走的搜索算法。以图 5.9 所示的超立方体（Hypercube）$\boldsymbol{Q}_4$ 为例，其中每一个相连的节点的汉明距离为 1。

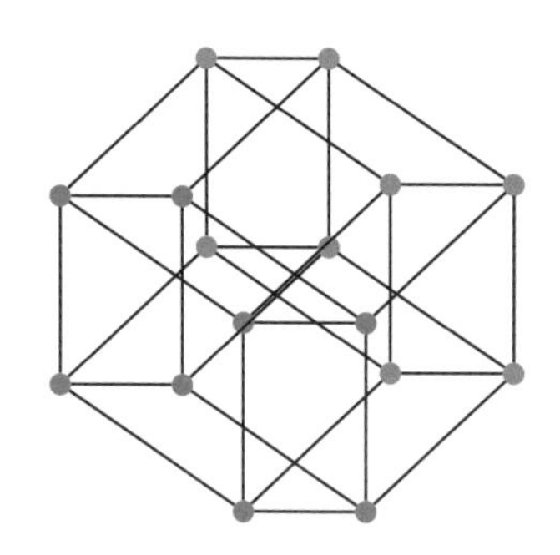

图 5.9　超立方体 $\boldsymbol{Q}_4$

1. 构造硬币算符 $\boldsymbol{C}$

选择硬币算符为 Grover 算符，有

$$\boldsymbol{C}=\boldsymbol{G}=\begin{bmatrix} -1+\dfrac{2}{n} & \dfrac{2}{n} & \cdots & \dfrac{2}{2} \\ \dfrac{2}{n} & -1+\dfrac{2}{n} & \cdots & \dfrac{2}{n} \\ \vdots & \vdots & & \vdots \\ \dfrac{2}{n} & \dfrac{2}{n} & \cdots & -1+\dfrac{2}{n} \end{bmatrix} \tag{5.36}$$

硬币算符 $\boldsymbol{C}$ 的量子线路如图 5.10 所示。

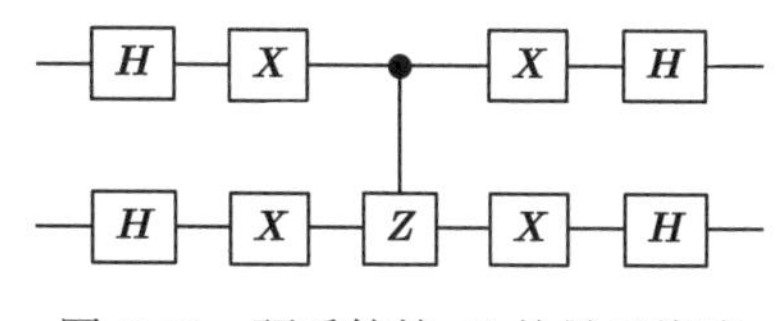

图 5.10　硬币算符 $\boldsymbol{C}$ 的量子线路

2. 构造移位算符 $\boldsymbol{S}$

每一个节点使用二进制串 $|x\rangle$ 表示，其量子态移动的方向由硬币所处状态 $|d\rangle$ 决定：

$$|d\rangle|x\rangle \mapsto |d\rangle|d \oplus e_d\rangle \tag{5.37}$$

其中，e_d 表示硬币量子态决定的移位方向。例如，若节点量子态为 $|x\rangle = |0110\rangle$，硬币量子态为 $|d\rangle = |10\rangle$，那么移动后的节点量子态为 $|x \oplus e_2\rangle = |0110 \oplus 0100\rangle = |0010\rangle$。

$\boldsymbol{S}$ 的量子线路如图 5.11 所示。

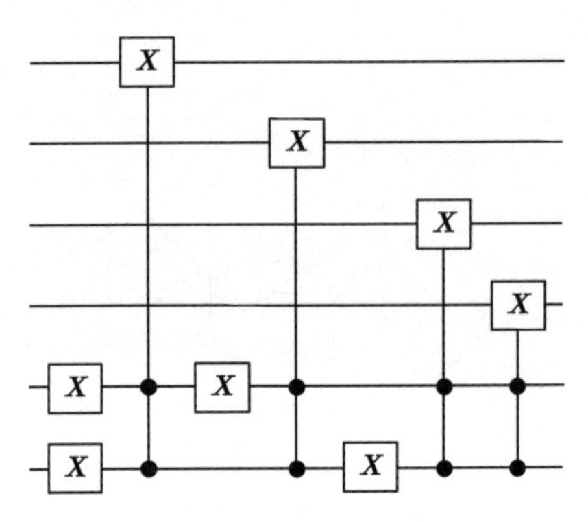

图 5.11　超立方体 $\boldsymbol{Q}_4$ 的 $\boldsymbol{S}$ 量子线路

3. PyQPanda 代码实现

根据上述 $\boldsymbol{C}$ 和 $\boldsymbol{S}$，可以实现超立方体 $\boldsymbol{Q}_4$ 上的离散时间量子行走搜索算法。

（1）导入 PyQPanda 并分配量子计算资源

使用 PyQPanda 分配量子计算资源如代码 5.4 所示，后续将使用这些量子计算资源构建量子线路。

代码 5.4　分配量子计算资源

```
import math
import pyqpanda as pq

n = 4
N = pow(2, n) # 16 nodes

n_pos = n # 4 qubits for position state
n_coin = math.ceil(math.log2(n)) # 2 qubits for coin operator
n_qubits = n_pos + n_coin

qvm = pq.CPUQVM()
qvm.init_qvm()

qbits = qvm.qAlloc_many(n_qubits)
cbits = qvm.cAlloc_many(n_pos)
```

（2）构建量子线路

首先依次定义硬币算符的量子线路和移位算符的量子线路，然后构建量子行走的量子线路，如代码 5.5 所示。

代码 5.5　构建量子行走的量子线路

```
# 硬币算符
def add_grover_coin(circ):
    circ << pq.H(qbits[-2]) << pq.H(qbits[-1]) \
        << pq.X(qbits[-2]) << pq.X(qbits[-1]) \
        << pq.CZ(qbits[-2], qbits[-1]) \
        << pq.X(qbits[-2]) << pq.X(qbits[-1]) \
        << pq.H(qbits[-2]) << pq.H(qbits[-1]) \
        << pq.BARRIER(qbits)

# 移位算符
def add_shift_operator(circ):
    circ << pq.X(qbits[-2]) << pq.X(qbits[-1]) \
        << pq.X(qbits[0]).control(qbits[-2]).control(qbits[-1]) \
        << pq.X(qbits[-2]) \
        << pq.X(qbits[1]).control(qbits[-2]).control(qbits[-1]) \
        << pq.X(qbits[-1]) \
        << pq.X(qbits[2]).control(qbits[-2]).control(qbits[-1]) \
        << pq.X(qbits[3]).control(qbits[-2]).control(qbits[-1]) \
        << pq.BARRIER(qbits)

# 构建量子线路
circ = pq.QCircuit()

n_steps = int(math.sqrt(N))
for i in range(n_steps):
    add_grover_coin(circ)
    add_shift_operator(circ)
```

（3）构建并运行量子程序，打印计算结果

首先根据构造好的量子线路生成量子程序，然后通过分配好的量子计算后端运行量子程序，就可以得到量子线路的运行结果，如代码 5.6 所示。

代码 5.6　构建并运行量子程序

```
# 构建量子程序，运行量子行走搜索线路
prog = pq.QProg()
prog << circ

# 运行量子程序
results = qvm.prob_run_dict(prog, qbits[0:n_pos])

# 打印计算结果
```

```
for state, prob in results.items():
    print(state,':', prob)
```

量子程序的运行结果如代码 5.7 所示，可以看到搜索算法有接近 50% 的概率可以搜索到目标节点 $|0000\rangle$。

代码 5.7　量子程序的运行结果

```
0000: 0.438
0001: 0.063
0010: 0.063
0011: 0.063
0100: 0.000
0101: 0.000
0110: 0.000
0111: 0.000
1000: 0.000
1001: 0.000
1010: 0.000
1011: 0.000
1100: 0.063
1101: 0.063
1110: 0.063
1111: 0.188
```

练习 5.2　完全图（Complete Graph）是一种任意两个节点均存在一条边的图结构，请尝试构造完全图上的移位算符 $\boldsymbol{S}$。

练习 5.3　根据练习 5.2 中构造的移位算符，请尝试实现完全图上的量子行走算符，并使用 PyQPanda 实现。

第 6 章　量子线性方程组求解器

一个适定的线性问题可以描述为：已知 N 维可逆矩阵 $\boldsymbol{A}$ 和 N 维向量 $\boldsymbol{b}$，求解 N 维向量 $\boldsymbol{x}=\boldsymbol{A}^{-1}\boldsymbol{b}$。对于大部分科学计算问题，无论原始问题是否线性，都会试图将其转化为线性问题以便求解，因此线性求解技术的应用范围非常广。以著名的经典线性算法——共轭梯度算法为例，它的时间复杂度约为 $O\left(s\kappa N\log_2\left(\frac{1}{\epsilon}\right)\right)$，其中 s、κ、ϵ 分别是矩阵的稀疏度、条件数和求解精度。显然，当系数矩阵的维度 N 很大时，线性求解过程将非常耗时。考虑到实际业务中高维线性问题的求解是很常见的，因此利用量子计算加速线性方程组的求解具有重要意义。

6.1　哈密顿量模拟

前文介绍的量子相位估计等算法中其实已经应用到哈密顿量模拟技术，但并未对其进行过多的讲解。实际上在量子计算领域，哈密顿量模拟是一项非常重要的技术，在许多量子算法中扮演了重要的角色，包括本章重点介绍的 HHL 算法[19]。因此，在正式介绍 HHL 算法之前，本节对哈密顿量模拟技术进行有针对性的介绍。

6.1.1　基础原理

量子系统的演化可由薛定谔方程描述：

$$\mathrm{i}\hbar\frac{|\psi(t)\rangle}{\mathrm{d}t}=\boldsymbol{H}(t)|\psi(t)\rangle \tag{6.1}$$

其中，$\hbar$ 为普朗克常数，通常取 $\hbar=1$；$\boldsymbol{H}$ 为哈密顿量，它可以与时间相关，也可与时间无关。

考虑时间无关的情况，最终可以解得量子系统演化的显式表达：

$$|\psi(t_2)\rangle=\mathrm{e}^{-\mathrm{i}\boldsymbol{H}\Delta t}|\psi(t_1)\rangle \tag{6.2}$$

其中，t_1 为系统初态，t_2 为系统末态。

由式(6.2)可知，哈密顿量的具体形式决定了量子系统的演化特征，演化算符为 $\boldsymbol{U}(\boldsymbol{H})=\mathrm{e}^{-\mathrm{i}\boldsymbol{H}t}$，且显然有

$$\boldsymbol{U}(\boldsymbol{H})\boldsymbol{U}(\boldsymbol{H})^{\dagger}=\mathrm{e}^{-\mathrm{i}\boldsymbol{H}\Delta t}\mathrm{e}^{\mathrm{i}\boldsymbol{H}\Delta t}=1 \tag{6.3}$$

因此，利用特定的量子线路模拟出哈密顿量为 $\boldsymbol{H}$ 的量子系统的演化，关键在于实现作用在线路上的酉算符 $\boldsymbol{U}(\boldsymbol{H})$。$\boldsymbol{U}(\boldsymbol{H})$ 的构造过程就是哈密顿量模拟。

一种基础且通用的模拟方法是对哈密顿量 $\boldsymbol{H}$ 进行谱分解。哈密顿量在数学上可以表示为厄米矩阵，因此存在如式 (6.4) 所示谱分解形式。

$$\boldsymbol{H} = \sum_{i=N} \boldsymbol{\lambda}_i |v_i\rangle\langle v_i| = \boldsymbol{V}\boldsymbol{\Lambda}\boldsymbol{V}^{-1} = \boldsymbol{V}\boldsymbol{\Lambda}\boldsymbol{V}^{\dagger} \tag{6.4}$$

其中，N 为矩阵维度，λ_i 为第 i 个本征值，$|v_i\rangle$ 为第 i 个本征向量，$\boldsymbol{\Lambda}$ 为本征值组成的对角线矩阵，$\boldsymbol{V}$ 是本征向量组成的矩阵。

经过谱分解后酉算符 $\boldsymbol{U}(\boldsymbol{H})$ 可以表示为

$$\boldsymbol{U}(\boldsymbol{H}) = \boldsymbol{V}\mathrm{e}^{-\mathrm{i}\boldsymbol{\Lambda}\Delta t}\boldsymbol{V}^{\dagger} \tag{6.5}$$

显然，此时只需要构造出 $\mathrm{e}^{-\mathrm{i}\boldsymbol{\Lambda}\Delta t}$ 即可实现酉算符 $\boldsymbol{U}(\boldsymbol{H})$。尽管具体信息已知的对角线矩阵哈密顿量已被证明可进行有效的量子线路模拟（将在后文介绍），但是经典计算机的谱分解复杂度约为 $O(N^3)$，对于超过一定量子比特的哈密顿量，这种基础且通用的模拟方法代价太高，甚至难以承受，因此需要寻找其他哈密顿量模拟方法。例如，可以对 $\boldsymbol{U}(\boldsymbol{H})$ 进行泰勒展开，有

$$\boldsymbol{U}(\boldsymbol{H}) = \boldsymbol{I} - \mathrm{i}\boldsymbol{H}t + \frac{1}{2!}(-\mathrm{i}\boldsymbol{H}t)^2 + \cdots \tag{6.6}$$

依据精度需求对展开项数进行截断，如果只保留一阶项，则有 $\boldsymbol{U}(\boldsymbol{H}) \approx \boldsymbol{I} - \mathrm{i}\boldsymbol{H}t = \boldsymbol{U}(\boldsymbol{K})$，此时问题被转化为 $\boldsymbol{U}(\boldsymbol{K})$ 的构造。

6.1.2 哈密顿量的有效模拟

同时考虑模拟精度和模拟复杂度，可以定义哈密顿量的有效模拟，如果对于任意 $t > 0$、$\epsilon > 0$，存在由 $\mathrm{poly}\left(n, t, \frac{1}{\epsilon}\right)$ 个量子逻辑门组成的量子线路 $\boldsymbol{U}$，满足

$$\|\boldsymbol{U} - \mathrm{e}^{-\mathrm{i}\boldsymbol{H}t}\| < \epsilon \tag{6.7}$$

则称 n 量子比特的哈密顿量 $\boldsymbol{H}$ 能够被有效模拟。可以证明，满足以下条件的哈密顿量能够被有效模拟[20-21]。

（1）如果 $\boldsymbol{H}$ 是作用在 $O(1)$ 量子比特上的哈密顿量，则它能够被有效模拟。

（2）如果 $\boldsymbol{H}$ 能够被有效模拟，则 $\mathrm{poly}(n) \cdot \boldsymbol{H}$ 能够被有效模拟。

（3）如果 $\boldsymbol{H}$ 能够被有效模拟，且酉算符 $\boldsymbol{U}$ 能够有效实现，则 $\boldsymbol{U}\boldsymbol{H}\boldsymbol{U}^{\dagger}$ 能够被有效模拟。

（4）如果 $\boldsymbol{H}_1$、$\boldsymbol{H}_2$ 能够被有效模拟，那么 $\boldsymbol{H}_1+\boldsymbol{H}_2$ 能够被有效模拟。

（5）如果 $\boldsymbol{H}_1$、$\boldsymbol{H}_2$ 能够被有效模拟，那么 $\mathrm{i}[\boldsymbol{H}_1,\boldsymbol{H}_2]$ 能够被有效模拟。

（6）如果在计算基下 $\boldsymbol{H}$ 是对角线矩阵且对角元素能够被有效获得，那么它能够被有效模拟。

（7）如果 $\boldsymbol{H}$ 是稀疏厄米矩阵且非 0 元素信息能够被有效获得，那么它能够被有效模拟。

很多情况下，仅进行一阶展开 $\boldsymbol{U}(\boldsymbol{H})\approx\boldsymbol{I}-\mathrm{i}\boldsymbol{H}t$ 的精度往往并不能满足需求，但高阶的近似并不简单。幸运的是，很多种类的哈密顿量，尤其是在应用中常见的一类（如量子化学、量子优化等领域），是可以做到的。

在很多物理系统中，由于相互作用力随着距离的增加快速衰减，系统的哈密顿量可以写作许多局域相互作用的和。例如，一个 n 个粒子的系统的哈密顿量通常可以写作

$$\boldsymbol{H}=\sum_{k=1}^{L}\boldsymbol{H}_k \tag{6.8}$$

其中，每个 $\boldsymbol{H}_k$ 都仅作用在系统的几个粒子上，而 L 是 k 的多项式量级，例如 Habbard 模型、Ising 模型等都是如此。这些模型的特点是：$\mathrm{e}^{-\mathrm{i}\boldsymbol{H}t}$ 作为 n 个系统共同组成的复合物理系统非常难以模拟，而 $\mathrm{e}^{-\mathrm{i}\boldsymbol{H}_kt}$ 所涉及的系统要小很多，可以用量子线路较好地近似。那么，问题就变成：如何将 $\mathrm{e}^{-\mathrm{i}\boldsymbol{H}t}$ 用 $\mathrm{e}^{-\mathrm{i}\boldsymbol{H}_kt}$ 实现。

首先考虑最简单的情况：$[\boldsymbol{H}_j,\boldsymbol{H}_k]=0$。此时，$\mathrm{e}^{-\mathrm{i}(\boldsymbol{H}_j+\boldsymbol{H}_k)t}=\mathrm{e}^{-\mathrm{i}\boldsymbol{H}_jt}\mathrm{e}^{-\mathrm{i}\boldsymbol{H}_kt}$，那么只要分别实现两个子系统的量子线路即可，而且二者还是可以同时作用的。推广到 L 个子系统，即如果有 $\boldsymbol{H}=\sum\limits_{k=1}^{L}\boldsymbol{H}_k$，对任意 j、k 都有 $[\boldsymbol{H}_j,\boldsymbol{H}_k]=0$，则 $\mathrm{e}^{-\mathrm{i}\boldsymbol{H}t}=\prod\limits_{k=1}^{L}\mathrm{e}^{-\mathrm{i}\boldsymbol{H}_kt}$。

但是，如果 $[\boldsymbol{H}_j,\boldsymbol{H}_k]\neq0$ 该怎么办呢？下面，从简单的情况（如仅有两个子系统）开始，介绍本小节的核心内容——特罗特（Trotter）分解。

对于 $\boldsymbol{H}=\boldsymbol{A}+\boldsymbol{B}$ 和任意时间 t，根据 Trotter 分解定理，有

$$\lim_{n\mapsto\infty}(\mathrm{e}^{-\mathrm{i}\boldsymbol{A}t/n}\mathrm{e}^{-\mathrm{i}\boldsymbol{B}t/n})^n=\mathrm{e}^{-\mathrm{i}(\boldsymbol{A}+\boldsymbol{B})t} \tag{6.9}$$

这个定理表明，即使两个子系统的哈密顿量并不对易，在 t 很小时也可以直接进行拆分，而如果需要模拟的时间 t 很长，那么仅需要将其拆成很多较小的时间小段，每个小段内直接拆分即可。通过选取有限项的 n，可以获得不同阶的近似，如一阶近似 $\mathrm{e}^{-\mathrm{i}(\boldsymbol{A}+\boldsymbol{B})\Delta t}=\mathrm{e}^{-\mathrm{i}\boldsymbol{A}\Delta t}\mathrm{e}^{-\mathrm{i}\boldsymbol{B}\Delta t}+O(\Delta t^2)$、二阶近似 $\mathrm{e}^{-\mathrm{i}(\boldsymbol{A}+\boldsymbol{B})\Delta t}=$

$e^{-iA\Delta t/2}e^{-iB\Delta t}e^{-iA\Delta t/2}+O(\Delta t^3)$。此外，还可以将其推广为更多项的求和。例如，若 $\boldsymbol{H}=\sum_{k=1}^{L}\boldsymbol{H}_k$，则可以由

$$\boldsymbol{U}=\left[e^{-i\boldsymbol{H}_1\Delta t}e^{-i\boldsymbol{H}_2\Delta t}\cdots e^{-i\boldsymbol{H}_L\Delta t}\right]\left[e^{-i\boldsymbol{H}_L\Delta t}e^{-i\boldsymbol{H}_{L-1}\Delta t}\cdots e^{-i\boldsymbol{H}_1\Delta t}\right] \tag{6.10}$$

来近似 $e^{-2i\boldsymbol{H}\Delta t}$，其误差仅为 $O(\Delta t)^3$。

练习 6.1 以 $\boldsymbol{A}=\boldsymbol{X}\otimes\boldsymbol{Y}\otimes\boldsymbol{I}$、$\boldsymbol{B}=\boldsymbol{I}\otimes\boldsymbol{X}\otimes\boldsymbol{Z}$ 为例，在 $t\in[0,\pi/8]$ 的范围内，利用式(6.9)的一阶、二阶模拟，使用 python numpy 和 scipy.linalg.expm 验证公式的准确性，并拟合出误差项的系数。

练习 6.2 请证明式(6.10)与对应误差项。

在讨论了如何将哈密顿量分拆为若干个小系统进行模拟之后，下一个问题就是：量子计算如何将小系统用对应的量子线路实现？一种很常见的做法是将哈密顿量分解为泡利算符的线性组合。因为泡利算符是一组完备的厄米算符基，所以任何一个厄米算符（如哈密顿量）都可以用泡利算符的线性组合来表示。而泡利算符又有一个很好的性质，就是它们的指数幂可以用基本的量子逻辑门来实现。此外，在很多应用中，哈密顿量正是直接由泡利算符所描述的。

先看一类最简单的由泡利算符组成的哈密顿量 $\boldsymbol{H}=\boldsymbol{Z}_1\otimes\boldsymbol{Z}_2\otimes\cdots\otimes\boldsymbol{Z}_n$，它在本书后续介绍的量子优化算法中具有很重要的作用。由算符性质可知，如果仅仅是 $\boldsymbol{H}=\boldsymbol{Z}_i$，则有 $e^{-i\boldsymbol{H}t}=\mathbf{RZ}(t/2)$。对于多个泡利算符纠缠在一起的模拟，又该怎么作用呢？

首先，分析一下 $\boldsymbol{H}$ 作用在计算基矢 $|z\rangle$ 时的特征：

$$\boldsymbol{Z}_1\otimes\boldsymbol{Z}_2\otimes\cdots\otimes\boldsymbol{Z}_n|z_1z_2\cdots z_n\rangle=\bigotimes_{i=1}^{n}\boldsymbol{Z}_i|z_i\rangle=\bigotimes_{i=1}^{n}(-1)^{z_i}|z_i\rangle=(-1)^{\sum_i z_i}|z\rangle \tag{6.11}$$

那么，就有 $e^{-i\boldsymbol{H}t}|z\rangle=e^{-(-1)^{\sum_i z_i}it}|z\rangle$。如果 $|z\rangle$ 的 n 量子比特之和（或称汉明距离、1 的个数）为偶数，那么该哈密顿量的时间演化就是添加了一个 e^{it} 的相位，否则就是添加了一个 e^{-it} 的相位。如果有一个量子比特 $|a\rangle=\left|\sum_i z_i \mod 2\right\rangle$，则该量子线路相当于 $\mathbf{RZ}(2t)|a\rangle$。因此，构造满足这个要求的线路即可。相位部分可以由 RZ 门构建，而计算奇偶性的工作可以由 CNOT 门来完成。

注意，$\mathbf{CNOT}|a,b\rangle=|a,a\oplus b\rangle$，对于 n 量子比特，取最后一个作为被计算的量子比特，首先计算第一个和第二个量子比特 $\mathbf{CNOT}|z_0,z_1\rangle=|z_0,z_0\oplus z_1\rangle$，随后继续计算第二个和第三个量子比特，从而获得 $z_0\oplus z_1\oplus z_2$，这样反复计算到第

n 个，就将第 n 个量子比特变为 $\left|\sum_i z_i \mod 2\right\rangle$。此时，先使这个量子比特通过 $\mathbf{RZ}(2t)$，再用一连串的 CNOT 门将其他量子比特回归到原来的样子，就得到了所需要的结果。模拟时间 t 的量子线路如图 6.1 所示。

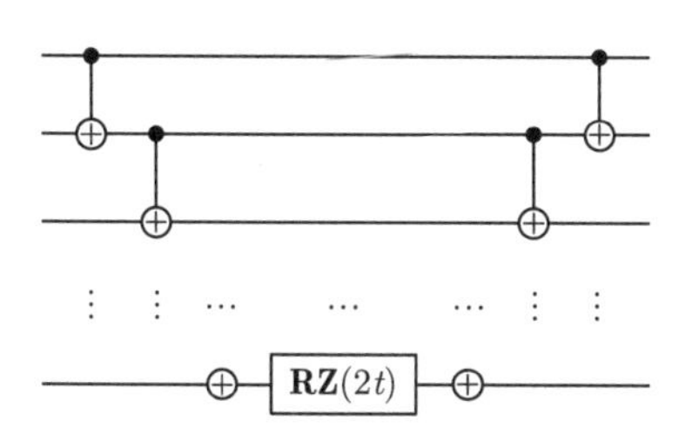

图 6.1　模拟时间 t 的量子线路

相应的代码如代码 6.1 所示。

代码 6.1　模拟 $\boldsymbol{H}=\boldsymbol{Z}_1 \otimes \boldsymbol{Z}_2 \otimes \cdots \otimes \boldsymbol{Z}_n$、时间 t 的量子线路

```
def phase_seperator_circuit(operator, qlist, theta):

    circuit = pq.QCircuit()
    constant = 0
    for i in operator:
        index_list = list(i[0].keys())
        ang = i[1] * theta
        n = len(index_list)
        if n == 0:
            constant += i[1]
        elif n == 1:
            circuit << pq.RZ(qlist[index_list[0]], 2 * ang)
        else:
            q = [qlist[j] for j in index_list]
            for j in range(n - 1):
                circuit << pq.CNOT(q[j], q[j + 1])
            circuit << pq.RZ(q[-1], 2 * ang)

            for j in range(n - 1):
                circuit << pq.CNOT(q[-j - 2], q[-j - 1])
    for i in range(len(qlist)):
        circuit << pq.I(qlist[i])
    return circuit
```

除模拟 $\boldsymbol{Z}$ 算符，这种方法还可以用来模拟更复杂的哈密顿量。注意恒等式 $\boldsymbol{H}\cdot\boldsymbol{Z}\cdot\boldsymbol{H}=\boldsymbol{X}$ 和 $\mathbf{RX}\left(-\frac{\pi}{2}\right)_2\cdot\boldsymbol{Z}\cdot\mathbf{RX}\left(\frac{\pi}{2}\right)_2=\boldsymbol{Y}$，可以获得哈密顿量为 $\boldsymbol{H}=\bigotimes_k \sigma_{c(k)}^k$, $c(k)\in\{0,1,2,3\}$ 的模拟量子线路。例如，$\boldsymbol{H}=\boldsymbol{X}_1\otimes\boldsymbol{Y}_2\otimes\boldsymbol{Z}_3$ 的线路

就可以表示为

$$\mathrm{e}^{-\mathrm{i}\boldsymbol{H}t}=\left(\boldsymbol{H}_1\otimes\mathbf{RX}\left(-\frac{\pi}{2}\right)_2\right)\mathrm{e}^{-\mathrm{i}(\boldsymbol{Z}_1\otimes\boldsymbol{Z}_2\otimes\boldsymbol{Z}_3)t}\left(\boldsymbol{H}_1\otimes\mathbf{RX}\left(\frac{\pi}{2}\right)_2\right)\tag{6.12}$$

通过这种方法，可以模拟很大一类包含非局域项的哈密顿量。事实上，只要满足 $\boldsymbol{H}=\sum\limits_{k=1}^{L}\boldsymbol{H}_k$（$\boldsymbol{H}_k$ 是泡利算符的张量积形式，L 是 n 的多项式级别），都可以由量子线路有效地进行模拟。这为使用量子计算设计、解决许多问题提供了新的思路和方法。

接下来，探讨如何根据具体的泡利算符串来得到最终的量子线路。指数中包含两个 Z 门（如 $\mathrm{e}^{-\mathrm{i}\theta_1(\boldsymbol{Z}_0\otimes\boldsymbol{Z}_1)}$）的量子线路如图 6.2 所示。指数中包含 3 个 Z 门（如 $\mathrm{e}^{-\mathrm{i}\theta_2(\boldsymbol{Z}_0\otimes\boldsymbol{Z}_1\otimes\boldsymbol{Z}_2)}$）的量子线路如图 6.3 所示。可以看出，对于更多量子比特的情况，线路结构也是很容易拓展得到的。

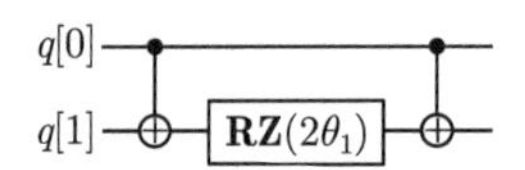

图 6.2　指数中包含两个 Z 门的量子线路

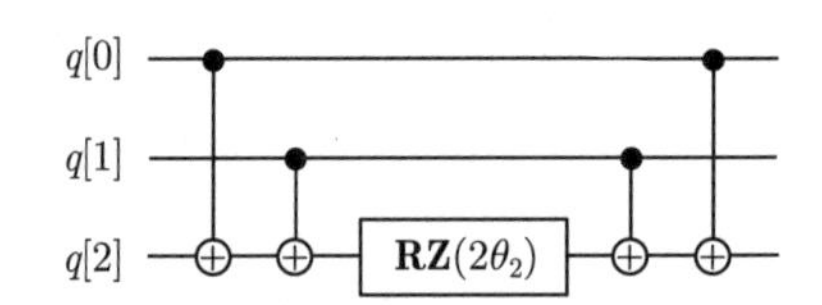

图 6.3　指数中包含 3 个 Z 门的量子线路

上述内容仅考虑了 Z 门的情况。实际线路中，还存在许多含有其他泡利算符的情况，这时就需要对 $\boldsymbol{X}$、$\boldsymbol{Y}$ 基进行转换。先将它们都转到 $\boldsymbol{Z}$ 基上，再通过上述量子线路实现。因此，对于指数中包含 X 门和 Z 门的直积的情况，如 $\mathrm{e}^{-\mathrm{i}\theta_3(\boldsymbol{X}_0\otimes\boldsymbol{Z}_1)}$，只需要在 X 门所作用的量子比特前后分别加 H 门就可以实现模拟，具体原理如式(6.13) 所示，具体的量子线路如图 6.4 所示。类似地，当指数中包含 Y 门时，如 $\mathrm{e}^{-\mathrm{i}\theta_4(\boldsymbol{Z}_0\otimes\boldsymbol{Y}_1)}$，需要在它作用的量子比特前后各加一个 RX 门，具体量子线路如图 6.5 所示。

$$\begin{aligned}&\boldsymbol{X}=\boldsymbol{H}\cdot\boldsymbol{Z}\cdot\boldsymbol{H}\\&\boldsymbol{Y}=\mathbf{RX}\left(-\frac{\pi}{2}\right)\cdot\boldsymbol{Z}\cdot\mathbf{RX}\left(\frac{\pi}{2}\right)\end{aligned}\tag{6.13}$$

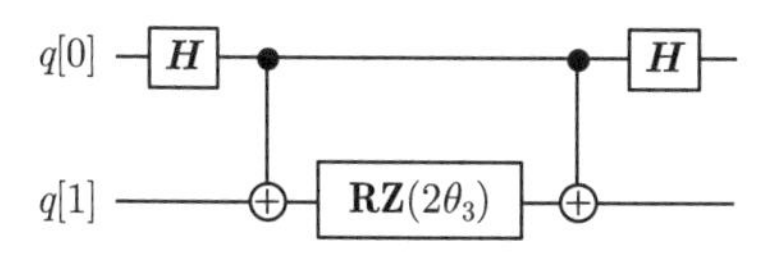

图 6.4　指数中包含 X 门的量子线路

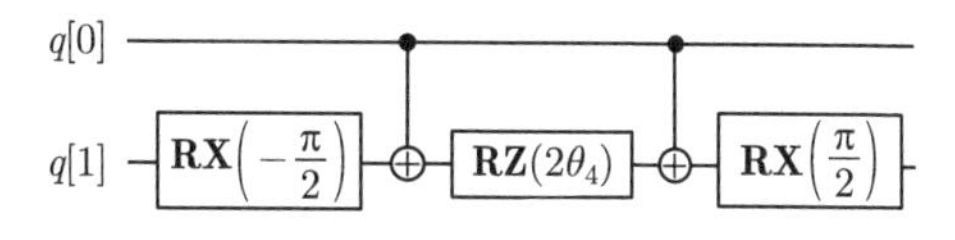

图 6.5　指数中包含 Y 门的量子线路

对于指数中包含更加复杂的泡利算符串（如同时含有多个 X 门、Y 门）的情况，利用上述规律进行扩展即可模拟出相应的量子线路。例如，$\mathrm{e}^{-\mathrm{i}\theta_5(\boldsymbol{X}_0\otimes\boldsymbol{Z}_1\otimes\boldsymbol{Y}_2\otimes\boldsymbol{X}_3)}$ 中包含了两个 X 门、一个 Y 门及一个 Z 门，转换后可得到它的量子线路，如图 6.6 所示。

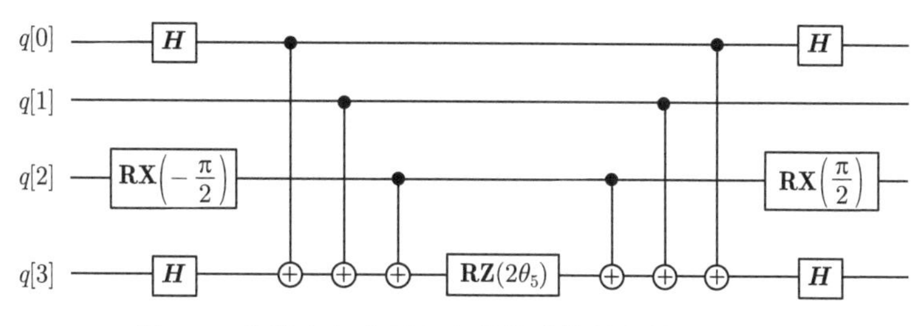

图 6.6　指数中包含更复杂的泡利算符串的量子线路

练习 6.3　存在一个集合 $\boldsymbol{E}=\{(0,1),(1,2),(2,3),(3,0)\}$，请模拟在哈密顿量 $\boldsymbol{H}=\sum(i,j)\in\boldsymbol{E}\dfrac{\boldsymbol{I}-\boldsymbol{Z}_i\boldsymbol{Z}_j}{2}$ 下演化 $t=\gamma$ 的量子线路 $\boldsymbol{U}=\exp(-\mathrm{i}\gamma\boldsymbol{H})$。

练习 6.4　模拟薛定谔方程演化：对于一个 4 量子比特量子系统 $\boldsymbol{H}=\dfrac{1}{2}\displaystyle\sum_{i=1}^{3}J_i(\boldsymbol{X}_i\boldsymbol{X}_{i+1}+\boldsymbol{Y}_i\boldsymbol{Y}_{i+1})$，$J_i=\sqrt{i(4-i)}$，请使用 PyQPanda 搭建量子线路，模拟初态 $|\psi(t=0)\rangle=|1000\rangle$ 在该哈密顿量下随时间演化的末态。在 $t=\dfrac{\pi}{4},\dfrac{\pi}{2},\pi$ 时，末态各有什么特点？

6.1.3　量子行走模拟任意哈密顿量

对于一个维数为 N、稀疏度为 s 的哈密顿量 $\boldsymbol{H}$，若有 $\|\boldsymbol{H}\|_{\max}=\max(|H_{jk}|)\leqslant 1$，则可通过量子行走实现 $|\psi'\rangle=\boldsymbol{U}\boldsymbol{H}|\psi\rangle$ 过程的有效模拟[22-24]。

定义哈密顿量 $\boldsymbol{H}$ 的原始空间为 $\mathbb{C}^N$，量子行走空间为 $\mathbb{C}^{2N}\otimes\mathbb{C}^{2N}$，从原始空间至量子行走空间存在等距算符 $\boldsymbol{T}$ 满足

$$\boldsymbol{T}:=\sum_{j\in[N]}|\phi_j\rangle\langle j| \tag{6.14}$$

式 (6.14) 中 $|\phi_j\rangle$ 的具体形式为

$$|\phi_j\rangle := |j\rangle \otimes \frac{1}{\sqrt{s}} \sum_{k\in[N]:H_{jk}\neq 0} \left(\sqrt{H_{jk}^*}|k\rangle + \sqrt{1-|H_{jk}|}|k+N\rangle\right) \tag{6.15}$$

运算符 $*$ 的具体形式为

$$\sqrt{H_{jk}^*} = \mathrm{sign}(j-k)i\sqrt{|H_{jk}|} \tag{6.16}$$

基于算符 $\boldsymbol{T}$ 可以定义量子行走算符 $\boldsymbol{W} := \boldsymbol{S}(2\boldsymbol{T}\boldsymbol{T}^\dagger - \boldsymbol{I})$。其中，$\boldsymbol{S}$ 是定义在量子行走空间的交换算符，满足 $\boldsymbol{S}|j,k\rangle = |k,j\rangle$。可以证明以下关系成立：

$$\boldsymbol{T}^\dagger \boldsymbol{W}\boldsymbol{T}|\boldsymbol{0}^m\rangle|\psi\rangle = |\boldsymbol{0}^m\rangle \boldsymbol{H}'|\psi\rangle + |\psi_\perp\rangle \tag{6.17}$$

其中，$(|\boldsymbol{0}^m\rangle\langle\boldsymbol{0}^m|\otimes\boldsymbol{I})|\psi_\perp\rangle = 0$；$\boldsymbol{H}' = \boldsymbol{H}/C$，系数 C 在具体问题中为常数；$m = \log_2(4N)$。对前 m 个量子比特进行观测，如果观测结果为 0，则剩余量子态即为所求。可以证明，实现量子行走算符 $\boldsymbol{W}$ 的量子逻辑门复杂度为 $O[\log_2(N) + \log_2^{2.5}(\kappa s/\epsilon)]$，$\kappa$ 是矩阵条件数。式(6.17)说明，基于量子行走技术可以实现任意哈密顿量模拟。如果矩阵 $\boldsymbol{A}$ 是非厄米的，可以通过一些构造方式将其转化为厄米矩阵，例如有

$$\boldsymbol{H} = \begin{bmatrix} 0 & \boldsymbol{A} \\ \boldsymbol{A}^\dagger & 0 \end{bmatrix} \tag{6.18}$$

6.2 HHL 算法及其应用

HHL 算法是将量子计算技术应用于线性问题求解的代表性算法，该算法的时间复杂度 $O[\log_2(N)]$ 与线性系统的维度成对数关系，因此在求解高维线性问题时与经典算法相比具有显著优势。

6.2.1 基础原理

HHL 算法要求矩阵 $\boldsymbol{A}$ 是厄米的，对于非厄米的情况，可以参考原始论文中提到的厄米化方法或其他厄米化方法进行转化。$\boldsymbol{A}$ 的本征值和对应的本征态分别记为 λ_j、$|u_j\rangle$。显然，所有本征态应构成一组完备正交基，线性问题的右端向量 $|b\rangle$ 可在该正交基组下进行描述，有

$$|b\rangle = \sum_{j=1}^{N} \beta_j |u_j\rangle \tag{6.19}$$

进而，解 $|x\rangle$ 可以表示为

$$|x\rangle = \boldsymbol{A}^{-1}|b\rangle = \sum_{j=1}^{N} \frac{\beta_j}{\lambda_j}|u_j\rangle \tag{6.20}$$

可见，只要对 $|b\rangle$ 在本征态构成的完备正交基上分解后的系数 β_j 除以相应的本征值 λ_j，即可得到目标解。在 HHL 算法中，求本征值的任务交给了本书 3.3 节介绍的 QPE，除以本征值的过程则通过一个辅助比特的受控旋转过程巧妙地实现。

6.2.2 算法流程

HHL 算法的量子线路如图 6.7 所示。

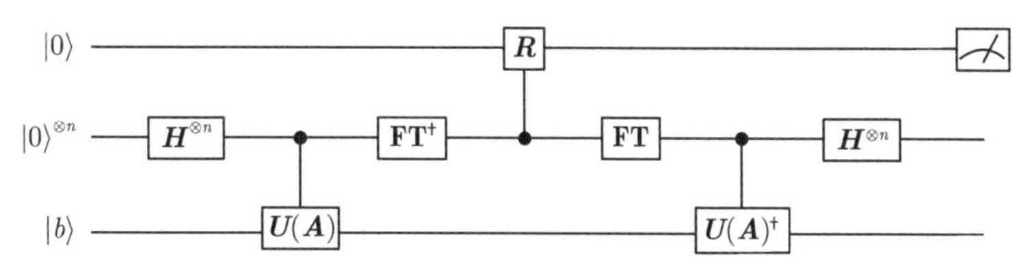

图 6.7　HHL 算法的量子线路示意

HHL 算法需要 3 个寄存器，从上到下分别为受控旋转辅助寄存器 $|0\rangle$、相位估计辅助寄存器 $|0\rangle^{\otimes n}$ 和右端项数据寄存器 $|b\rangle$。在线路初始时刻，默认量子态 $|b\rangle$ 已经存储在右端项数据寄存器中，即初始时刻整个线路的量子态为

$$|0\rangle|0\rangle^{\otimes n}|b\rangle = \sum_{j=1}^{N} \beta_j|0\rangle|0\rangle^{\otimes n}|u_j\rangle \tag{6.21}$$

第一步，执行 QPE，系统的演化如下：

$$\sum_{j=1}^{N} \beta_j|0\rangle|0\rangle^{\otimes n}|u_j\rangle \mapsto \sum_{j=1}^{N} \beta_j|0\rangle|\lambda_j\rangle^{\otimes n}|u_j\rangle \tag{6.22}$$

此时，相位估计辅助寄存器中存储了 $\boldsymbol{A}$ 的本征值，本征值以二进制形式存储在基的标签上，量子比特数 n 决定了本征值估计的精度。

第二步，执行最高位寄存器的受控旋转，将本征值从基标签提取到系统振幅信息中，有

$$\sum_{j=1}^{N} \beta_j|0\rangle|\lambda_j\rangle|u_j\rangle \mapsto \sum_{j=1}^{N} \beta_j \left(\sqrt{1-\frac{c^2}{\lambda_j^2}}|0\rangle + \frac{c}{\lambda_j}|1\rangle\right)|\lambda_j\rangle^{\otimes n}|u_j\rangle \tag{6.23}$$

第三步，执行逆相位估计过程，有

$$\sum_{j=1}^{N}\beta_j\left(\sqrt{1-\frac{c^2}{\lambda_j^2}}|0\rangle+\frac{c}{\lambda_j}|1\rangle\right)|\lambda_j\rangle^{\otimes n}|u_j\rangle\mapsto\sum_{j=1}^{N}\beta_j\left(\sqrt{1-\frac{c^2}{\lambda_j^2}}|0\rangle+\frac{c}{\lambda_j}|1\rangle\right)|0\rangle^{\otimes n}|u_j\rangle \tag{6.24}$$

第四步，对最高位辅助比特进行观测，若观测结果为目标结果 $|1\rangle$，则有

$$\sum_{j=1}^{N}\beta_j\left(\sqrt{1-\frac{c^2}{\lambda_j^2}}|0\rangle+\frac{c}{\lambda_j}|1\rangle\right)|0\rangle^{\otimes n}|u_j\rangle\mapsto c\sum_{j=1}^{N}\frac{\beta_j}{\lambda_j}|0\rangle^{\otimes n}|u_j\rangle=|0\rangle^{\otimes n}|x\rangle \tag{6.25}$$

此时，右端项数据寄存器中的量子态即为目标解 $|x\rangle$。至此，HHL 算法执行完毕。HHL 算法的复杂度可以表示为 $O[s^2\kappa^2\log_2(N)/\epsilon]$。

6.2.3 算法讨论

本小节对 HHL 算法的一些细节进行讨论。方便起见，本小节中假设矩阵 $\boldsymbol{A}$ 正定，即其所有本征值 λ_j 为正数。

HHL 算法中使用 QPE 获取 $\boldsymbol{A}$ 的本征值信息，而 QPE 需要保证 λ_j 与 $\mathrm{e}^{2\pi\mathrm{i}\lambda_j}$ 存在单一映射关系（考虑到 $\mathrm{e}^{2\pi\mathrm{i}\lambda_j}$ 的周期性质），即需要满足 $\lambda_j\in(0,1]$。因此在执行 HHL 算法前，不仅需要将 $\boldsymbol{A}$ 转化为厄米矩阵，还需要对其进行如下预处理：

$$\boldsymbol{A}'=\frac{\boldsymbol{A}}{d},\qquad d\geqslant\lambda_{j,\max} \tag{6.26}$$

如果有 $\lambda_{j,\max}$ 的先验信息，那么可以准确地取到 $d=\lambda_{j,\max}$，从而使 $\lambda_j'\in[1/\kappa,1]$。此时，本征值提取的效率与本征值分布以及条件数有关。当本征值分布非常紧密时，QPE 需要更多的辅助比特，用于分辨两个本征值之间的微小差异；当条件数很大时，同样需要更多的辅助比特，用于分辨出很小的本征值。因此，执行 HHL 算法时，通常会要求 $\boldsymbol{A}$ 是良态的。如果 $\boldsymbol{A}$ 是病态的，则需要提前进行预处理。

如果 $\lambda_{j,\max}$ 是未知的，那么只能预估一个较大的 d 对原始矩阵进行预处理。预估值 $d\gg\lambda_{j,\max}$ 将导致 $\lambda_j'\ll 0$，此时对 $\boldsymbol{A}'$ 执行 QPE 显然需要非常多的计算资源才能够将很小的本征值 λ_j' 提取出来，因此预估的 d 不仅应满足 $d\geqslant\lambda_{j,\max}$，还应满足 $d\sim O(\lambda_{j,\max})$。由于不可能通过诸如谱分解等方法获取 $\lambda_{j,\max}$ 的具体大小，因此想要实现满足要求的 d 的选取，需要参考一些经典的最大本征值预估方法。

执行 QPE 后，需要执行受控旋转线路。观察式(6.23)可知，系数 c 应满足 $c \leqslant \lambda'_{j,\min}$，即要求对 $\lambda_{j,\min}$ 有先验了解，否则只能取尽量小的 c，而这么做无疑会使 HHL 成功的概率大大降低。

综上所述，执行 HHL 算法需要对矩阵 $\boldsymbol{A}$ 的最大本征值 $\lambda_{j,\max}$ 和条件数 κ 有先验了解，或者能够做出良好的预估。下面给出不同预估情况下 HHL 算法执行的差异：

如果 $\lambda_{j,\max}$ 和 κ 被良好地预估，那么 HHL 算法将以预期的资源获得线性系统完整的解；

如果 $\lambda_{j,\max}$ 被良好地预估，而 κ 的估值过大，则 HHL 算法将花费更多的资源获得线性系统完整的解；

如果 $\lambda_{j,\max}$ 被良好地预估，而 κ 的估值过小，则 HHL 算法将因 QPE 过程中丢失小本征值信息而无法获得线性系统完整的解，甚至因受控旋转过程 c 的取值过大而导致算法失败；

如果 κ 被良好地预估，而 $\lambda_{j,\max}$ 的估值过大，则 HHL 算法将因 QPE 过程中丢失小本征值信息而无法获得线性系统完整的解，甚至因受控旋转过程 c 的取值过大而导致算法失败；

如果 κ 被良好地预估，而 $\lambda_{j,\max}$ 的估值过小，则 HHL 算法将因 QPE 过程失败而导致算法失败。

6.2.4　代码实现

本小节以一个具体的例子，详细介绍如何使用 PyQPanda 实现完整的 HHL 算法。给定待求解线性系统 $\boldsymbol{Ax}=\boldsymbol{b}$，其中矩阵 $\boldsymbol{A}$ 和右端向量 $\boldsymbol{b}$ 的具体形式为

$$\boldsymbol{A}=\begin{bmatrix}0.75 & -0.25\\ -0.25 & 0.75\end{bmatrix},\qquad \boldsymbol{b}=\frac{1}{4}\begin{bmatrix}\sqrt{6}+\sqrt{2}\\ \sqrt{6}-\sqrt{2}\end{bmatrix}\tag{6.27}$$

根据已知信息可以得到，HHL 算法求解上述线性系统至少需要 3 量子比特。

HHL 算法中的 QPE 线路需要定义酉算符 $\mathrm{e}^{\mathrm{i}\boldsymbol{A}t}$（哈密顿量模拟）。采用基于谱分解的一般方法构建 $\mathrm{e}^{\mathrm{i}\boldsymbol{A}t}$。对 $\boldsymbol{A}$ 进行谱分解，有

$$\boldsymbol{A}=\boldsymbol{HDH}^{\dagger}=\frac{1}{2}\begin{bmatrix}1 & 1\\ 1 & -1\end{bmatrix}\begin{bmatrix}0.5 & 0\\ 0 & 1\end{bmatrix}\begin{bmatrix}1 & 1\\ 1 & -1\end{bmatrix}\tag{6.28}$$

式 (6.28) 中，$\boldsymbol{H}$ 为 Hadamard 矩阵。显然可以得到，$\boldsymbol{A}$ 的本征值和本征向

量信息为

$$
\begin{aligned}
\lambda_1 = 0.5, \qquad |u_1\rangle = \frac{\sqrt{2}}{2}\begin{bmatrix}1\\1\end{bmatrix}\\
\lambda_2 = 1.0, \qquad |u_2\rangle = \frac{\sqrt{2}}{2}\begin{bmatrix}1\\-1\end{bmatrix}
\end{aligned} \tag{6.29}
$$

进而，可以得到

$$
\mathrm{e}^{\mathrm{i}\boldsymbol{A}t} = \mathrm{e}^{\mathrm{i}\lambda_1 t}|u_1\rangle\langle u_1| + \mathrm{e}^{\mathrm{i}\lambda_2 t}|u_2\rangle\langle u_2| = -\begin{bmatrix}0 & 1\\1 & 0\end{bmatrix} \tag{6.30}
$$

式 (6.30) 中，取 $t = 2\pi$。最终，可得到 $\boldsymbol{U}_A = \mathrm{e}^{2\pi\mathrm{i}\boldsymbol{A}} = -\boldsymbol{X}$。右端向量 $\boldsymbol{b}$ 在本征向量基上进行分解（$\boldsymbol{b} = \beta_1\boldsymbol{u_1} + \beta_2\boldsymbol{u_2}$），容易得到 $\beta_1 = \sqrt{3}/2$、$\beta_2 = 1/2$。

上述 $\boldsymbol{U}_A$ 的构造方式涉及谱分解操作。仔细观察 $\boldsymbol{A}$ 的形式不难发现有 $\boldsymbol{A} = 0.75\boldsymbol{I} - 0.25\boldsymbol{X}$，其中 $\boldsymbol{I}$、$\boldsymbol{X}$ 分别是单位矩阵和泡利 $\boldsymbol{X}$ 矩阵。由于 $\boldsymbol{I}$、$\boldsymbol{X}$ 满足对易性 $\boldsymbol{IX} = \boldsymbol{XI}$，因此有 $\mathrm{e}^{\mathrm{i}\boldsymbol{A}t} = \mathrm{e}^{\mathrm{i}(0.75\boldsymbol{I}t)} \cdot \mathrm{e}^{\mathrm{i}(-0.25\boldsymbol{X}t)}$。参考泡利矩阵的哈密顿量模拟相关结论，有

$$
\boldsymbol{U}_A = \boldsymbol{U}_1\left(\frac{3}{2}\pi\right) \cdot \boldsymbol{X} \cdot \boldsymbol{U}_1\left(\frac{3}{2}\pi\right) \cdot \boldsymbol{X} \cdot \mathbf{RX}(\pi) \tag{6.31}
$$

由式 (6.31) 可以直接得到 $\boldsymbol{U}_A$ 的哈密顿量模拟线路。这里，$\boldsymbol{U}_1$ 的具体形式可以参考 PyQPanda 相关文档，经过化简后可发现式(6.31)就是 $-\boldsymbol{X}$。至此，编写 HHL 算法程序的准备工作已经全部完成，可以开始代码实现工作。

第一步，在 PyQPanda 中完成必要的声明和量子虚拟机申请等工作，具体代码如代码 6.2 所示。

代码 6.2　HHL 算法程序中的量子虚拟机申请

```
1  import pyqpanda as pq
2  import numpy as np
3
4  # 申请并初始化量子虚拟机
5  machine = pq.CPUQVM()
6  machine.init_qvm()
7
8  # 给定量子比特数
9  q = machine.qAlloc_many(3)
10 c = machine.cAlloc_many(1)
```

第二步，进行编码线路构建工作。本例中线性系统右端向量的编码使用 $\mathbf{RY}(\omega)$ 实现，容易得到

$$\omega = 2\arctan\frac{\sqrt{6}-\sqrt{2}}{\sqrt{6}+\sqrt{2}} \approx 0.5236 \tag{6.32}$$

编码线路的代码实现如代码 6.3 所示。

代码 6.3　HHL 算法程序中的编码线路

```
# 声明并定义 |b> 的编码线路
coding_cir = pq.QCircuit()
omega = 0.5236
coding_cir << pq.RY(q[2], omega)
```

第三步，构建 QPE 线路。本例中的 QPE 线路如图 6.8 所示。

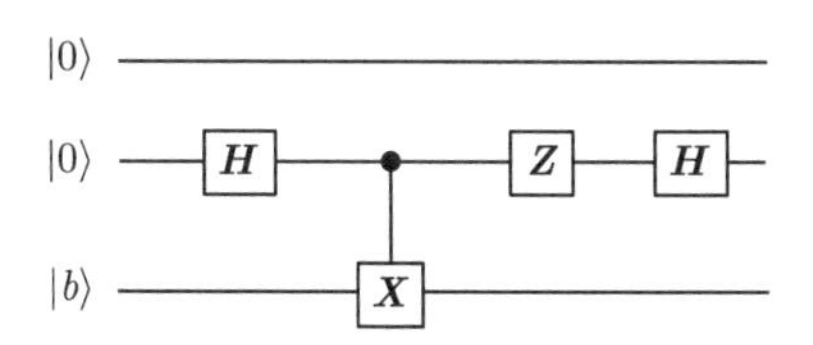

图 6.8　本例中的 QPE 线路示意

线路初态为

$$|0\rangle|0\rangle|b\rangle = \frac{\sqrt{3}}{2}|0\rangle|0\rangle|u_1\rangle + \frac{1}{2}|0\rangle|0\rangle|u_2\rangle$$

首先，在 QPE 的辅助比特上执行 H 门，产生叠加态，有

$$\frac{\sqrt{3}}{2}|0\rangle|0\rangle|u_1\rangle + \frac{1}{2}|0\rangle|0\rangle|u_2\rangle \mapsto \frac{\sqrt{6}}{4}|0\rangle(|0\rangle+|1\rangle)|u_1\rangle + \frac{\sqrt{2}}{4}|0\rangle(|0\rangle+|1\rangle)|u_2\rangle$$

随后，执行执行受控 –X 门，将本征值信息添加至 QPE 辅助比特为 $|1\rangle$ 时的对应本征向量上，有

$$\begin{aligned} &\frac{\sqrt{6}}{4}|0\rangle(|0\rangle+|1\rangle)|u_1\rangle + \frac{\sqrt{2}}{4}|0\rangle(|0\rangle+|1\rangle)|u_2\rangle \\ \mapsto &\frac{\sqrt{6}}{4}|0\rangle(|0\rangle-|1\rangle)|u_1\rangle + \frac{\sqrt{2}}{4}|0\rangle(|0\rangle+|1\rangle)|u_2\rangle \end{aligned}$$

单量子比特上的 QFT 门就是 H 门，因此本例中执行 IQFT 线路只需在 QPE 的辅助比特上执行 H 门即可，有

$$\frac{\sqrt{6}}{4}|0\rangle(|0\rangle-|1\rangle)|u_1\rangle + \frac{\sqrt{2}}{4}|0\rangle(|0\rangle+|1\rangle)|u_2\rangle \mapsto \frac{\sqrt{3}}{2}|0\rangle|1\rangle|u_1\rangle + \frac{1}{2}|0\rangle|0\rangle|u_2\rangle$$

可见，本征向量各自对应的本征值相位已经被记录在 QPE 的辅助比特中。至此，HHL 算法中 QPE 线路执行完毕。

利用 QPanda 实现上述线路的参考代码如代码 6.4 所示。

代码 6.4 HHL 算法程序中的 QPE 线路

```
# 声明并定义 QPE 线路
QPE_cir = pq.QCircuit()
QPE_cir << pq.H(q[1]) << pq.CNOT(q[1], q[2]) << pq.Z(q[1]) << pq.H(q[1])
```

第四步，构建受控旋转线路。本例中，系数矩阵的本征值信息全部已知，因此可以使用 RY 门精准地实现受控旋转过程。取 $c = 0.5$。对于第一个本征值 $\lambda_1 = 0.5$，受控门为 $\mathbf{RY}(\pi)$。对于第二个本征值，受控门为 $\mathbf{RY}\left(\frac{\pi}{3}\right)$。最终，得到本例中受控旋转过程的量子线路如图 6.9 所示。

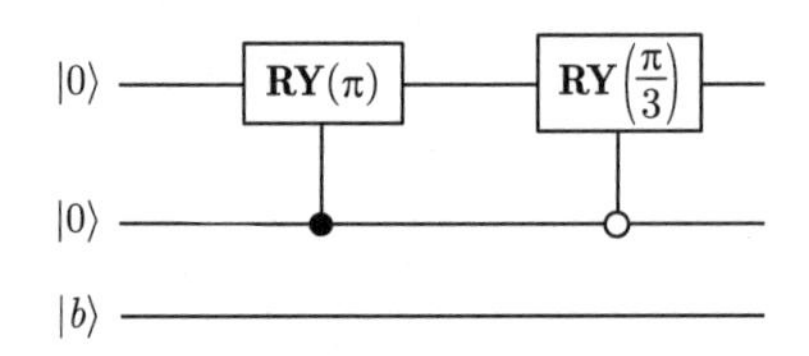

图 6.9 本例中受控旋转过程的量子线路示意

执行第一个受控 RY 门后，量子态变为

$$\frac{\sqrt{3}}{2}|0\rangle|1\rangle|u_1\rangle + \frac{1}{2}|0\rangle|0\rangle|u_2\rangle \mapsto \frac{\sqrt{3}}{2}|1\rangle|1\rangle|u_1\rangle + \frac{1}{2}|0\rangle|0\rangle|u_2\rangle$$

执行第二个受控 RY 门后，量子态变为

$$\frac{\sqrt{3}}{2}|1\rangle|1\rangle|u_1\rangle + \frac{1}{2}|0\rangle|0\rangle|u_2\rangle \mapsto \frac{\sqrt{3}}{2}|1\rangle|1\rangle|u_1\rangle + \frac{\sqrt{3}}{4}|0\rangle|0\rangle|u_2\rangle + \frac{1}{4}|1\rangle|0\rangle|u_2\rangle$$

第五步，构建逆 QPE 线路。本例中，逆 QPE 线路与 QPE 线路完全一致。首先，依然在 QPE 的辅助比特上执行 H 门，量子态变化如下：

$$\begin{aligned}&\frac{\sqrt{3}}{2}|1\rangle|1\rangle|u_1\rangle + \frac{\sqrt{3}}{4}|0\rangle|0\rangle|u_2\rangle + \frac{1}{4}|1\rangle|0\rangle|u_2\rangle\\ \mapsto &\frac{\sqrt{6}}{4}|1\rangle(|0\rangle - |1\rangle)|u_1\rangle + \frac{\sqrt{6}}{8}|0\rangle(|0\rangle + |1\rangle)|u_2\rangle + \frac{\sqrt{2}}{8}|1\rangle(|0\rangle + |1\rangle)|u_2\rangle\end{aligned}$$

随后，执行受控 –X 门，有

$$\begin{aligned}&\frac{\sqrt{6}}{4}|1\rangle(|0\rangle-|1\rangle)|u_1\rangle+\frac{\sqrt{6}}{8}|0\rangle(|0\rangle+|1\rangle)|u_2\rangle+\frac{\sqrt{2}}{8}|1\rangle(|0\rangle+|1\rangle)|u_2\rangle\\ \mapsto&\frac{\sqrt{6}}{4}|1\rangle(|0\rangle+|1\rangle)|u_1\rangle+\frac{\sqrt{6}}{8}|0\rangle(|0\rangle+|1\rangle)|u_2\rangle+\frac{\sqrt{2}}{8}|1\rangle(|0\rangle+|1\rangle)|u_2\rangle\end{aligned}$$

最后，在 QPE 的辅助比特上执行 H 门，有

$$\begin{aligned}&\frac{\sqrt{6}}{4}|1\rangle(|0\rangle+|1\rangle)|u_1\rangle+\frac{\sqrt{6}}{8}|0\rangle(|0\rangle+|1\rangle)|u_2\rangle+\frac{\sqrt{2}}{8}|1\rangle(|0\rangle+|1\rangle)|u_2\rangle\\ \mapsto&\frac{\sqrt{3}}{2}|1\rangle|0\rangle|u_1\rangle+\frac{\sqrt{3}}{4}|0\rangle|0\rangle|u_2\rangle+\frac{1}{4}|1\rangle|0\rangle|u_2\rangle\end{aligned}$$

可见，此时 QPE 的辅助比特上的相位信息已经被去除。

利用 QPanda 实现受控旋转和逆 QPE 线路的参考代码如代码 6.5 所示。

代码 6.5　HHL 算法程序中的受控旋转和逆 QPE 线路

```
# 声明并定义受控旋转线路
rotate_cir = pq.QCircuit()
rotate_cir << pq.X(q[1]) << pq.RY(q[0], np.pi/3).control(q[1]) << pq.X(q[1])\
        << pq.RY(q[0], np.pi).control(q[1])

# 声明并定义逆 QPE 线路
QPE_dagger_cir = QPE_cir.dagger()
```

第六步，对受控旋转辅助比特进行观测。如果观测到期望结果 1，可得到此时线路中的量子态为

$$\frac{2\sqrt{3}}{\sqrt{13}}|0\rangle|u_1\rangle+\frac{1}{\sqrt{13}}|0\rangle|u_2\rangle$$

直接将上述量子态提取为经典信息，得到的经典解为

$$\boldsymbol{x}=\frac{2\sqrt{3}}{\sqrt{13}}\boldsymbol{u_1}+\frac{1}{\sqrt{13}}\boldsymbol{u_2}=\frac{2}{\sqrt{13}}\boldsymbol{x}$$

其中，$\boldsymbol{x}$ 为原问题的真解，$\dfrac{2}{\sqrt{13}}$ 为量子解与真解之间的差异系数。

上述过程的代码实现可参考代码 6.6。至此，针对列举的特定线性问题，本小节已给出了全部的代码实现细节。

代码 6.6 HHL 算法程序中的观测和输出

```
# 声明并定义 HHL 算法程序
prog = pq.QProg()
prog << coding_cir << QPE_cir << rotate_cir << QPE_dagger_cir \
    << pq.Measure(q[0], c[0])
print(prog)

# 执行一次 HHL 线路并输出测量结果
measure_result = machine.run_with_configuration(prog, c, 1)
print(measure_result)

# 输出测量后的量子态信息
state_result = machine.get_qstate()
print(state_result)
```

本例中 HHL 算法的完整代码如代码 6.7 所示。

代码 6.7 本例中 HHL 算法的完整代码

```
import pyqpanda as pq
import numpy as np

# 申请并初始化量子虚拟机
machine = pq.CPUQVM()
machine.init_qvm()

# 给定量子比特数
q = machine.qAlloc_many(3)
c = machine.cAlloc_many(1)

# 声明并定义 |b> 的编码线路
coding_cir = pq.QCircuit()
omega = 0.5236
coding_cir << pq.RY(q[2], omega)

# 声明并定义 QPE 线路
QPE_cir = pq.QCircuit()
QPE_cir << pq.H(q[1]) << pq.CNOT(q[1], q[2]) << pq.Z(q[1]) << pq.H(q[1])

# 声明并定义受控旋转线路
rotate_cir = pq.QCircuit()
rotate_cir << pq.X(q[1]) << pq.RY(q[0], np.pi/3).control(q[1]) << pq.X(q[1])\
        << pq.RY(q[0], np.pi).control(q[1])

# 声明并定义逆 QPE 线路
QPE_dagger_cir = QPE_cir.dagger()

# 声明并定义 HHL 算法程序
prog = pq.QProg()
```

```
31  prog << coding_cir << QPE_cir << rotate_cir << QPE_dagger_cir \
32      << pq.Measure(q[0], c[0])
33  print(prog)
34
35  # 执行一次 HHL 线路并输出测量结果
36  measure_result = machine.run_with_configuration(prog, c, 1)
37  print(measure_result)
38
39  # 输出测量后的量子态信息
40  state_result = machine.get_qstate()
41  print(state_result)
```

在本源量子计算云平台上运行代码 6.7，得到解的信息如下。

$$
\begin{aligned}
|x_1\rangle &= 0.87548 \approx \frac{2}{\sqrt{13}}x_1 \\
|x_2\rangle &= 0.48325 \approx \frac{2}{\sqrt{13}}x_2
\end{aligned}
\tag{6.33}
$$

可见，本程序的计算结果完全正确。

练习 6.5　给定线性系统 $\boldsymbol{Ax}=\boldsymbol{b}$，其中矩阵 $\boldsymbol{A}$ 和右端向量 $\boldsymbol{b}$ 为

$$
\boldsymbol{A}=\begin{bmatrix}1 & 2\\ 3 & 4\end{bmatrix},\qquad \boldsymbol{b}=\begin{bmatrix}1\\ 1\end{bmatrix}
$$

尝试使用 HHL 算法求解上述线性问题，并基于 PyQPanda 进行代码实现。

6.3 量子态层析

利用 HHL 算法得到的线性方程组的解是以量子态 $|\boldsymbol{x}\rangle$ 的形式存储于量子计算机中的，为了获取解的具体数值，需要将量子态 $|\boldsymbol{x}\rangle$ 提取为经典数据 $\boldsymbol{x}$。这种提取量子态信息的过程就是量子态层析（Quantum State Tomography，QST）。QST 的核心思想可以描述为：首先，制备大量完全相同的量子态；随后，在不同观测基上对量子态进行测量；最后，通过不同观测基上的测量结果重构出量子态的密度矩阵 $\boldsymbol{\rho}$。

6.3.1 单量子比特层析

单量子比特的密度矩阵 $\boldsymbol{\rho}$ 为二维厄米矩阵，包含 4 个元素。显然，为了完全确定 $\boldsymbol{\rho}$，至少需要 3 个无关基。一般选取单位矩阵 $\boldsymbol{I}$ 和 3 个泡利矩阵 $\boldsymbol{X}$、$\boldsymbol{Y}$、$\boldsymbol{Z}$

构成的一组基 $\boldsymbol{\sigma}=\{\boldsymbol{I},\boldsymbol{X},\boldsymbol{Y},\boldsymbol{Z}\}=\{\boldsymbol{\sigma}_0,\boldsymbol{\sigma}_1,\boldsymbol{\sigma}_2,\boldsymbol{\sigma}_3\}$，此时单比特量子态的密度矩阵可写为

$$\boldsymbol{\rho}=\frac{1}{2}\sum_{i=0}^{3}S_i\boldsymbol{\sigma}_i \tag{6.34}$$

其中，S_i 为 Stokes 系数，表示量子态在各观测基上的观测结果。Stokes 系数可以统一表示为

$$\boldsymbol{S}=\mathrm{Tr}\{\boldsymbol{\sigma}\boldsymbol{\rho}\} \tag{6.35}$$

其中，算符 $\mathrm{Tr}\{\cdot\}$ 表示求迹运算。显然，在选定的 $\boldsymbol{\sigma}$ 基组上，Stokes 系数的具体形式为

$$\begin{aligned}S_0&=P_{|I\rangle}+P_{|I^{\perp}\rangle}=1\\S_1&=P_{|X\rangle}-P_{|X^{\perp}\rangle}\\S_2&=P_{|Y\rangle}-P_{|Y^{\perp}\rangle}\\S_3&=P_{|Z\rangle}-P_{|Z^{\perp}\rangle}\end{aligned} \tag{6.36}$$

其中，$P_{|\psi\rangle}$ 表示在 $|\psi\rangle$ 观测基上的观测结果，$|\psi^{\perp}\rangle$ 表示与 $|\psi\rangle$ 正交。式(6.37)中，各观测基具体为

$$\begin{aligned}|I\rangle&=|Z\rangle=|0\rangle\\|X\rangle&=\sqrt{2}(|0\rangle+|1\rangle)/2\\|Y\rangle&=\sqrt{2}(|0\rangle+\mathrm{i}|1\rangle)/2\end{aligned} \tag{6.37}$$

综上，可以得到单量子比特 QST 的一般流程如下：

第一步，制备目标态，在观测基 $|0\rangle$ 上执行观测，计算得到 S_0、S_3；

第二步，制备目标态，在观测基 $|X\rangle$ 上执行观测，计算得到 S_1；

第三步，制备目标态，在观测基 $|Y\rangle$ 上执行观测，计算得到 S_2；

第四步，参考式(6.34)，得到目标态的密度矩阵。

实际上，观测过程可能受到某些限制，最典型的限制是目前的技术手段只能在观测基 $|0\rangle$ 上执行有效观测，此时可以结合一些线路实现与其他观测基上的有效观测等效的操作。例如，在上述约束下试图得到观测结果 $P_{|X\rangle}$，可先对目标态作用 $\mathbf{RY}(-\pi/2)$，此时新量子态的密度矩阵为

$$\boldsymbol{\rho}'=\mathbf{RY}\left(-\frac{\pi}{2}\right)\cdot\boldsymbol{\rho}\cdot\mathbf{RY}^{\dagger}\left(-\frac{\pi}{2}\right) \tag{6.38}$$

随后，在观测基 $|0\rangle$ 上对新的量子态进行观测，有

$$\begin{aligned} P'_{|0\rangle} &= \mathrm{Tr}\left\{|0\rangle\langle 0| \cdot \boldsymbol{\rho}'\right\} \\ &= \langle 0|\mathbf{RY}\left(-\frac{\pi}{2}\right) \cdot \boldsymbol{\rho} \cdot \mathbf{RY}^{\dagger}\left(-\frac{\pi}{2}\right)|0\rangle \\ &= \langle X|\boldsymbol{\rho}|X\rangle \\ &= P_{|X\rangle} \end{aligned} \tag{6.39}$$

可见，对新量子态在 $|0\rangle$ 上的观测结果与对原量子态在 $|X\rangle$ 上的观测结果一致。同样可以证明，对目标态作用 $\mathbf{RX}(\pi/2)$ 后的新量子态在 $|0\rangle$ 上的观测结果与对原量子态在 $|Y\rangle$ 上的观测结果一致。

至此，单量子比特 QST 的实际操作流程和原理已经介绍完毕。如果将单比特量子态看作一个复向量，观测本身只能得到复向量中每个元素的模长，无法得到其具体的实部和虚部信息；即便单比特量子态已知是一个实数域的向量，观测本身依然无法分辨每个元素的符号。因此，如果需要完全提取量子态信息，必须依赖 QST 技术。

6.3.2 多量子比特层析

对于多量子比特系统，密度矩阵可以写为如下形式：

$$\boldsymbol{\rho} = \frac{1}{2^n} \sum_{i_1,i_2,\cdots,i_n=0}^{3} S_{i_1,i_2,\cdots,i_n} \boldsymbol{\sigma}_{i_1} \otimes \boldsymbol{\sigma}_{i_2} \otimes \cdots \otimes \boldsymbol{\sigma}_{i_n} \tag{6.40}$$

显然，多量子比特系统密度矩阵的基 $\boldsymbol{\sigma}_{i_1,i_2,\cdots,i_n}$ 由每个量子比特上的单量子比特基 $\boldsymbol{\sigma}_i$ 做克罗内克积求得。进一步地，可以写出多量子比特系统的 Stokes 系数为

$$S_{i_1,i_2,\cdots,i_n} = \mathrm{Tr}\left\{(\boldsymbol{\sigma}_{i_1} \otimes \boldsymbol{\sigma}_{i_2} \otimes \cdots \otimes \boldsymbol{\sigma}_{i_n})\boldsymbol{\rho}\right\} \tag{6.41}$$

以 2 量子比特系统（$n=2$）为例，Stokes 系数具体可写为

$$S_{i_1,i_2} = \begin{cases} 1, & i_1=0, i_2=0 \\ P_{|\sigma_{i_1},0\rangle} - P_{|\sigma_{i_1},1\rangle} - P_{|\sigma_{i_1}^{\perp},0\rangle} + P_{|\sigma_{i_1}^{\perp},1\rangle}, & i_1 \neq 0, i_2=0 \\ P_{|0,\sigma_{i_2}\rangle} - P_{|0,\sigma_{i_2}^{\perp}\rangle} - P_{|1,\sigma_{i_2}\rangle} + P_{|1,\sigma_{i_2}^{\perp}\rangle}, & i_1=0, i_2 \neq 0 \\ P_{|\sigma_{i_1},\sigma_{i_2}\rangle} - P_{|\sigma_{i_1},\sigma_{i_2}^{\perp}\rangle} - P_{|\sigma_{i_1}^{\perp},\sigma_{i_2}\rangle} + P_{|\sigma_{i_1}^{\perp},\sigma_{i_2}^{\perp}\rangle}, & i_1 \neq 0, i_2 \neq 0 \end{cases} \tag{6.42}$$

为了得到任意 $P_{|\sigma_{i_1},\sigma_{i_2}\rangle}$，多量子比特 QST 同样需要一些辅助操作。以 $P_{|X,X\rangle}$ 的测量为例，有

$$\begin{aligned} P_{|X,X\rangle} &= \mathrm{Tr}\left\{|X\rangle\langle X|\otimes|X\rangle\langle X|\boldsymbol{\rho}\right\} \\ &= \langle XX|\boldsymbol{\rho}|XX\rangle \end{aligned} \tag{6.43}$$

而如果让两个量子比特分别绕布洛赫球 Y 轴旋转 $-\pi/2$ 的角度，则新的密度矩阵为

$$\boldsymbol{\rho}' = \mathbf{RY}\left(-\frac{\pi}{2}\right)\otimes\mathbf{RY}\left(-\frac{\pi}{2}\right)\cdot\boldsymbol{\rho}\cdot\mathbf{RY}^{\dagger}\left(-\frac{\pi}{2}\right)\otimes\mathbf{RY}^{\dagger}\left(-\frac{\pi}{2}\right) \tag{6.44}$$

此时，对新的量子态进行 $|0,0\rangle$ 基上的观测，有

$$\begin{aligned} P'_{|0,0\rangle} &= \mathrm{Tr}\left\{\langle 0,0|\boldsymbol{\rho}|0,0\rangle\right\} \\ &= \langle 0,0|\cdot\mathbf{RY}\left(-\frac{\pi}{2}\right)\otimes\mathbf{RY}\left(-\frac{\pi}{2}\right)\cdot\boldsymbol{\rho}\cdot\mathbf{RY}^{\dagger}\left(-\frac{\pi}{2}\right)\otimes\mathbf{RY}^{\dagger}\left(-\frac{\pi}{2}\right)\cdot|0,0\rangle \\ &= P_{|X,X\rangle} \end{aligned} \tag{6.45}$$

可见，经过特定的旋转操作后，测量结果 $P'_{|0,0\rangle}$ 就是原量子态无法直接得到的测量结果 $P_{|X,X\rangle}$。

2 量子比特系统 QST 辅助线路与各 Stokes 系数的对应关系如表 6.1 所示。

表 6.1　2 量子比特系统 QST 辅助线路与 Stokes 系数的对应关系

作用在第 1 个量子比特上的量子逻辑门	作用在第 2 个量子比特上的量子逻辑门		
	$\boldsymbol{I}$	$\mathbf{RY}(-\pi/2)$	$\mathbf{RX}(\pi/2)$
$\boldsymbol{I}$	$S_{0,0}, S_{0,3}$ $S_{3,0}, S_{3,3}$	$S_{0,1}, S_{3,1}$	$S_{0,2}, S_{3,2}$
$\mathbf{RY}(-\pi/2)$	$S_{1,0}, S_{1,3}$	$S_{1,1}$	$S_{1,2}$
$\mathbf{RX}(\pi/2)$	$S_{2,0}, S_{2,3}$	$S_{2,1}$	$S_{2,2}$

6.3.3 代码实现

本小节以单量子比特系统为例，介绍如何基于 PyQPanda 实现 QST。给定如下量子态：

$$|b\rangle = \frac{1}{2}|0\rangle - \frac{\sqrt{3}}{2}|1\rangle$$

显然，密度矩阵为

$$\boldsymbol{\rho} = \frac{1}{4}\begin{bmatrix} 1 & -\sqrt{3} \\ -\sqrt{3} & 3 \end{bmatrix}$$

单量子比特 QST 的实现代码如代码 6.8 所示。

代码 6.8　单量子比特 QST 的实现代码

```
import pyqpanda as pq
import numpy as np

# 申请并初始化量子虚拟机
machine = pq.CPUQVM()
machine.init_qvm()

# 给定量子比特数和测量次数
q = machine.qAlloc_many(1)
c = machine.cAlloc_many(1)
times = 1000000

# 声明并定义量子线路
coding_cir = pq.QCircuit()
omega = -2 / 3 * np.pi
coding_cir << pq.RY(q[0], omega)
prog_1 = pq.QProg()
prog_1 << coding_cir << pq.Measure(q[0], c[0])

# 得到 P0 和 P1 的值
result_1 = machine.run_with_configuration(prog_1, c, times)
P0 = result_1.get('0') /times
P1 = result_1.get('1') / times

# 声明并定义RY旋转后的观测线路
rotate_Y_cir = pq.QCircuit()
theta = -0.5 * np.pi
rotate_Y_cir << pq.RY(q[0], theta)
prog_2 = pq.QProg()
prog_2 << coding_cir << rotate_Y_cir << pq.Measure(q[0], c[0])

# 得到PX和PXD的值
result_2 = machine.run_with_configuration(prog_2, c, times)
PX = result_2.get('0') /times
PXD = result_2.get('1') /times

# 声明并定义RX旋转后的观测线路
rotate_X_cir = pq.QCircuit()
gamma = 0.5 * np.pi
rotate_X_cir << pq.RX(q[0], gamma)
prog_3 = pq.QProg()
prog_3 << coding_cir << rotate_X_cir << pq.Measure(q[0], c[0])

# 得到PY和PYD的值
result_3 = machine.run_with_configuration(prog_3, c, times)
```

```
46  PY = result_3.get('0') /times
47  PYD = result_3.get('1') /times
48  
49  # 计算得到Stokes系数
50  S0 = P0 + P1
51  S1 = PX - PXD
52  S2 = PY - PYD
53  S3 = P0 - P1
54  print(S0,S1,S2,S3)
```

在本源量子计算云平台上运行代码 6.8，得到的结果为

$$S_0 = 1.00000, \quad S_1 = -0.86588$$

$$S_2 = -0.00013, \quad S_3 = -0.49905$$

根据式(6.34)，QST 得到的密度矩阵为

$$\begin{aligned}\boldsymbol{\rho}_T &= \frac{1}{2}\begin{bmatrix} S_0 + S_3 & S_1 - \mathrm{i}S_2 \\ S_1 + \mathrm{i}S_2 & S_0 - S_3 \end{bmatrix} \\ &= \begin{bmatrix} 0.25048 & -0.86588 + 0.00013\mathrm{i} \\ -0.86588 - 0.00013\mathrm{i} & 0.74953 \end{bmatrix}\end{aligned}$$

可见，QST 得到的密度矩阵与真实的密度矩阵基本相同。

练习 6.6　给定一个 2 量子比特系统的量子态 $|b\rangle$：

$$|b\rangle = \frac{1}{2}|00\rangle + \frac{\sqrt{5}}{4}|01\rangle - \frac{1}{4}|10\rangle + \frac{\sqrt{6}}{4}|11\rangle$$

请尝试使用 QST 获得系统的密度矩阵，并基于 PyQPanda 进行代码实现。

第 7 章　变分量子算法

从 2016 年开始，众多云平台上的量子计算设备如雨后春笋般出现，但这些量子计算设备的噪声问题和量子比特数的限制阻碍了量子算法的理论实现。然而，人们更好奇目前可制备出的量子计算机能够做什么。截至本书成稿之日，在当前技术水平下制备出的量子计算机被称为含噪声中等规模量子（NISQ）设备，量子比特规模从 4 个到几百个不等，人们能够在这些设备上实现“量子优势”，即量子计算机在某些人为设计的数学任务（如玻色采样或者随机电路采样等）中超越最好的经典超级计算机。尽管如此，人们希望使用量子计算机来加速实际应用的愿景尚未实现，也就是说对所谓的“量子优势”仍在探索中。此外，容错量子计算机的大规模制备与使用似乎仍需要几年甚至几十年的时间。因此，目前量子计算的关键技术问题是如何充分利用 NISQ 设备来实现量子优势。变分量子算法（Variational Quantum Algorithm，VQA）是一种在 NISQ 设备上使用的量子算法。它通过将经典计算机和量子计算机结合，使用基于优化或基于学习的方法来解决问题。VQA 能够克服 NISQ 设备的局限性，如有限的量子比特数与连接性，以及限制量子电路深度的相干和非相干误差。

7.1　变分量子算法的原理

VQA 是一种经典–量子混合的算法，通过使用一个经典的优化器来训练一个参数化的量子线路。它可以视作神经网络的某种量子化。VQA 的通用框架一般包含以下 4 个部分。

（1）一个参数化的量子线路 $\boldsymbol{U}(\theta)$，可以将问题编码为量子态。这个量子线路被称作 ansatz。

（2）一个损失函数（Cost Function）$\boldsymbol{C}(\theta)$，用来衡量量子态与所求的解的近似程度。在部分文献中，也会称作 Loss Function。

（3）量子计算机将通过给定一组经典参数，运行 ansatz，获得量子态，并评估损失函数的值。

（4）一个经典优化器将通过损失函数的值迭代更新 ansatz 的参数，直至满足某个收敛条件，即 $\theta^* = \arg\min\limits_{\theta} \boldsymbol{C}(\theta)$。

综合来说，VQA 的核心流程如图 7.1 所示。第一，在确定待求解的问题后，根据问题确定对应的损失函数、ansatz、训练集等。第二，将初始参数、训练集输入 ansatz 中，获取对应的量子态并测量，从而获得损失函数，并使用经典优化器对损失函数进行优化，获得新的 ansatz 参数，直到满足某个收敛条件后截止。在最后的参数下，ansatz 输出的结果即所需要的输出。

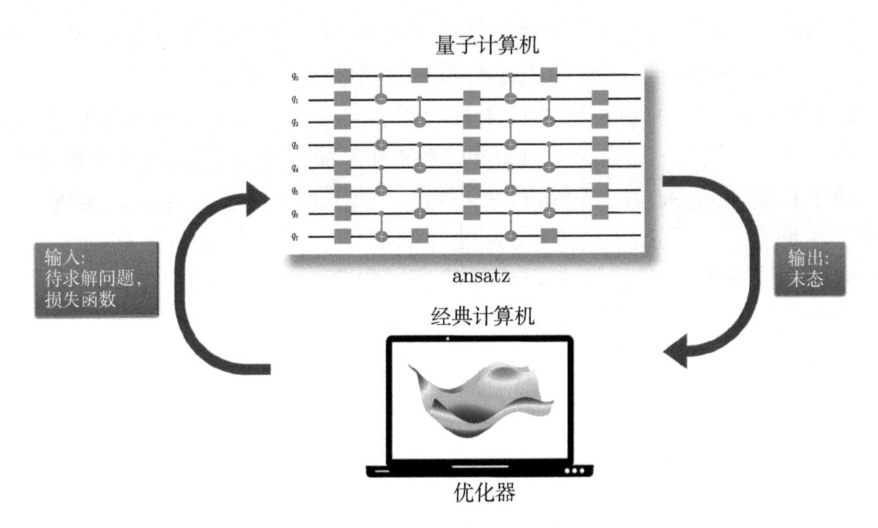

图 7.1　VQA 的核心流程

VQA 由于其通用性，以及可以在 NISQ 设备上实现量子优势的潜力，已经被考虑作为许多问题的候选解决方案，如量子化学、组合优化、机器学习、量子动力学等领域的问题。当然，VQA 也面临着许多挑战，包括训练时容易陷入局域最优、精度不足、训练时间长，或者受到噪声影响等。本章会详细介绍 VQA 的各种特性和通用特征，并以组合优化、量子化学和机器学习为例，分别介绍一些常见的 VQA 应用。

1. 损失函数

在 VQA 中，损失函数是一个关键概念。与经典的机器学习相似，损失函数将参数 θ 映射为实数。更抽象地说，损失函数定义了一个超平面（被称作 Cost Landscape），而优化器的目标就是寻找到该超平面的全局最小值。在 VQA 中，损失函数的值来自衡量量子态末态和所求目标的近似程度，因此一般与量子态的初态、参数化的量子线路 ansatz，以及测量方式有关。不失一般性，损失函数可以写作：

$$\boldsymbol{C}(\theta)=f(\{\boldsymbol{\rho}_k\},\{\boldsymbol{O}_k\},\boldsymbol{U}(\theta)) \tag{7.1}$$

其中，f 是某个函数，$\boldsymbol{U}(\theta)$ 是 ansatz，$\{\boldsymbol{\rho}_k\}$ 是输入的初态，而 $\{\boldsymbol{O}_k\}$ 是一组可观测量。方便起见，损失函数通常还可以写作：

$$\boldsymbol{C}(\theta)=\sum_k f_k\left(\mathrm{Tr}\left\{\boldsymbol{O}_k\boldsymbol{U}(\theta)\boldsymbol{\rho}_k\boldsymbol{U}^{\dagger}(\theta)\right\}\right) \tag{7.2}$$

为实现有效的 VQA，损失函数通常还应该满足以下 3 个条件。

（1）损失函数应该能够用合理的测量次数和线路重复次数来计算，并且不需要太多的辅助量子比特或复杂的操作。例如，如果哈密顿量是局域的和稀疏的，则哈密顿量的期望值可以是一个好的损失函数。而且，该损失函数最好是无法被快速经典计算的，否则难以体现“量子优势”。

（2）损失函数应该能够正确地反映问题所需的目标和约束，具有清晰、可解释的含义，保证 $\boldsymbol{C}(\theta)$ 的最小值能够正确代表问题的最优解，且最好能够做到越小的函数值，能代表越好的解。例如，如果测量的输出概率或期望代表了分类或回归问题中的标签和值，那就是一个很好的损失函数。

（3）损失函数应该是可被优化的。例如，它最好是光滑可微的、凸性好的，否则会很难使用经典优化器对其进行优化。常见的类型如两个量子态之间的保真度，或者量子态相对于某个可观测量的期望。

2. ansatz

VQA 的另一个重要方面是它的 ansatz。一般来说，ansatz 的形式决定了参数 θ 具体是什么，以及如何训练这些参数来优化损失函数。ansatz 的具体结构通常取决于需要解决的问题，在许多情况下，可以使用待解决问题的信息来制备 ansatz。它们被称为问题启发式 ansatz。然而，一些 ansatz 架构是“问题无关”（通用）的，这意味着对具体问题的信息了解很少时也可以使用。对于式(7.2)中的损失函数，参数 θ 可以被编码进量子逻辑门 $\boldsymbol{U}(\theta)$，作用在量子线路的初始态。如图 7.2 所示，$\boldsymbol{U}(\theta)$ 可以被表示为一系列量子逻辑门 $\boldsymbol{U}_l(\theta_l)$ 的乘积 [25]。每个 $\boldsymbol{U}_l(\theta_l)$ 可以被分解为一系列含参数与不含参数的量子逻辑门：

$$\boldsymbol{U}(\theta)=\boldsymbol{U}_L(\theta_L)\cdots\boldsymbol{U}_2(\theta_2)\boldsymbol{U}_1(\theta_1) \tag{7.3}$$

其中，$\boldsymbol{U}_l(\theta_l)=\prod_m \mathrm{e}^{-\mathrm{i}\theta_m\boldsymbol{H}_m}\boldsymbol{W}_m$，$\boldsymbol{W}_m$ 是不含参数的量子逻辑门，$\boldsymbol{H}_m$ 是厄米算符，θ_l 是参数集 θ 的第 l 个元素。

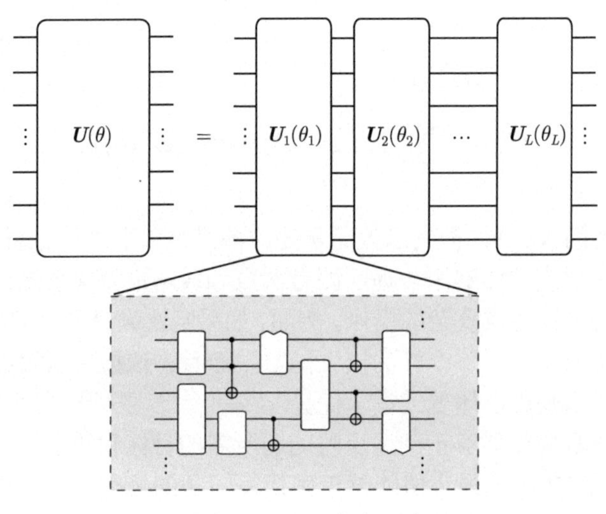

图 7.2　ansatz 框架示意

3. 梯度计算

定义了损失函数和 ansatz 之后，下一步就是训练和优化参数 θ，使损失函数最小化。对于许多优化任务，使用损失函数梯度（或高阶导数）中的信息可以保证优化的收敛，并帮助加速。例如下面所叙述的例子，许多 VQA 的主要优点之一便是可以解析地评估损失函数梯度。

简单起见，考虑式(7.2) 所示的损失函数，在最简单的情况（$f_k(x)=x$）下，可以用一种被称为参数移位规则（Parameter-shift Rule）的方式进行优化。设 θ_l 为 θ 中的第 l 个元素，它参数化 θ 中的酉算符 $\mathrm{e}^{\mathrm{i}\theta_l\boldsymbol{\sigma}_l}$，$\boldsymbol{\sigma}_l$ 是一个泡利算符。评估 $\boldsymbol{C}(\theta)$ 相对于 θ_l 的偏导数就可以解析地给出：

$$\begin{aligned}\frac{\partial \boldsymbol{C}}{\partial \theta_l}=&\sum_k \frac{1}{2\sin\alpha}\left(\mathrm{Tr}\left\{\boldsymbol{O}_k\boldsymbol{U}^{\dagger}\left(\theta_+\right)\boldsymbol{\rho}_k\boldsymbol{U}\left(\theta_+\right)\right\}\right.\\&\left.-\mathrm{Tr}\left\{\boldsymbol{O}_k\boldsymbol{U}^{\dagger}\left(\theta_-\right)\boldsymbol{\rho}_k\boldsymbol{U}\left(\theta_-\right)\right\}\right)\end{aligned}\tag{7.4}$$

其中，$\theta_{\pm}=\theta\pm\alpha\boldsymbol{e}_l$，$\alpha$ 为任意实数，$\boldsymbol{e}_l$ 是第 l 个方向上的单位向量。

式 (7.4) 表明，可以通过将第 l 个参数位移一定量 α 来计算梯度。该梯度在 $\alpha=\pi/4$ 时达到最大值，因为 $1/\sin\alpha$ 在此时被最小化。

4. 优化器

任何 VQA 的性能都很大限度地取决于所采用的参数优化方法的效率和可靠性。与 VQA 参数相关的经典优化问题一般被视作 NP 困难的，因为它们涉及可以有许多局部最小值的损失函数[26]。下面介绍一些为 VQA 设计或推广的优化器（又称优化方法）。方便起见，可以根据它们是否使用了梯度信息将它们分为两类。

最常见的一类优化方法是按照梯度指示的方向进行迭代的方法，称为梯度下降法。鉴于只有统计估计可用于这些梯度，这些方法属于随机梯度下降（Stochastic Gradient Descent，SGD）的范畴[27]。自适应矩估计方法（Adaptive Moment Estimation，Adam）是一种从机器学习领域引入的 SGD 方法，它通过调整优化过程中采取的步长，来获得比基本 SGD 方法更有效和更精确的解决方案。受机器学习文献启发的另一种 SGD 方法则是在每次迭代中调整精度（每次估计的执行次数），而不是步长，这种方法可以节省所使用的量子资源[28]。

还有一种梯度下降法是假设一个虚数时间演化过程[29]，或者等效地使用信息几何概念的量子自然梯度下降法[30-31]。标准梯度下降法是在 l_2（欧几里得）几何中参数空间的最陡下降方向上进行，而自然梯度下降法是在具有度量张量（量子费希尔信息，Quantum Fisher Information）的空间中工作，该度量张量编码了量子状态对参数变化的灵敏度。使用这种度量，通常会加速梯度更新步骤的收敛，允许用更少的迭代次数达到给定的精度水平。这种方法在包含噪声影响的情形下也有效[31]。

在不直接利用梯度的 VQA 的优化方法中，与 SGD 关系最密切的可能是同步扰动随机逼近（Simultaneous Perturbation Stochastic Approximation，SPSA）法[32]。SPSA 法被视作梯度下降的近似，其中梯度由沿着随机选择的方向的有限差分计算的单个偏导数来近似。因此，SPSA 法成为 VQA 的有效优化方法，因为它避免了在每次迭代中计算许多梯度分量。此外，研究表明，对于一组有限的问题，SPSA 法的理论收敛速度比 SGD 法更快。

最后，如果目标函数是算符期望值的线性函数，则 $\boldsymbol{C}(\theta)$ 可以表示为一系列三角函数的和，从而获得一种专门为 VQA 开发的无梯度且不依赖超参数的方法[33]。该方法的基本原理：利用上述关系，将函数依赖关系拟合到几个参数上（其余参数保持不变），按顺序在所有参数或参数子集上执行这样的局部更新，并迭代所有参数。此外，研究人员还提出了一种使用安德森（Anderson）加速来加速收敛的方法[34]。其他一些优化方法也会在本章后续的案例讲解中进行介绍。

7.2　量子近似优化算法及其应用

无论是在日常生活、工业生产中，还是在应用数学和理论计算机科学的前沿领域中，组合优化都占据着至关重要的位置。例如，在出游之前规划出最短的路线、为大学的课程安排教室、制定空乘人员的值班表，以及在数万种分子中寻找治疗某种疾病的关键药物等。这些问题都涉及一点，即在一个有限的、离散的对象集中，找出最优或者尽可能好的一组结果。

一般来说，组合优化问题总是涉及一组可能的解组成的集合 $S=\{x|x$ 是可能的解$\}$，可以对每个解都做出评估，即存在一个打分函数 $f:S\mapsto\mathbb{R}$。而目标要求，就是在这组集合中选择出某个最好的[①]结果，即 $\max\limits_{x\in S}f(x)$。此外，有时目标可能不需要获得**最好**的解，而是获得一个**不错**的结果，也就是说，只需要找到 x，使 $f(x)\geqslant f^*$ 即可，其中 f^* 是提前设定的一个阈值。

尽管组合优化问题的描述非常简单，但如何高效地解决组合优化问题一直是困扰人们的难题。首先，问题的解空间经常出现被称作“组合爆炸”的情况。在很多情况下，解的个数会随着问题规模的增长呈现指数级增长，甚至更快。例如，在旅行商问题中，如果只有 2 座城市，那么可选的路径只有 1 条；如果有 3 座城市，可选的路径将会有 2 条；如果有 10 座城市，路径将会有三十多万条；而如果有 20 座城市，即使一秒就能走过一条路径，就算从宇宙大爆炸开始走到现在，都无法把所有可选路径的 1/3 走完！因此，暴力搜索算法在大部分组合优化问题面前显得力不从心。

其次，组合优化问题的另一个难点是，优化的“方向”有时候很难被找到。组合优化问题面临的解空间无论多大，一般都是有限的，而连续优化问题需要处理无限大的解空间。但只要连续优化的函数是凸函数，总能通过计算梯度的方式，在每个点找到下一步优化的“方向”。组合优化问题经常没有这么好的条件，不同的变量之间往往互相制约，无法从当前的状态找到更优解的“方向”，因此也无法迭代获得最优解。

组合优化问题有很多不同的例子，如背包问题和最大割问题。

背包问题可以描述为：给定一组物品和一个背包，每个物品都有不同的质量和价值，且背包的承重能力有限，需要从这组物品中选择一部分装入背包，那么如何在背包承重能力的限制下，使被选物品的总价值最大化？

下面通过数学表达式编码上述问题。对物品进行编码（$1,2,\cdots,N$），第 i 个物品的价值为 v_i，质量为 w_i；背包的最大承重为 W。定义 $\boldsymbol{x}=(x_1,x_2,\cdots,x_n)$ 为一个可行的解，其中每一项 $x_i\in\{0,1\}$ 代表第 i 个物品是否被选中，则优化目标为

$$\max_{\boldsymbol{x}}\sum_{i=1}^{N}v_ix_i$$

① 对应最大化或最小化打分函数。由于最大化打分函数可以通过最小化负的打分函数获得，为方便起见，后续均以最小化代替。

$$\text{s.t.} \sum_{i=1}^{N} w_i x_i \leqslant W \tag{7.5}$$

平面上存在着若干散布的点，其中一部分点和点之间存在着连线，这样的系统被称为图（Graph）。最大割（以下简称 MAXCUT）问题指的是，将这张图中所有的点分成两个集合，使得两个集合之间的连线最多。

下面通过数学表达式编码这个问题。将由所有点组成的集合 V 进行编码（1, $2, \cdots, N$），如果点 i 和 j 之间存在连接，则记 $e_{ij} = 1$，反之为 0。令 $x_i \in \{0, 1\}$ 代表第 i 个点属于第一个或者第二个集合。如果两个点属于同一个集合，那么它们的取值相等，不应该被计入。所以，优化目标是最大化所有“集合之间的边”，即

$$\max_{\boldsymbol{x}} \sum_{i=1}^{N} \sum_{j<i} (x_i - x_j)^2 e_{ij} = \sum_{i=1}^{N} \sum_{j<i} (x_i + x_j - 2x_i x_j) e_{ij} \tag{7.6}$$

练习 7.1　对于集合 $V = \{0, 1, 2, 3, 4, 5\}$，边集合为

$$E = \{(0,3), (0,4), (0,5), (1,3), (1,4), (1,5), (2,3), (2,4), (2,5)\}$$

请尝试给出该图的 MAXCUT 问题最优解。

练习 7.2　旅行商问题指的是，存在 n 个城市，坐标为 (x_i, y_i)，希望寻找到一个旅行方式，使得每个城市恰好被访问一次，总旅行长度最短。请建立该问题的数学规划模型。能否仅使用二值变量（$x_i \in \{0, 1\}$）构建模型？

为了解决组合优化问题，多年来研究人员提出了许多不同的算法（如暴力搜索算法、贪心算法、动态规划及强化学习等），但许多经典的组合优化问题都被证明是 NP 困难的[①]。由于组合优化问题的应用极广，又难以求解，因此得到很多领域（包括量子计算）的研究人员的关注。2014 年，美国科学家法希（Farhi）提出了量子近似优化算法（Quantum Approximation Optimization Algorithm，QAOA），指出了量子计算在解决组合优化问题上的潜在优势。

7.2.1　量子近似优化算法

QAOA 是为了解决组合优化问题而提出的一种经典–量子结合的启发式算法。该算法属于 VQA 的一种，包含多层参数化的量子线路，并依赖一个经典优化器来优化量子线路的参数，通过不断优化获得所需结果。QAOA 被视作在当前 NISQ 时代下可以有效运行，并有望展现量子优势的候选算法。

① 也就是说，还没有找到可以在多项式时间复杂度内得到目标解的算法。

与决定式算法不同，QAOA 并不能保证给出最好的结果。它的目标是给出一个足够好的结果，精度常用近似比率的下界表示：$r^* = f(x)/\max f$。

QAOA 的算法流程：首先，将打分函数与二进制向量的对应关系编码到一个哈密顿量 $\boldsymbol{H_C}$ 上，使得能量本征态和二进制向量一一对应，本征能量对应打分函数的函数值；随后，先通过多次运行 ansatz 子线路，基于测量采样估计该量子态在对应哈密顿量下的能量期望，再利用经典优化器以最低的能量期望为损失函数优化线路参数，使得末态尽可能与 $\boldsymbol{H_C}$ 的基态重叠。当经典优化器收敛时，把从该量子态采样得到的本征能量最低的结果作为问题的近似解。

在问题编码过程中，有一般性的编码转换方法。在计算基下，泡利算符 $\boldsymbol{Z}_i$ 的本征态就是计算基的两个基矢 $|0\rangle$、$|1\rangle$，它们的本征能量分别是 $+1$、-1。因此，只要对经典变量 $\boldsymbol{Z}_i$ 进行简单的平移变换（$z_i \mapsto \dfrac{\boldsymbol{I}-\boldsymbol{Z}_i}{2}$），即可将计算基下 $\boldsymbol{Z}_i$ 的本征能量与二进制的值一一对应，即 $\dfrac{\boldsymbol{I}-\boldsymbol{Z}_i}{2}|0\rangle \mapsto 0$、$\dfrac{\boldsymbol{I}-\boldsymbol{Z}_i}{2}|1\rangle \mapsto 1$。此时，原打分函数 f 对应的哈密顿量有

$$\boldsymbol{H_C} = f\left(\frac{\boldsymbol{I}-\boldsymbol{Z}_1}{2}, \frac{\boldsymbol{I}-\boldsymbol{Z}_2}{2}, \cdots, \frac{\boldsymbol{I}-\boldsymbol{Z}_{n-1}}{2}, \frac{\boldsymbol{I}-\boldsymbol{Z}_n}{2}\right) \tag{7.7}$$

与其他 VQA 一样，QAOA 包含两大组成部分，即 ansatz 部分和经典优化部分。ansatz 部分以某些固定的状态输入，包含一组含参数的旋转门模块，线路末态可以写作关于 γ, β 的函数 $|\psi(\gamma,\beta)\rangle$。经典优化部分需要计算与该量子态对应的损失函数，一般为量子态在问题哈密顿量下的能量期望：

$$E(\gamma,\beta) = \langle\psi(\gamma,\beta)|\boldsymbol{H_C}|\psi(\gamma,\beta)\rangle \tag{7.8}$$

接下来，利用经典优化算法（如随机梯度下降、有限差分、机器学习等算法）对参数 γ 和 β 进行优化。优化后的新参数将作为下一轮量子线路的门参数，直到满足收敛条件后停止。

下面以 MAXCUT 问题为例，详细介绍 QAOA 的实现方式。

1. 构建问题

随机构造一张具有 6 个顶点的图，其中一部分顶点之间有连接，另外一部分没有。使用 Python 的 networkx 模块对该图进行可视化，如代码 7.1 所示。可视化结果如图 7.3 所示。

代码 7.1 问题构造和可视化

```
1 import sympy as sp
2 import pyqpanda as pq
```

```
3  import numpy as np
4  import networkx as nx
5  import matplotlib.pyplot as plt
6  from scipy.optimize import minimize
7  np.random.seed(1)
8
9
10 # 建立一个6个顶点的3正规(3-regular)图，即每个顶点都恰好有3条边连接
11 n = 6
12 nodes = list(range(n))
13 edges = [(0, 3), (0, 4), (0, 5), (1, 3), (1, 4), (1, 5), (2, 3), (2, 4), (2, 5)]
14
15
16 # 使用networkx构建对应的图
17 graph = nx.Graph()
18 graph.add_nodes_from(nodes)
19 graph.add_edges_from(edges)
20 # 画出图
21 nx.draw_networkx(graph)
22 plt.show(block=True)
23
24 # 使用sympy构建对应的QUBO问题，将每个点定义为一个变量x
25 variables = [sp.var('x%d' % d) for d in range(n)]
26 maxcut = 0
27 for e in edges:
28 # 目标是最小化，因此需要将符号进行反号
29     maxcut += - variables[e[0]] - variables[e[1]] + 2 * variables[e[0]] * variables[e[1]]
```

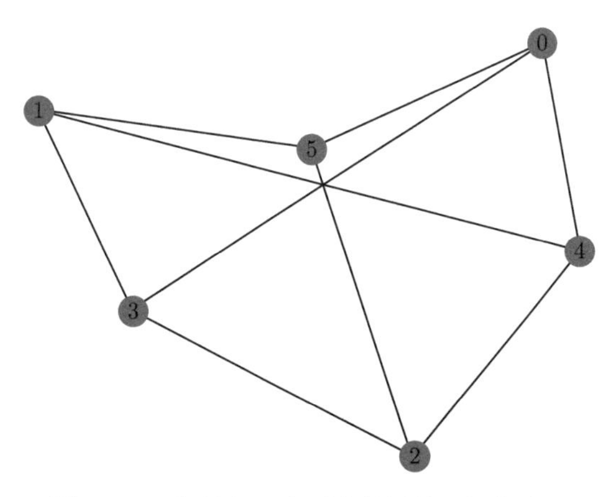

图 7.3　一张具有 6 个顶点的图的可视化结果

2. 构建哈密顿量

在量子计算中，一般无法直接使用经典比特，取而代之的是量子比特 $|0\rangle$ 和 $|1\rangle$。QAOA 根据前文提到的方法将二值变量转化到量子比特上。注意到，泡利算符 $\boldsymbol{Z}|0\rangle = 1 \cdot |0\rangle$、$\boldsymbol{Z}|1\rangle = -1 \cdot |1\rangle$。如果取算符 $\boldsymbol{A} = \dfrac{\boldsymbol{I} - \boldsymbol{Z}_i}{2}$，就可以发现 $\boldsymbol{A}|0\rangle = \dfrac{1-1}{2}|0\rangle = 0 \cdot |0\rangle$、$A|1\rangle = \dfrac{1-(-1)}{2}|1\rangle = 1 \cdot |1\rangle$，这个算符作用在量子比特上所得到的特征值，正好就是经典变量的取值。因此，如果将经典的打分函数的二值变量 x_i 替换为量子算符 $\dfrac{\boldsymbol{I} - \boldsymbol{Z}_i}{2}$，并将所得到的算符作用在某个计算基上，最终得到的特征值就是所求的函数值，即

$$f\left(\frac{\boldsymbol{I} - \boldsymbol{Z}_i}{2}\right)|\boldsymbol{x}\rangle = f(\boldsymbol{x})|\boldsymbol{x}\rangle \tag{7.9}$$

回到 MAXCUT 问题，前文给出的打分函数为

$$\max_{x} \sum_{i=1}^{N} \sum_{j<i} (x_i + x_j - 2x_i x_j) e_{ij} \tag{7.10}$$

为了统一，将式 (7.10) 转化为最小化问题，即对应的损失函数为

$$\min_{x} f(x), f(x) = \sum_{i=1}^{N} \sum_{j<i} (2x_i x_j - x_i - x_j) e_{ij} \tag{7.11}$$

将 x_i、x_j 分别替换为 $\dfrac{\boldsymbol{I} - \boldsymbol{Z}_i}{2}$、$\dfrac{\boldsymbol{I} - \boldsymbol{Z}_j}{2}$，则对应的哈密顿量为

$$\boldsymbol{H} = f\left(\left\{\frac{\boldsymbol{I} - \boldsymbol{Z}_i}{2}\right\}\right) = \sum_{i=1}^{N} \sum_{j<i} \frac{\boldsymbol{Z}_i \boldsymbol{Z}_j - \boldsymbol{I}}{2} \tag{7.12}$$

接下来，用 sympy 来编码函数。首先定义 n 个变量，命名为 x_i，随后将各项 $(2x_i x_j - x_i - x_j)e_{ij}$ 求和，再通过函数 problem_to_z_operator 将问题转化为 PyQPanda 的哈密顿量类型。这个函数以 sympy 的表达式作为输入，首先将所有的变量 x_i 转化为 $(\boldsymbol{I} - \boldsymbol{Z}_i)/2$，随后进行多项式展开。由于泡利矩阵的偶数次方为单位矩阵，奇数次方为本身，因此仅需要判断变量次数的奇偶性，并使用 PyQPanda 自带的 PauliOperator 添加即可。这样，就完成了从经典打分函数到哈密顿量的构建，如代码 7.2 所示。

代码 7.2　构建哈密顿量

```
def problem_to_z_operator(problem):
    '''

    Args:
        problem: sympy repr，代表待最小化的QUBO函数

    Returns:
        hamiltonian: pq.PauliOperator
    '''
    problem_symbols = list(sorted(problem.free_symbols, key=lambda symbol: symbol.name))
    operator_symbols = np.array([sp.Symbol('z%d' % i) for i in range(len(problem_symbols))
        ])

    hamiltonian = pq.PauliOperator() # 构建PauliOperator对象
    operator_problem = problem.xreplace(dict(zip(problem_symbols, (1 - operator_symbols) /
        2))) # 进行变量替换
    problem = sp.Poly(operator_problem).as_dict() # 以多项式形式展开
    for monomial, coefficient in problem.items():
        hami_one_term = pq.PauliOperator(1)
        for index, one_term in enumerate(monomial):
            if one_term % 2 == 0:
                hami_one_term *= 1 # 泡利算符的偶数次方是单位矩阵
            else:
                hami_one_term *= pq.PauliOperator('Z%d' % index, 1) # 在对应位置构造泡利Z算符
        hamiltonian += coefficient * hami_one_term

    return hamiltonian
```

练习 7.3　证明式(7.12)。

练习 7.4　二次无约束二值优化（Quadratic Unconstrained Binary Optimization，QUBO）问题是组合优化问题中最常见的一类问题，它的一般形式为

$$\min_{\boldsymbol{x}\in\{0,1\}^n} \quad \boldsymbol{x}^{\mathrm{T}}\boldsymbol{Q}\boldsymbol{x}+\boldsymbol{\mu}^{\mathrm{T}}\boldsymbol{x}+\boldsymbol{b}$$

其中，$\boldsymbol{x}$ 是二值向量，$\boldsymbol{Q}$ 是对称矩阵。请将该问题转化为对应的哈密顿量形式。

3. 初态量子线路构建

在 QAOA 中，初态量子线路的目的是制备出所有可能的解组成的等概率叠加态，从而实现对所有解的并行求解。它的构造非常简单，只需要直接对所有的量子比特添加一层 H 门：

$$|\psi_0\rangle=\boldsymbol{H}^{\otimes n}|0\rangle=\frac{1}{\sqrt{2^n}}\sum_{x=0}^{2^n-1}|x\rangle \tag{7.13}$$

构建初态量子线路的代码如代码 7.3 所示。

代码 7.3　构建初态量子线路

```
def create_initial_state(qlist):
    cir = pq.QCircuit()
    cir << pq.H(qlist)
    return cir
```

4. QAOA 的量子线路

在 QAOA 中，需要反复作用 p 次 ansatz 模块 $\boldsymbol{U}_{\mathrm{M}}(\beta_i)\boldsymbol{U}_{\mathrm{P}}(\gamma_i)$。$\boldsymbol{U}_P(\gamma_i)$ 被称作相位分离层，它的作用是计算每个态的能量并编码到相位上；$\boldsymbol{U}_M(\beta_i)$ 被称作混合层，它的作用是将相位差（能量差）映射到振幅，从而影响测量的概率。p 被称为 QAOA 的层数。在一组合适的参数作用下，哈密顿量基态会以更大的概率被测量到，从而实现对问题的求解。

首先，观察相位分离层。根据上面的描述，它的作用是

$$\boldsymbol{U}_{\mathrm{P}}(\gamma_i)\sum_x a_x|x\rangle = \sum_x a_x \mathrm{e}^{-\mathrm{i}\gamma_i E_x}|x\rangle \tag{7.14}$$

其中，E_x 是问题哈密顿量 $\boldsymbol{H}$ 下 $|x\rangle$ 的本征能量。因此，相位分离层实际上是对问题哈密顿量的演化算符模拟（可参照本书 6.1.2 小节的相关内容）：

$$\boldsymbol{U}_{\mathrm{P}}(\gamma_i) = \mathrm{e}^{-\mathrm{i}\gamma_i \boldsymbol{H}} \tag{7.15}$$

随后，考虑混合层。先考虑最简单的混合层：

$$\boldsymbol{U}_{\mathrm{M}}(\gamma_i) = \mathrm{e}^{-\mathrm{i}\gamma \boldsymbol{H}_{\mathrm{M}}} \tag{7.16}$$

其中

$$\boldsymbol{H}_{\mathrm{M}} = -\boldsymbol{X}^{\otimes n} \tag{7.17}$$

其中，n 为量子比特数。

该混合层通过独立地旋转每个量子比特，实现所有量子态之间的转移。因此，该混合层实际上是与量子比特数相等的若干个 RX 门。

在构建好相位分离层和混合层这两个基本模块之后，将所有的模块组合在一起，就可以获得 QAOA 的量子线路。QAOA 在初态上依次并反复作用 $\boldsymbol{U}_{\mathrm{P}}$、$\boldsymbol{U}_{\mathrm{M}}$ 这两个模块 p 次，得到的末态为

$$|\psi(\gamma,\beta)\rangle = \boldsymbol{U}_{\mathrm{M}}(\beta_p)\boldsymbol{U}_{\mathrm{P}}(\gamma_p)\cdots\boldsymbol{U}_{\mathrm{M}}(\beta_1)\boldsymbol{U}_{\mathrm{P}}(\gamma_1)|\psi_0\rangle \tag{7.18}$$

根据式 (7.18)，p 层 QAOA 的量子线路共包含 $\gamma = (\gamma_1, \gamma_2, \cdots, \gamma_p)$、$\beta = (\beta_1, \beta_2, \cdots, \beta_p)$ 两组共 $2p$ 个参数。通过 PyQPanda 构建上述量子线路的代码如代码 7.4 所示。

代码 7.4 构建 QAOA 的量子线路

```
def create_initial_state(qlist):
    cir = pq.QCircuit()
    cir << pq.H(qlist) # 利用H门构建均匀叠加态作为QAOA初态
    return cir


# 根据哈密顿量模拟构建对应的相位分离层量子线路
def phase_seperator_circuit(operator, qlist, theta):

    gamma = theta * -2

    circuit = pq.QCircuit()
    constant = 0
    for i in operator:
        index_list = list(i[0].keys())
        ang = i[1] * gamma
        n = len(index_list)
        if n == 0:
            constant += i[1]
        elif n == 1:
            circuit << pq.RZ(qlist[index_list[0]], 2 * ang) # 单量子比特项可以直接由RZ门构建
        else: # 多量子比特项需要通过CZ门构建纠缠，判断Z方向求和的奇偶性，随后作用RX门
            q = [qlist[j] for j in index_list]
            for j in range(n - 1):
                circuit << pq.CNOT(q[j], q[j + 1])
            circuit << pq.RZ(q[-1], 2 * ang)
            for j in range(n - 1):
                circuit << pq.CNOT(q[-j - 2], q[-j - 1])

    for i in range(len(qlist)):
        circuit << pq.I(qlist[i]) # 最后作用一层I门对齐，可忽略
    return circuit


# 利用RX门构建混合层
def mixer_circuit(qlist, theta):
    beta = theta * -2
    cir = pq.QCircuit()
    cir << pq.RX(qlist, beta)
    return cir


# QAOA的整体线路包括初态、相位分离层、混合层。其中，相位分离层和混合层交替插入p次，并且拥有对应
```

```
     的参数gamma和beta
44 def total_circuit(qlist, operator, p, betas, gammas):
45     cir = pq.QCircuit()
46     cir << create_initial_state(qlist)
47 
48     for i in range(p):
49         cir << phase_seperator_circuit(operator, qlist, gammas[i]) << mixer_circuit(qlist,
              betas[i])
50     return cir
```

5. 运行 QAOA

在构造好 QAOA 的量子线路之后，该算法需要做的就是优化该量子线路的参数，直到满足预先设定的收敛条件。给定一组（$2p$ 个）初始参数 γ_0、β_0，并据此（多次）运行上述 QAOA 的量子线路，测量该线路在问题哈密顿量下的期望：

$$\langle \boldsymbol{H} \rangle = \langle \psi(\gamma,\beta)|\boldsymbol{H}|\psi(\gamma,\beta)\rangle \approx \frac{1}{M}\sum_x M_x E_x \tag{7.19}$$

其中，M 是总测量次数，M_x 是量子态 $|x\rangle$ 被测量到的次数，E_x 是利用函数 calculate_energy 由测量得到的结果通过打分函数计算得来的本征能量。

在得到能量期望的估计值 $\langle \boldsymbol{H} \rangle$ 后，可以使用各种经典优化方法对线路参数进行优化，并根据优化后的新参数重新运行线路，直到满足优化器的收敛条件。这里，以一个 $p=3$ 层的 QAOA 量子线路为例，引入 scipy 包的 minimize 函数，选择 COBYLA 作为优化器，并取 $2p=6$ 个 $(0,\pi)$ 之间的随机数作为初始参数。在 COBYLA 终止并返回结果后，将优化后的参数代入量子线路中，再次测量、估计末态，并绘制测量得到的末态在计算基下的频数分布图。完整的 QAOA 代码如代码 7.5 所示。

代码 7.5 完整的 QAOA 代码

```
1  energy_dict = {} # 用于记录测量得到的解对应的能量
2  
3  
4  # 计算字符串形式的测量值对应的损失函数值（能量）
5  def calculate_energy(x, problem):
6      bit_form = [int(i) for i in x]
7      symbols = sorted(problem.free_symbols, key=lambda symbol: symbol.name)
8      value_dict = {}
9      for i in range(len(x)):
10         value_dict[symbols[i]] = bit_form[i]
11     f = sp.lambdify(symbols, problem, 'numpy')
12     result = f(*bit_form)
13     return result
```

```
14
15
16  # 运行一次QAOA量子线路，获得测量结果
17  def run_qaoa(parameters):
18      p = len(parameters) // 2 # 将整体输入的参数分为p层相位分离层和混合层的对应参数
19      gammas = parameters[:p]
20      betas = parameters[p:]
21      qvm = pq.CPUQVM() # 构建虚拟机
22      qvm.init_qvm()
23      q = qvm.qAlloc_many(n)
24      c = qvm.cAlloc_many(n)
25      prog = pq.QProg()
26      prog << total_circuit(q, problem_to_z_operator(maxcut).toHamiltonian(True), p, gammas,
            betas) \
27          << pq.measure_all(q, c) # 插入测量算符
28      result = qvm.run_with_configuration(prog, c, 1000) # 进行测量
29      return result
30
31
32  # 根据某个参数获得的线路测量结果，计算对应的损失函数值
33  def get_expectation(parameters):
34      result = run_qaoa(parameters) # 运行该参数下的量子线路，获取测量结果
35
36      energy = 0
37      for state, measure_times in result.items():
38          if state not in energy_dict:
39              energy_dict[state] = calculate_energy(state[::-1], maxcut) # 如果测量得到的解没有
                    计算过，就将它存储起来，避免重复计算
40          energy += measure_times * energy_dict[state] # 按照已经计算过的结果进行计算
41      energy = energy / 1000
42      return energy
43
44
45  # 使用优化器优化参数
46  def optimize_qaoa(initial_parameters):
47      # 利用scipy.optimize的优化器，将损失函数看作parameter的连续函数并进行优化。这里选择的优化
            器为COBYLA
48      result = minimize(get_expectation, initial_parameters, method='COBYLA')
49      final_state = run_qaoa(result.x)# 根据最终优化参数，运行量子线路，获得最终线路分布，并绘图
50      plt.bar(final_state.keys(), final_state.values())
51      plt.xticks(rotation=90)
52      plt.show(block=True)
53      return sorted(final_state.items(), key=lambda i:i[1], reverse=True)
54
55
56  p = 3
57  initial_para = np.random.random(2*p) * np.pi
58  print(optimize_qaoa(initial_para)[:10])
```

测量结果的频数分布如图 7.4 所示，可以看出测量得到“000111”和“111000”这两个量子比特串的概率最大，它们正是这个问题的解。

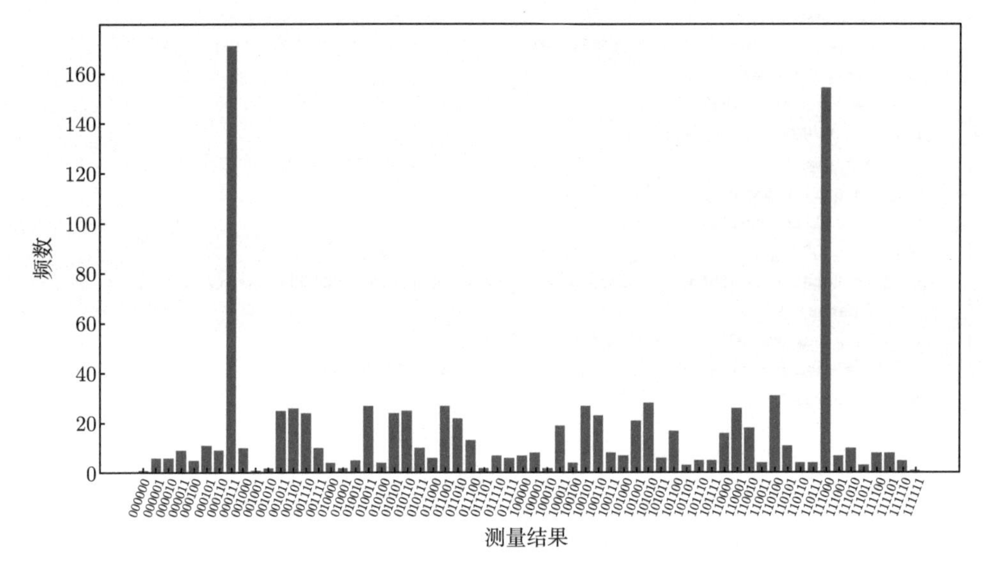

图 7.4　测量结果的频数分布

练习 7.5　M-V 均值方差模型是一种非常经典的风险投资模型。它可以抽象为

$$\boldsymbol{U}=\frac{1}{2}q\boldsymbol{X}^{\mathrm{T}}\boldsymbol{\Sigma}\boldsymbol{X}-\boldsymbol{\mu}^{\mathrm{T}}\boldsymbol{X}$$

其中，q 为风险系数，代表了投资者的风险偏好；$\boldsymbol{X}=(x_0,x_1,\cdots,x_n)\in\{0,1\}^{\otimes n}$，代表买入或不买入某只证券。令 $\boldsymbol{\Sigma}$ 为元素服从 $a_{ij}\sim\boldsymbol{U}(-0.005,0.005)$ 的某个随机对称 5×5 矩阵，$\boldsymbol{\mu}$ 为 $\mu_i\sim\boldsymbol{U}(-0.02,0.02)$ 的某个随机 5 维向量，并令 $q=5$。请使用 QAOA 给出 $\boldsymbol{U}$ 取最小时应购买的证券情况。在 $\boldsymbol{\Sigma}$ 和 $\boldsymbol{\mu}$ 都不变时，改变 q 的值，观察结果是否会发生变化。

7.2.2　算法原理与参数优化方法

为什么 QAOA 能够实现优化？文献 [35] 指出了该算法与量子绝热算法（Quantum Adiabatic Algorithm，QAA）的联系。文献 [36] 对此进行了更深入的讨论。量子绝热退火算法利用了量子绝热定理，即如果最初的量子态 $|\psi_0\rangle$ 正处于初始体系哈密顿量 $\boldsymbol{H}(0)=\boldsymbol{H}_{\mathrm{M}}$ 的基态上，若体系哈密顿量 $\boldsymbol{H}(t)$ 缓慢地演化到与初态不同的哈密顿量 $\boldsymbol{H}_{\mathrm{P}}$，则末态也将是 $\boldsymbol{H}_{\mathrm{P}}$ 的基态。根据这个定理，如果想制备一个哈密顿量 $\boldsymbol{H}_{\mathrm{P}}$ 的基态 $|\psi_{\mathrm{P}}\rangle$，可以从一个很容易制备基态的哈密顿量（如

$\boldsymbol{H}_{\mathrm{M}}=-\boldsymbol{X}^{\otimes n}$ 的基态 $|\psi_0\rangle=\dfrac{1}{\sqrt{2^n}}\sum\limits_{x=0}^{2^n-1}|x\rangle$ ）出发，缓慢地将该哈密顿量变化为所需要的哈密顿量 $\boldsymbol{H}_{\mathrm{P}}$，此时的末态就是所需要的 $\boldsymbol{H}_{\mathrm{P}}$ 的基态。更具体地说，令体系哈密顿量随时间变化：

$$\boldsymbol{H}(t)=[1-s(t)]\boldsymbol{H}_{\mathrm{M}}+s(t)\boldsymbol{H}_{\mathrm{P}} \tag{7.20}$$

其中，变化路径受到实数域上的标量函数 $s(t)$ 的控制，并且满足 $s(0)=0$、$s(T)=1$。因此，量子态随时间的演化可以由薛定谔方程解得

$$|\psi(t)\rangle=\exp\left[-\mathrm{i}\int_0^T\boldsymbol{H}(t)\mathrm{d}t\right]|\psi_0\rangle \tag{7.21}$$

如果将路径函数 $s(t)$ 进行差分，且差分的步长足够小，使得每一小段的变化都很小，即 $s(t)=s_i, t\in(t_i,t_i+\Delta t), i=1,2,\cdots,N-1$，则同一段时间之内的变化可以视作常数忽略不计，并且相邻差分区间的函数值差异非常小，满足量子绝热定理的“缓慢变化”要求。具体演化方程为

$$|\psi(t)\rangle=\exp\left[-\mathrm{i}\sum_{i=1}^{N}\boldsymbol{H}(s_i)\Delta t_i\right]|\psi_0\rangle=\exp\left[-\mathrm{i}\sum_{i=1}^{N}((1-s_i)\boldsymbol{H}_{\mathrm{M}}+s_i\boldsymbol{H}_{\mathrm{P}})\Delta t_i\right]|\psi_0\rangle \tag{7.22}$$

对该方程做 Trotter 分解 [见式(6.9)] 可得

$$|\psi(t)\rangle\approx\prod_{i=1}^{N}\exp[-\mathrm{i}(1-s_i)\boldsymbol{H}_{\mathrm{M}}\Delta t_i]\exp(-\mathrm{i}s_i\boldsymbol{H}_{\mathrm{P}}\Delta t_i)|\psi_0\rangle \tag{7.23}$$

记 $\gamma_i=s_i\Delta t_i$、$\beta_i=(1-s_i)\Delta t_i$，则式 (7.23) 变为

$$|\psi(t)\rangle\approx\prod_{i=1}^{N}\exp(-\mathrm{i}\beta_i\boldsymbol{H}_{\mathrm{M}})\exp(-\mathrm{i}\gamma_i\boldsymbol{H}_{\mathrm{P}})|\psi_i\rangle \tag{7.24}$$

式 (7.24) 正是当层数 $p=N$ 的 QAOA 表达式！因此，QAOA 在层数趋向无穷时，总是能给出确定的参数，使演化路径满足绝热过程。所以，QAOA 本身可以被视作 QAA 的一种离散化表达。但与 QAA 相比，QAOA 的参数选取有更高的自由度。QAA 必须保证每一个步骤都满足绝热过程，往往要求总的演化时间 T 足够长，即总的计算时间需要足够长。一般而言，为了保证结果的准确性，总演化时间和目标哈密顿量的能隙 $\varDelta$ 是平方反比的关系（$T\sim1/\varDelta^2$），这导致 QAA 在处理能隙非常小的问题时要求更长的演化时间。QAOA 通过参数控制的途径引入了非绝热的过程，相当于有目的性地控制了态的演化。对某些问题，QAOA 可以避开局部最优解，表现优于 QAA。

在 QAOA 实践中，参数优化过程一直是算法性能的瓶颈。如果最初的参数具有足够好的性质，那么会极大地降低参数优化的难度。QAOA 与 QAA 的联系正好提供了这样一个视野。在文献 [36] 中，作者研究了大量的 MAXCUT 案例，对优化后的参数进行研究，观察到最优参数中 γ 和 β 的取值为固定的范围，并且在不同的实例中变化很小。此外，在给定的图类别中，即使层数发生变化，最优参数也具有相似的取值范围和一致的变化趋势。一般来说，γ 倾向随着层数的增大而增大，而 β 倾向随着层数的增大而减小。这也和 QAA 表现相近，即 $\boldsymbol{H}_{\mathrm{P}}$ 的系数不断变大，$\boldsymbol{H}_{\mathrm{M}}$ 的系数不断变小。这种现象暗示，至少对某一类问题来说，QAOA 的最优和次优参数分布存在某种普遍的模式。

根据这一猜想，研究人员提出了一种启发式优化策略，称为 INTERP。该策略使用线性插值法选取深层参数。先从 p 层开始，优化该层的 $2p$ 个参数，随后采用线性插值法得到 $2(p+1)$ 个参数作为 $p+1$ 层 QAOA 的初始参数。然而，对于浅层（特别是 $p=1$）的情况，依旧需要借助随机生成或其他方法得到初始参数。此外，作者还提出了一种名为 FOURIER 的参数优化方式，使用 $2q$ 个参数 (u,v) 代替原有的 $2p$ 个参数 (γ,β)。通过离散傅里叶变换，将 γ 和 β 被分别表示为 u 和 v 的函数，经典优化器以 (u,v) 为变量进行优化。优化过程从深度为 p 的最优参数出发，在 (u,v) 空间添加一个高频率项，从而得到一组新的初始参数，用于优化层数为 $p+1$ 的 QAOA 线路参数。在改进版本中，作者还加入了一些随机扰动，以便能够跳出局部最优解，寻找更好的最优解。作者发现，INTERP 和 FOURIER 均能以多项式时间的代价寻找到最优参数。相较而言，传统的随机优化方式需要以指数时间进行寻优。而且，由于存在随机性，传统优化方式更容易陷入局部极小值，因此 INTERP 和 FOURIER 具有更好的鲁棒性。

练习 7.6 证明式(7.23)。

练习 7.7 在一个 8 顶点 3-regular 图中使用 QAOA 优化 MAXCUT 问题，记录其参数，并观察规律。换一个 8 顶点 3-regular 图，不经训练，直接使用上一个问题的参数运行量子线路，观察其结果。使用该参数作为初始参数进行优化，并对比随机初始参数的情况。

练习 7.8 完成 INTERP 和 FOURIER 的代码，代码输入为 p 层的参数，输出为 $p+1$ 层的参数。

7.2.3 量子交替算符拟设

7.2.2 小节提到，QAOA 是 QAA 的一种离散化表达，但 QAA 并没有严格限制初态哈密顿量一定为 $\boldsymbol{H}_{\mathrm{M}}=-\boldsymbol{X}^{\otimes n}$，同时量子绝热定理实际上对其他本征态也成立。事实上，如果巧妙地设计某个初态的哈密顿量（混合层的哈密顿量），很多时候可以起到事半功倍的作用。在文献 [37] 中，作者对法希等人的 QAOA 进行了扩展，提出了量子交替算符拟设（Quantum Alternating Operator Ansatz）。在面对一些具有硬性限制的优化问题（这非常常见）时，合理的混合层能够直接限制可行解空间的大小，从而使优化难度大幅降低。这里通过文献 [38] 中的例子，将 MAXCUT 问题扩展为涂色问题，来展示该扩展算法的作用。

涂色问题依然是在一张图上进行，只不过这次要给每个顶点涂上 k 种颜色中的一种。该问题的目标是找到一种合适的涂色方式，使连接有不同颜色的顶点的边数尽可能多。对于这类问题，为了确定每个顶点的颜色，k 种颜色就无法直接使用一个量子比特进行编码。一个简单的方法是采用独热（One-hot）编码。

独热编码是一种二进制编码方式，用于将多个可能的取值（或称分类）与相同数量的二进制变量一一对应。对于每个顶点，使用 k 位二进制码，其中只有一位码为 1，表示该顶点的颜色。例如，假设每个顶点只能涂红、蓝、黄中的一种颜色，则用 3 位二进制编码，001 表示该顶点是红色，010 表示蓝色，100 表示黄色，其余 5 个二进制编码均是非法编码。

在涂色问题中，假如边的总数为 m，算法要做的实际上就是对于所有的边，最小化颜色相同的边的数量。根据独热编码方法，对于节点 v，用 $x_{v,i}$（$i=1,2,\cdots,k$）个量子比特编码该节点的颜色。如果一条边连接的两个顶点 v、v' 的颜色相同，那么有 $x_{v,j}x_{v',j}=1$。因此，涂色问题的目标就是要最小化式 (7.25)：

$$f(\boldsymbol{x})=\sum_{j=1}^{k}\sum_{(v,v')}x_{v,j}x_{v',j}-m \tag{7.25}$$

为了满足独热编码的约束条件，还应该满足

$$\sum_{j=1}^{k}x_{v,j}=1 \tag{7.26}$$

如果采用 7.2.2 小节介绍的传统 QAOA，独热编码的约束条件将作为惩罚函数引入。当解符合限制条件时，惩罚函数为 0，不影响正常的损失函数，而当解不满足条件时，惩罚函数会取一个很大的值，从而在优化过程中将这类解与合法解分离。此时，打分函数为

$$f_{\mathrm{PS}}(\boldsymbol{x})=\sum_{j=1}^{k}\sum_{(v,v')}x_{v,j}x_{v',j}-m+\alpha\sum_{v}\left(\sum_{j=1}^{k}x_{v,j}-1\right)^2 \tag{7.27}$$

其中，α 为一个绝对值很大的权重常数。

现在考察一个最简单的模型：一个三角形和 3 种颜色。基于这个模型的涂色问题的结果很明显是 3 个顶点分别涂上 3 种不同的颜色即可。该问题的定义方法和 7.2.2 小节一样，构建对应的图模型和变量，并利用 sympy 的符号模型定义包含或不含惩罚函数的打分函数，如代码 7.6 所示。

代码 7.6　简单的 max-k-color 模型

```
n = 3
k = 3
nodes = list(range(n))
# edges = [(0, 3), (0, 4), (0, 5), (1, 3), (1, 4), (1, 5), (2, 3), (2, 4), (2, 5)]
edges = [(0, 1), (1, 2), (2, 0)]

# 使用networkx构建对应的图
graph = nx.Graph()
graph.add_nodes_from(nodes)
graph.add_edges_from(edges)
# 画图
nx.draw_networkx(graph)
plt.show(block=True)

# 使用sympy构建对应的QUBO问题，将每个点定义为一个变量x
variables = [[sp.var('x%d%d' % (d,m)) for m in range(k) ] for d in range(n)]
max_k_color = 0
for e in edges:
for c in range(k):
# 目标是最小化，因此需要将符号进行取反
max_k_color += variables[e[0]][c] * variables[e[1]][c]
max_k_color -= 1

punish = 0
for n in nodes:
p = 0
for c in range(k):
p += variables[n][c]
punish += (p - 1) ** 2

max_k_color_punish = max_k_color + 100 * punish
```

用传统 QAOA 求解带惩罚项的问题，可以取得概率最大的几个结果，如代码 7.7 所示。

代码 7.7　传统 QAOA 解决涂色问题的结果

```
('010010010', 28),
('010001100', 27),
('001100010', 26),
('100100100', 26),
```

```
('001010100', 24),
('100001010', 24),
('001001001', 22),
('010100001', 20),
('100010001', 19),
('000000000', 15),
('100010110', 10),
('000011011', 9).
```

可以注意到，传统 QAOA 的效果并不是很好，最优解的概率并不高，甚至还有很多不符合要求的解。事实上，对一个 n 个顶点、k 种颜色的问题来说，传统 QAOA 需要考察所有 2^{kn} 个可能的解，但满足独热约束条件的只有 k^n 个。也就是说，传统 QAOA 实际上是在大海捞针，并且要从这些“针”里选择最好的。

那么，有没有什么办法，可以一开始就只在 k^n 个解中寻找答案呢？答案是有的。设想一下，如果在算法的开始就选择了一组满足约束条件的解，而在混合过程中也都保持约束条件不变，就可以解决上述问题。在独热编码过程中，对于每一个顶点的 k 量子比特，可行解的量子态都一定是 $|0\cdots010\cdots0\rangle$ 这种形式，即只有一个量子比特为 1，其他都为 0。换言之，该算法需要 k 量子比特的总自旋 $Z_{\mathrm{t}}=\sum\limits_{j=1}^{k}Z_i^j$ 恒为 1。在自旋链物理体系的研究中，恰好有一类体系满足这个条件，被称作 XY-自旋链体系，它的哈密顿量为

$$\boldsymbol{H}_{XY}=\frac{1}{2}\sum_{(c,c')\in K}\boldsymbol{X}_c\boldsymbol{X}_{c'}+\boldsymbol{Y}_c\boldsymbol{Y}_{c'} \tag{7.28}$$

式 (7.28) 中，求和的每一项 $\boldsymbol{X}_c\boldsymbol{X}_{c'}+\boldsymbol{Y}_c\boldsymbol{Y}_{c'}$ 作用在 $\{|01\rangle,|10\rangle\}$ 这个子空间中时，结果将依然是这个子空间中的态，而不会出现其他的解。当对所有空间 K 中的量子比特对 (c,c') 进行求和时，由于 $[\boldsymbol{H}_{XY},\boldsymbol{Z}_{\mathrm{t}}]=0$，可以证明，在这个哈密顿量下的演化能够保证量子态自旋守恒。也就是说，如果最初给定的是总自旋为 1 的态，那么在这个哈密顿量下无论如何演化，结果将依然是总自旋为 1 的态，即可行解之一。因此，可以将这样的哈密顿量作为混合层的哈密顿量，称为 XY 混合层：

$$\boldsymbol{H}_{\mathrm{M},XY}=-\frac{1}{2}\sum_{v=1}^{n}\sum_{j,j'\in K}\boldsymbol{X}_{v,j}\boldsymbol{X}_{v,j'}+\boldsymbol{Y}_{v,j}\boldsymbol{Y}_{v,j'} \tag{7.29}$$

也就是说，对每个节点的 k 量子比特，都分别作用一个 $\boldsymbol{H}_{XY}$ 哈密顿量。为公平起见，希望最开始时，每个可行解的概率均相等，这样的量子态称为 W 态。

现在需要制备的初态就是 n 个 W 态的张量积。

$$|\psi_i\rangle = \bigotimes_{v=1}^{n} |W\rangle_v = \bigotimes_{v=1}^{n} \frac{1}{\sqrt{k}}(|10\cdots0\rangle + |010\cdots0\rangle + \cdots + |00\cdots01\rangle)_v \tag{7.30}$$

构建 W 态的代码如代码 7.8 所示。

代码 7.8 构建 *W* 态

```
def _control_ry(q1, q2, ang, ctrl_q=None, compress=True):

    circuit = pq.QCircuit()
    # C-RY 门或 CC-RY 门
    if compress:
        if ctrl_q is None:
            circuit << pq.RY(q2, ang).control(q1)
        else:
            circuit << pq.RY(q2, ang).control([q1, ctrl_q])
    else:
        if ctrl_q is None:
            circuit << pq.RY(q2, ang / 2) << pq.CNOT(q1, q2) \
                    << pq.RY(q2, -ang / 2) << pq.CNOT(q1, q2)
        else:
            circuit << pq.RY(q2, ang / 2) << pq.Toffoli(q1, ctrl_q, q2) \
                    << pq.RY(q2, -ang / 2) << pq.Toffoli(q1, ctrl_q, q2)
    return circuit


def linear_w_state(q_list, compress=True):

    n = len(q_list)
    if n == 0:
        raise ValueError('Apply on at least one qubit.')

    circuit = pq.QCircuit()
    circuit << pq.X(q_list[0])
    if n > 1:
        for i in range(1, n):
            ang = np.arccos(2 / (n-i+1) - 1)
            circuit << _control_ry(q_list[i - 1], q_list[i], ang, compress=compress) \
            << pq.CNOT(q_list[i], q_list[i - 1])
    return circuit
```

在确定了 XY 混合层的哈密顿量后，下一步就是将该哈密顿量构建为线路。由于 XY 混合层哈密顿量存在高度纠缠特征，因此需要做一些特殊的处理，以减小甚至避免 Trotter 分解带来的误差。

首先注意到，XY 哈密顿量对 j、j' 求和时，并没有具体指定求和方式。因此，根据求和方式的不同，哈密顿量可以分为多种类型。例如，文献 [39] 介绍了完全 XY 混合层和环形 XY 混合层，前者指的是对所有的 $j \neq j'$ 求和，相当于任意两种颜色之间都进行操作，而后者指的是仅考虑相邻的两种颜色，即 $j' = \mathrm{mod}(j+1,k)$。另外，还可以对所有的求和项进行分组，若组内的子项可以相互交换，就可以在量子线路中同时模拟这些项。这种方式被称为奇偶分离混合层，它的构造方法最简单，只需按照量子比特编号的奇偶性区分即可。方便起见，简记 XY 单元为 $\boldsymbol{H}_{i,j} = \boldsymbol{X}_i\boldsymbol{X}_j + \boldsymbol{Y}_i\boldsymbol{Y}_j$。构造奇偶分离混合层时，可将整体求和分为两个部分：

$$\begin{aligned}\boldsymbol{H}_{\mathrm{o}} &= \boldsymbol{H}_{1,2} + \boldsymbol{H}_{3,4} + \cdots \\ \boldsymbol{H}_{\mathrm{e}} &= \boldsymbol{H}_{2,3} + \boldsymbol{H}_{4,5} + \cdots\end{aligned} \tag{7.31}$$

每个部分内都是互相对易的，可以同时作用。

完全混合层则相对烦琐一些。以 $k = 2^m$ 时为例，分类的具体过程如下。

首先，将 $k = 2^m$ 量子比特所代表的量子态以 m 位的二进制形式表达，从 0 开始计数，每个态都可以表示为一个 m 位二进制数（左补 0）。例如，当 $k = 8 = 2^3$，则 $5 = 101$、$2 = 010$。将每个态与其他所有态进行交换，对应二进制数字变为另一个二进制数字。两个不同的二进制数字间必有 $1 \sim m$ 个数值位不同。换言之，通过改变二进制数字中的 $1 \sim m$ 位数字，可以遍历所有不同的二进制数，即所有的态。因此，可以根据改变二进制数字的位置不同来进行分类。

其次，对于 m 位二进制数值，可以首先从翻转某一个量子比特开始，共有 m 种选择；翻转其中任意 2 个，共有 C_m^2 种选择；翻转 3 位共有 C_m^3 种选择。以此类推，翻转 i 个共有 C_m^i 种选择，总计有 $\sum\limits_{i=1}^{m} C_m^i = 2^m - 1 = k - 1$ 种选择。对于其中每一个选择，考虑其对所有 k 个态的交换，由于是量子比特翻转，因此若 a 交换为 b，则 b 也同样交换为 a，则一种选择代表了 $k/2$ 个互不干涉的交换操作，即 XY 单元 $\boldsymbol{H}_{i,j}$。因此，可以将所有交换分为 $k-1$ 种，每种包含 $k/2$ 个交换的方式，总计 $C_k^2 = k(k-1)/2$，恰好涵盖所有交换可能性，且每种内部是互相对易的。

以 $k = 8 = 2^3$ 为例，量子比特翻转操作共有 $\{1\}$、$\{2\}$、$\{3\}$、$\{1,2\}$、$\{1,3\}$、$\{2,3\}$、$\{1,2,3\}$ 这 7 种（数字代表对应位的量子比特翻转操作）。对于操作 $\{1\}$，考察 $000 \sim 111$，有

$$000 \sim 001, 010 \sim 011, 100 \sim 101, 110 \sim 111 \tag{7.32}$$

转换为原十进制编码，即 $\{0 \sim 1, 2 \sim 3, 4 \sim 5, 6 \sim 7\}$。类似地，对于操作 $\{2\}$，得到的分类方式是 $\{0 \sim 2, 1 \sim 3, 4 \sim 6, 5 \sim 7\}$。以此类推，得到 7 种不同的分组方

式。每一种分组方式确定了一种 XY 单元的作用次序，所有分组方式确定了整个完全混合层的结构。若 $k \neq 2^m$，也可以采用类似操作，舍弃不成立的操作即可。但应注意，此时组与组之间不再对易，结果存在误差。

最后，介绍 XY 单元的构造。XY 单元 $\boldsymbol{H}_{i,j}$ 的哈密顿量演化算符为 $\exp[-\mathrm{i}\beta(\boldsymbol{X}_i\boldsymbol{X}_j + \boldsymbol{Y}_i\boldsymbol{Y}_j)]$，它的矩阵形式为

$$\begin{bmatrix} 1 & 0 & 0 & 0 \\ 0 & -\mathrm{i}\sin\beta & \cos\beta & 0 \\ 0 & \cos\beta & -\mathrm{i}\sin\beta & 0 \\ 0 & 0 & 0 & 1 \end{bmatrix} \tag{7.33}$$

这个门在 PyQPanda 中被命名为 iSWAP 门，它只作用在子空间 $\{|01\rangle, |10\rangle\}$ 中。

上述完全混合层和奇偶分离混合层的完整代码如代码 7.9 所示。

代码 7.9　XY 混合层构建

```
from itertools import combinations


# XY单元的构造，又称iSWAP门。如果将它分解为基本量子逻辑门形式，则可以通过两个CNOT门和若干旋转门实现
def xy_mixer_unit(q1, q2, angle):
    xycir = pq.QCircuit()
    xycir << pq.RX(q1, np.pi / 2) << pq.RX(q2, np.pi / 2) << pq.CNOT(q1, q2) << pq.RX(q1, angle) << pq.RZ(q2, angle) \
        << pq.CNOT(q1, q2) << pq.RX(q1, -np.pi / 2) << pq.RX(q2, -np.pi / 2)
    return xycir


# 奇偶分离混合层的构造方法，对于线性的量子芯片拓扑结构，可以极大地减小线路深度
def parity_partition_xy_mixer(qlist, angle):
    q_num = len(qlist)
    cir = pq.QCircuit()

    angle = -2 * angle
    if q_num == 1:
        cir << pq.RX(qlist, angle)
    if q_num == 2:
        cir << pq.iSWAP(qlist[0], qlist[1], angle)
    else:
        for i in range(0, q_num, 2):
            if i + 1 < q_num:
                cir << pq.iSWAP(qlist[i], qlist[i+1], angle)
        for i in range(1, q_num, 2):
            if i + 1 < q_num:
```

```
28              cir << pq.iSWAP(qlist[i], qlist[i + 1], angle)
29          else:
30              cir << pq.iSWAP(qlist[-1], qlist[0], angle)
31
32      return cir
33
34
35  # 完全混合层的线路构建方式
36  def complete_xy_mixer(qlist, angle):
37      q_num = len(qlist)
38      angle = -2 * angle
39      m = 0
40      k1 = 1
41      while k1 < q_num: # 构造对应的二进制表达方式
42          k1 = k1 * 2
43          m += 1
44
45      combi_list = []
46      for i in range(1, m + 1):
47          combi_list += list(combinations(range(m), i)) # 获取所有的m位数字改变方式
48
49      cir = pq.QCircuit()
50      pair_list = []
51      for combi in combi_list:
52
53          for first in range(q_num):
54              second = first
55              for j in combi:
56                  second = second ^ (1 << j) # 翻转对应比特，并获得其对应的十进制数字
57
58              if (first, second) not in pair_list and (second, first) not in pair_list \
59                      and max(first, second) < q_num:
60                  pair_list.append((first, second)) # 如果满足条件，就构造对应的XY单元
61
62      for q1, q2 in pair_list:
63          cir << pq.iSWAP(qlist[q1], qlist[q2], angle)
64
65      return cir
66
67
68  # 对于每个区域，都需要构建自己的XY混合层
69  def xy_mixer_circuit(qlist, features, angle, mixer_type='CXY'):
70      q_num = len(qlist)
71      cir = pq.QCircuit()
72
73      domain_qlist = list(range(q_num))
74      domain_qlist = [domain_qlist[i:i + features] for i in range(0, q_num, features)]
75
```

```
76        for domain in domain_qlist:
77            q_domain = [qlist[i] for i in domain]
78            if mixer_type == 'PXY':
79                cir << parity_partition_xy_mixer(q_domain, angle)
80            if mixer_type == 'CXY':
81                cir << complete_xy_mixer(q_domain, angle)
82
83        return cir
```

在代码 7.9 中，xy_mixer_unit() 是 iSWAP 门的另一种构建方式，parity_partition_xy_mixer() 用于构建奇偶分离混合层，complete_xy_mixer() 用于构建完全混合层，xy_mixer_circuit() 则是在输入颜色数 k 后构建完整的 XY 混合层。

完整的 XY-QAOA 量子线路构建方法如代码 7.10 所示。

代码 7.10 完整的 XY-QAOA 线路

```
1   def total_circuit(qlist, operator, p, betas, gammas):
2       cir = pq.QCircuit()
3       for v in range(n):
4           cir << linear_w_state(qlist[v*k: v*k+k])
5
6       for i in range(p):
7           cir << phase_seperator_circuit(operator, qlist, gammas[i])
8           for v in range(n):
9               cir << xy_mixer_circuit(qlist[v*k: v*k+k], k, betas[i])
10      return cir
```

在运行代码前，注意将 MAXCUT 问题和对应的量子比特数替换为混色问题和对应的量子比特数。根据上述介绍内容对 12 层的 XY-QAOA 量子线路进行测试，最后得到的测量概率较高的 10 个解如代码 7.11 所示。

代码 7.11 XY-QAOA 解决涂色问题的结果

```
1   ('100001010', 118),
2   ('010001100', 114),
3   ('100010001', 114),
4   ('001010100', 103),
5   ('001100010', 102),
6   ('010100001', 102),
7   ('010001001', 54),
8   ('001001100', 49),
9   ('001100001', 47),
10  ('100001001', 47),
```

从代码 7.11 可以看到，前 6 个解的概率显著大于其他解，而这 6 个解正好是 3 个顶点、3 种颜色的代表，因此与传统 QAOA 相比，XY-QAOA 处理涂色问题或其他对应守恒量问题的效果更好。

练习 7.9　代码 7.8中构建了总自旋为 1 的等概率叠加态——W 态。某些时候，算法需要构建在 n 量子比特中总自旋为 k 的计算基矢均匀叠加态，它被称为 Dicke State，定义为

$$|D_n^k\rangle = \frac{1}{C_n^k}\sum_{w(i)=k}|i\rangle$$

其中，$w(i)$ 为汉明权重函数。W 态就是 $k=1$ 的特殊情况。请尝试构建线路深度为 $O(n)$ 的 $1\leqslant k\leqslant n$ 的量子线路。

练习 7.10　练习 7.5 简单介绍了均值方差模型。事实上，在绝大多数情况下，投资组合优化问题还会面临预算约束，即 $\sum\limits_{i=1}^{5}x_i = B$。假设 $B=3$，即最多选择 3 只证券进行评估。利用练习 7.9 的结果，设计出对应的 XY-QAOA，并尝试求此时的最优解。

练习 7.11　对于一张图 $\boldsymbol{G}=(\boldsymbol{V},\boldsymbol{E})$，最大独立集问题可以表示为：在 $\boldsymbol{V}$ 中找到一个最大的点集 S，使得 S 中的任意两个点都不相邻。请寻找问题特征，设计合适的混合层，并使用 QAOA 解决该问题。可以参考文献 [37]。

7.3　变分量子本征求解器及其应用

变分量子本征求解器（Variational Quantum Eigensolver, VQE）[39] 是最早被提出的 VQA，它的目的是求解给定哈密顿量的基态和相应的本征值①。在 VQE 被提出以前，求解给定哈密顿量基态的量子算法一般基于绝热态制备和 QPE[40-41]，在实际应用中，这两种算法所需要的线路深度都超出了 NISQ 时代的量子硬件水平。因此，Alberto Peruzzo 在 2014 年提出 VQE 来在当前的量子计算机上求解分子体系哈密顿量的基态能量[39]。

与 QPE 相比，VQE 需要更少的量子逻辑门数和更短的相干时间。它以多项式级的线路重复次数换取更短的量子比特相干时间。因此，它更适合 NISQ 时代，在近期的量子计算机上有较大的应用优势。

VQE 的基本思想是通过制备参数化的量子线路 $\boldsymbol{U}(\boldsymbol{\theta})$ 来构造一个近似基态的试探函数 $|\psi(\boldsymbol{\theta})\rangle$（又称试验态），使用经典优化器不断调节试探函数的参数向量 $\boldsymbol{\theta}$，使哈密顿量的期望值 $E(\boldsymbol{\theta})$ 最小化，得到的最小能量，即所求的基态能量 E_0。

$$|\psi(\boldsymbol{\theta})\rangle = \boldsymbol{U}(\boldsymbol{\theta})|00\cdots0\rangle \tag{7.34}$$

① VQE 用于多电子体系总能量的求解时，本征方程为定态薛定谔方程，算符就是系统的哈密顿算符，最小本征态就是系统的基态，最小本征值就是系统的基态能量。

$$E(\boldsymbol{\theta}) = \langle\psi(\boldsymbol{\theta})|\boldsymbol{H}|\psi(\boldsymbol{\theta})\rangle \geqslant E_0 \tag{7.35}$$

VQE 的整体流程如图 7.5 所示。

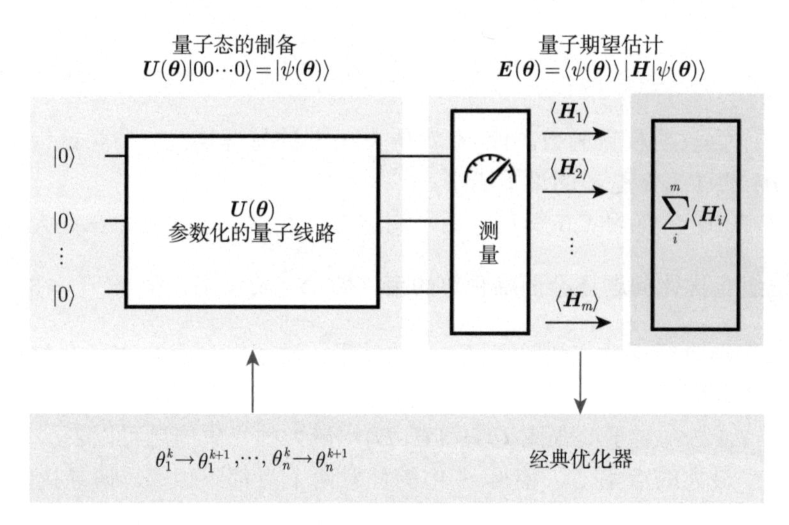

图 7.5　VQE 的整体流程

事实上，VQE 的量子程序等价于基于参数 $\boldsymbol{\theta}$ 的集合来制备一个量子态，并在适当的基上进行一系列测量。在这个算法中，参数化量子态的制备是比较困难的，所以参数化量子线路的选择对算法的性能的影响较大。

由于多体物理中粒子哈密顿量的矩阵描述是厄米矩阵，因此哈密顿量的基态能量直接对应厄米矩阵的最小本征值。为了便于读者理解 VQE，本节将该算法从物理背景中提取出来，简化为用 VQE 求解 $2^n \times 2^n$ 厄米矩阵的最小本征值。

7.3.1　以泡利算符为基底展开厄米矩阵

如 6.1 节所述，任何一个 $2^n \times 2^n$ 厄米矩阵都可以用泡利算符的线性组合来表示。例如，任意一个 2×2 的厄米矩阵都可以写作如式 (7.36) 所示形式：

$$\begin{bmatrix} a & b \\ c & d \end{bmatrix} = \begin{bmatrix} a & 0 \\ 0 & 0 \end{bmatrix} + \begin{bmatrix} 0 & b \\ 0 & 0 \end{bmatrix} + \begin{bmatrix} 0 & 0 \\ c & 0 \end{bmatrix} + \begin{bmatrix} 0 & 0 \\ 0 & d \end{bmatrix} \tag{7.36}$$

其中，

$$\begin{bmatrix} a & 0 \\ 0 & 0 \end{bmatrix} = \frac{a}{2}(\boldsymbol{I}+\boldsymbol{Z}), \begin{bmatrix} 0 & b \\ 0 & 0 \end{bmatrix} = \frac{b}{2}(\boldsymbol{X}+\mathrm{i}\boldsymbol{Y}), \begin{bmatrix} 0 & 0 \\ c & 0 \end{bmatrix} = \frac{c}{2}(\boldsymbol{X}-\mathrm{i}\boldsymbol{Y}), \begin{bmatrix} 0 & 0 \\ 0 & d \end{bmatrix} = \frac{d}{2}(\boldsymbol{I}-\boldsymbol{Z}) \tag{7.37}$$

整理后可得

$$\begin{bmatrix} a & b \\ c & d \end{bmatrix} = \frac{b+c}{2}\boldsymbol{X} + \frac{b-c}{2}\mathrm{i}\boldsymbol{Y} + \frac{a+d}{2}\boldsymbol{I} + \frac{a-d}{2}\boldsymbol{Z} \tag{7.38}$$

按照这种方式，任意一个 $2^n \times 2^n$ 的厄米矩阵都可以由泡利矩阵 $(\boldsymbol{X}, \boldsymbol{Y}, \boldsymbol{Z}, \boldsymbol{I})$ 的线性组合表示。

下面使用 PyQPanda 实现泡利算符展开厄米矩阵。PyQPanda 中提供将厄米矩阵分解为泡利算符的接口 matrix_decompose_hamiltonian()，输入 $2^n \times 2^n$ 的厄米矩阵，即可得到泡利算符类。例如，通过该接口分解如式 (7.39) 的所示的矩阵：

$$\begin{bmatrix} 2 & 1 & 4 & 2 \\ 1 & 3 & 2 & 6 \\ 4 & 2 & 2 & 1 \\ 2 & 6 & 1 & 3 \end{bmatrix} \tag{7.39}$$

实现代码与结果如代码 7.12 所示。

代码 7.12　将矩阵分解为泡利算符的加和形式

```
import pyqpanda as pq
import numpy as np

if __name__ == "__main__":

    mat = np.array([[2,1,4,2],[1,3,2,6],[4,2,2,1],[2,6,1,3]])
    f = pq.matrix_decompose_hamiltonian(mat)
    print(f)


{
"" : 2.500000,
"X0" : 1.000000,
"X1" : 5.000000,
"X0 X1" : 2.000000,
"Z0 X1" : -1.000000,
"Z0" : -0.500000
}
```

将厄米矩阵分解为泡利算符直积的和之后，项数是呈指数趋势增加的，但是这些算符不需要放在线路上演化，而是直接作用在最后的测量中，通过量子期望估计来得到试验态的本征值[①]。

① 此处为了演示 VQE 流程，需要将矩阵表示为泡利算符的形式，应用在量子化学的哈密顿量算符并不通过这种方式分解。

7.3.2 试验态的制备

为了获得与本征态相近的试验态，需要通过参数化的量子线路（ansatz）来制备试验态。并且理论上，假设的试验态与最终的本征态越接近，越有利于后面得到正确的最小本征值。应用在 VQE 上拟设主要分为两大类：一类是化学启发类的 ansatz，如酉耦合簇（Unitary Coupled-Cluster，UCC）；另一类是基于量子计算机硬件特性构造的拟设，即 Hardware-efficient ansatz。本小节主要介绍后者。

Hardware-efficient ansatz 是 VQA 中常用的通用 ansatz。当对需要解决的问题知之甚少时，可以使用一些基础量子逻辑门来制备 ansatz。Hardware-efficient ansatz 直接将 $|00\cdots0\rangle$ 演化成纠缠态，不经过初态的构建。这种 ansatz 的结构一般包括许多重复、密集的模块，每个模块由特定类型的含参数的量子逻辑门构成，这些量子逻辑门在 NISQ 设备上更容易实现，因为它们更能满足现有量子计算机的特点——较短的量子比特相干时间与受限的量子逻辑门结构。本小节使用一个单层 Hardware-efficient ansatz 模板，该量子线路中包括每个量子比特上的单量子比特旋转门（RZ 门、RX 门、RZ 门）及相邻的 2 量子比特纠缠门（受控 RY 门）。以 4 量子比特为例，单层量子线路如图 7.6 所示。

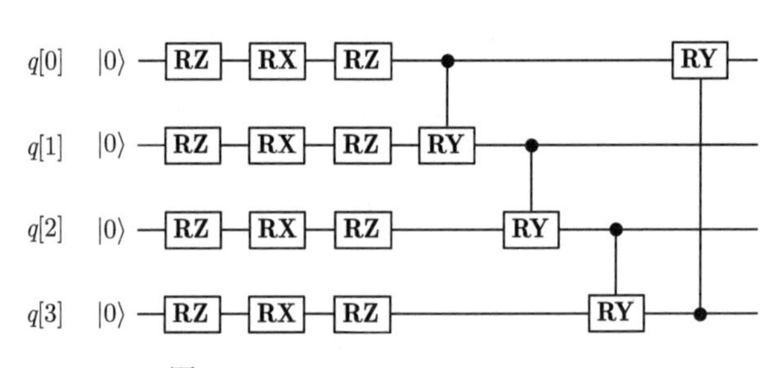

图 7.6　Hardware-efficient ansatz

用 PyQPanda 构建 Hardware-efficient ansatz 如代码 7.13 所示。

代码 7.13　构建 Hardware-efficient ansatz

```
1   import pyqpanda as pq
2
3   def prepare_HE_ansatz(qlist, para):
4       '''
5       制备 Hardware-efficient ansatz，返回一个QCircuit类型的量子线路
6
7       参数：
8           qlist(QVec)：量子比特列表
9           para(list[float64])：初始参数列表。初始参数的数量为量子比特数的4倍
10      返回：
11          量子线路(QCircuit)
```

```
12    '''
13    circuit = pq.QCircuit()
14    qn = len(qlist)
15    for i in range(qn):
16        circuit << pq.RZ(qlist[i], para[4*i]) \
17        circuit << pq.RX(qlist[i], para[4*i+1]) \
18        circuit << pq.RZ(qlist[i], para[4*i+2])
19
20    for j in range(qn-1):
21        ry_control = pq.RY(qlist[j+1], para[4*j+3]).control(qlist[j])
22        circuit << ry_control \
23
24    ry_last = pq.RY(qlist[0], para[4*qn-1]).control(qlist[qn-1])
25    circuit << ry_last
26    return circuit
```

7.3.3 量子期望估计

7.3.2 小节介绍了使用 Hardware-efficient ansatz 制备试验态 $|\psi(\theta)\rangle$，随后，还需要通过测量操作来得到试验态在不同泡利算符上的期望，这一步称为量子期望估计。在 VQE 中，每个子项期望的测量是在量子处理器上进行的，经典处理器则负责对各个期望进行求和。

$$E = \overbrace{\sum \underbrace{h_\alpha^i \langle\psi|\boldsymbol{\sigma}_\alpha^i|\psi\rangle}_{\text{QPU}} + \sum \underbrace{h_{\alpha\beta}^{ij} \langle\psi|\boldsymbol{\sigma}_\alpha^i \otimes \boldsymbol{\sigma}_\beta^j|\psi\rangle}_{\text{QPU}} + \cdots}^{\text{CPU}} \tag{7.40}$$

其中，$\boldsymbol{\sigma}$ 是泡利算符，$\alpha, \beta \in \{\boldsymbol{X}, \boldsymbol{Y}, \boldsymbol{Z}, \boldsymbol{I}\}$，$i$、$j$ 表示算符子项所作用的子空间，h 是实数。

假设某一个厄米算符为 $\hat{\boldsymbol{H}}$，且它最终可以展开为

$$\hat{\boldsymbol{H}}_{\text{P}} = \hat{\boldsymbol{H}}_1 + \hat{\boldsymbol{H}}_2 + \hat{\boldsymbol{H}}_3 = \boldsymbol{I}_0 \otimes \boldsymbol{I}_1 + \boldsymbol{Z}_0 \otimes \boldsymbol{Z}_1 + \boldsymbol{X}_0 \otimes \boldsymbol{Y}_1 \tag{7.41}$$

其中，所有子项系数 h 均是 1。

同时，假设所制备出的试验态为

$$|\psi\rangle = a|00\rangle + b|01\rangle + c|10\rangle + d|11\rangle \tag{7.42}$$

其中，试验态被测量时坍缩到 $|00\rangle$、$|01\rangle$、$|10\rangle$、$|11\rangle$ 的概率分别是 a^2、b^2、c^2、d^2。将厄米算符的各个子项 $\hat{\boldsymbol{H}}_1$、$\hat{\boldsymbol{H}}_2$、$\hat{\boldsymbol{H}}_3$ 分别作用于试验态上，可以依次得到

期望 $E(1)$、$E(2)$、$E(3)$。

$$
\begin{aligned}
E(1) &= \langle\psi\,|\boldsymbol{H}_1|\,\psi\rangle \\
E(2) &= \langle\psi\,|\boldsymbol{H}_2|\,\psi\rangle \\
E(3) &= \langle\psi\,|\boldsymbol{H}_3|\,\psi\rangle
\end{aligned}
\tag{7.43}
$$

下面以 $E(1)$、$E(2)$、$E(3)$ 为例，详细介绍 VQE 是如何通过构建量子线路来测量各项期望，进而计算出本征值 E 的。

对于期望 $E(1)$，系数 h 就是期望，无须构建量子线路。

$$
E(1) = \langle\psi\,|\boldsymbol{I}_0 \otimes \boldsymbol{I}_1|\,\psi\rangle = h = 1 \tag{7.44}
$$

期望 $E(2)$ 的厄米算符子项为

$$
\boldsymbol{Z}_0 \otimes \boldsymbol{Z}_1 \tag{7.45}
$$

由于测量操作是在 Pauli-$\boldsymbol{Z}$ 基上（以 Pauli-$\boldsymbol{Z}$ 的本征向量为基向量所构成的子空间）进行的，所以只需要先在 0 号量子比特和 1 号量子比特上加测量门，随后将测量结果传递给经典处理器进行求和，如图 7.7 所示。

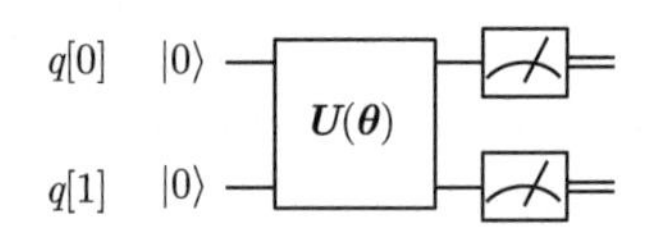

图 7.7　期望 $E(2)$ 的量子线路

接下来介绍具体测量过程。由于两个 Pauli-$\boldsymbol{Z}$ 矩阵的张量积形成的一个矩阵是对角线矩阵：

$$
\boldsymbol{Z}_0 \otimes \boldsymbol{Z}_1 = \begin{bmatrix} 1 & 0 & 0 & 0 \\ 0 & -1 & 0 & 0 \\ 0 & 0 & -1 & 0 \\ 0 & 0 & 0 & 1 \end{bmatrix} \tag{7.46}
$$

因此，根据线性代数知识可知，该矩阵的本征值就是对角线上的元素 1、−1、−1、1，与本征值相对应的本征向量正好就是基态 $|00\rangle$、$|01\rangle$、$|10\rangle$、$|11\rangle$。仔细观察可以发现，当态为 $|00\rangle$、$|11\rangle$ 时，其中 1 的个数分别为 0 和 2，均为偶数，本征值均为 +1；而态为 $|01\rangle$、$|10\rangle$ 时，其中 1 的个数均为 1，为奇数，本征值均为 −1。

事实上，任何作为基底的量子态的本征值都存在“奇负偶正”的规律。这样，只要将测量门加到相应的量子线路，试验态就会以一定概率坍缩到不同的态 $\boldsymbol{s}$，接着确定态 $\boldsymbol{s}$ 中 1 的个数 $N_{\boldsymbol{s}}$ 即可。最后通过式 (7.47) 就可以计算出期望 $E(i)$：

$$E(i) = h^{ij\cdots}_{\alpha\beta\cdots} \sum_{\boldsymbol{s}=|00\cdots\rangle}^{|11\cdots\rangle} (-1)^{N_{\boldsymbol{s}}} P_{\boldsymbol{s}} \tag{7.47}$$

也就是说，如果坍缩后的态中有奇数个 1，概率 P 取负值；如果态中有偶数个 1，概率 P 取正值。先将它们累加起来，再乘以系数 h，就得到了期望：

$$E(2) = \langle\psi\,|\boldsymbol{Z}_0 \otimes \boldsymbol{Z}_1|\,\psi\rangle = a^2 - b^2 - c^2 + d^2 \tag{7.48}$$

期望 $E(3)$ 的厄米算符子项为

$$\boldsymbol{X}_0 \otimes \boldsymbol{Y}_1 \tag{7.49}$$

此时，不能直接测量。这是因为对于试验态中的每一个基底（如 $|01\rangle$），它们均是单位矩阵和 Pauli-$\boldsymbol{Z}$ 的本征向量，但不是 Pauli-$\boldsymbol{X}$ 和 Pauli-$\boldsymbol{Y}$ 的本征向量。根据线性代数知识，需要分别对 Pauli-$\boldsymbol{X}$ 和 Pauli-$\boldsymbol{Y}$ 进行换基操作，也就是让试验态再演化一次，又因为

$$\begin{aligned} \boldsymbol{X} &= \boldsymbol{H} \cdot \boldsymbol{Z} \cdot \boldsymbol{H} \\ \boldsymbol{Y} &= \mathbf{RX}\left(-\frac{\pi}{2}\right) \cdot \boldsymbol{Z} \cdot \mathbf{RX}\left(\frac{\pi}{2}\right) \end{aligned} \tag{7.50}$$

所以在测量前，需要在 $q[0]$ 号量子比特上添加 $\boldsymbol{H}$、在 $q[1]$ 号量子比特上添加 $\mathbf{RX}\left(-\dfrac{\pi}{2}\right)$，如图 7.8 所示。

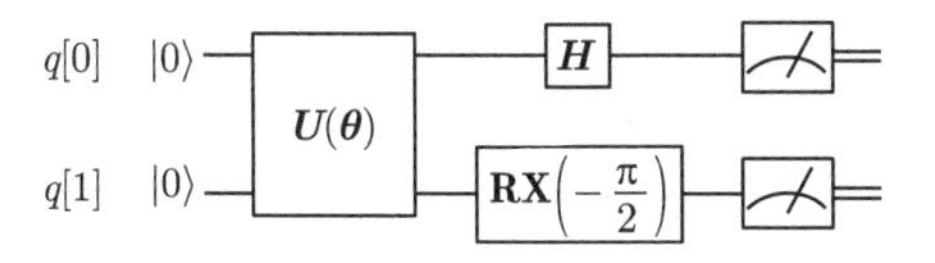

图 7.8　期望 $E(3)$ 的量子线路

此时，试验态 $|\psi\rangle$ 演化为 $|\psi'\rangle$。

$$|\psi'\rangle = \boldsymbol{A}|00\rangle + \boldsymbol{B}|01\rangle + \boldsymbol{C}|10\rangle + \boldsymbol{D}|11\rangle \tag{7.51}$$

接着，利用“奇负偶正”的规律进行测量，不难得到：

$$E(3) = \langle\psi\,|\boldsymbol{X}_0 \otimes \boldsymbol{Y}_1|\,\psi\rangle = \langle\psi'\,|\boldsymbol{Z}_0 \otimes \boldsymbol{Z}_1|\,\psi'\rangle = \boldsymbol{A}^2 - \boldsymbol{B}^2 - \boldsymbol{C}^2 + \boldsymbol{D}^2 \tag{7.52}$$

在 CPU 上对这 3 个期望求和，就得到了总期望 E，即最终的本征值。

下面使用 PyQPanda 实现上述量子期望估计部分。在实现量子期望估计这个函数前，需要先定义会用到的两个函数。第一个函数是测量前的换基操作 [见式(7.50)]，定义代码如代码 7.14 所示。

代码 7.14　定义换基操作函数 transform_base()

```
import pyqpanda as pq
import numpy as np

def transform_base(qlist,component):
    '''
    将Pauli-X 基和 Pauli-Y基转换到Pauli-Z基上

    参数:
        qlist(QVec): 量子比特列表
        component(List[Tuple[Dict[int,str],float]): 泡利算符及其系数, 如({0: 'Y', 1: 'Z', 2:
              'X'}, 1.0)
    返回:
        量子线路(QCircuit)
    '''
    circuit = pq.QCircuit()
    for i, j in component[0].items():
        if j=='X':
            circuit.insert(pq.H(qlist[i]))
        elif j=='Y':
            circuit.insert(pq.RX(qlist[i],-np.pi/2))
        elif j=='Z':
            pass
        else:
            assert False
    return circuit
```

第二个函数是奇偶校验，即对坍缩后的态中 1 的数量进行计算，定义代码如代码 7.15 所示。若是奇数个 1，返回 True；若是偶数个 1，返回 False，在下一个 get_expectation() 函数中进行“奇负偶正”的计算。这个函数首先将坍缩后的态进行顺序倒置（因为 PyQPanda 中量子比特默认低位在右，而 Python 切片索引默认是从左开始），随后遍历 paulidict() 中的量子比特，即 component() 中泡利算符字典的 key。默认的测量是对所有量子比特进行测量，但这里只需要关注 component() 中泡利算符所作用的量子比特。

代码 7.15　定义奇偶校验函数 parity_check()

```
import pyqpanda as pq

def parity_check(state, paulidict):
```

```
    '''
    奇偶校验，即计算测量后的量子态中有1的数量

    参数:
        state(str):测量后的量子态
        paulidict(Dict):泡利算符的字典，如{0: 'Y', 1: 'Z', 2: 'X'}
    返回:
        布尔值:奇数为真，偶数为假

    '''
    check=0
    state=state[::-1]
    for i in paulidict:
        if state[i]=='1':
            check+=1

    return check%2
```

接下来，定义量子期望估计的主体——get_expectation() 函数，定义代码如代码 7.16 所示。这个函数用来计算厄米算符的子项在试验态下的期望，需要输入的参数为虚拟机类型、量子比特数、厄米算符的一个子项、初始参数列表。程序大体流程：首先创建一个虚拟机，从虚拟机申请量子比特，接着创建量子线路，使用 Hardware-efficient ansatz 来制备试验态，然后在测量前对体系哈密顿量子项进行换基操作，最后进行测量，并根据测量结果及"奇负偶正"规律，计算当前厄米算符子项的期望。

代码 7.16　定义厄米算符子项的期望值求解函数 get_expectation()

```
import pyqpanda as pq

def get_expectation(qn,component,para):
    '''
    得到厄米算符一个子项的期望

    参数:
        qn(int):量子比特数
        component(List[Tuple[Dict[int,str],float]]): 泡利算符及其系数，如({0: 'Y', 1: 'Z',
            2: 'X'}, 1.0)
        para(list[float64]): 初始参数列表。初始参数的数量为量子比特数的4倍
    返回:
        厄米算符一个子项的期望值(float64)
    '''
    machine = pq.CPUQVM()
    machine.initQVM()
    qlist = machine.qAlloc_many(qn)

    # 使用Hardware-efficient ansatz搭建含参数的量子线路
```

```
19      prog = pq.QProg()
20      HE_circuit = prepare_HE_ansatz(qlist, para)
21      prog << HE_circuit
22      prog << pq.BARRIER(qlist)
23
24      # 测量前进行换基操作
25      if component[0] != '':
26          prog << transform_base(qlist,component)
27
28      # 测量
29      result = machine.prob_run_dict(prog,qlist,-1)
30
31      # 得到厄米算符一个子项的期望
32      expectation = 0
33      for i in result:
34          if parity_check(i, component[0]):
35              expectation -= result[i]
36          else:
37              expectation += result[i]
38      return expectation * component[1]
```

在得到厄米算符子项的期望后，需要对所有子项进行求和，得到最终的本征值。这里定义 get_eigenvalue() 函数来实现，如代码 7.17 所示。

代码 7.17 定义本征值的求解函数 get_eigenvalue()

```
1   import pyqpanda as pq
2
3   def get_eigenvalue(qn,matrix,para):
4       '''
5       得到厄米算符的期望
6
7       参数:
8           qn(int):量子比特数
9           matrix(List[Tuple[Dict[int, str], float]]): 以泡利算符为基底分解的厄米算符, 如 [({0:
                'X', 2: 'Y'}, 2.0), ({1: 'Y', 2: 'Z', 3: 'X'}, 1.0)]
10          para(list[float64]): 初始参数列表。初始参数的数量为量子比特数的4倍
11      返回:
12          厄米算符的期望(float64)
13      '''
14      expectation = 0
15      for component in matrix:
16          expectation += get_expectation(qn=qn,component=component,para=para)
17      expectation = float(expectation.real)
18      return expectation
```

至此，就得到了厄米算符的本征值，下一步就是通过不断优化参数化的量子线路中的参数 $\boldsymbol{\theta}$ 来得到最小的本征值。这里通过经典优化器来对参数进行优化。

7.3.4 经典优化器参数优化

本小节使用 scipy 工具包进行参数优化。由于 VQE 中对任意量子态的测量值的期望都不小于最小本征值，所以 get_eigenvalue() 函数即为待优化的损失函数。

首先，定义待优化的函数 func(x)，接着使用 scipy.optimize.minimize() 来进行最小值的求解，优化器指定“SLSQP”，如代码 7.18 所示。

代码 7.18　调用 scipy 并使用经典优化器 SLSQP 优化函数

```
1  import scipy.optimize as opt
2
3  def func(x):
4      return get_eigenvalue(qn, Hf, x)
5
6  def opt_scipy():
7      result = opt.minimize(func,init_para,
8              method = "SLSQP",
9              options = {"maxiter":100},
10             tol=1e-9)
11     print(result)
```

例 7.1　使用式(7.41) 所示的厄米算符，进行最小本征值的求解。实现代码及结果如代码 7.19 所示。

代码 7.19　使用 VQE 求解厄米算符的最小本征值

```
1  import pyqpanda as pq
2  import numpy as np
3
4  if __name__ == "__main__":
5
6      f = pq.PauliOperator({"": 1, "Z0 Z1": 1, "X0 Y1": 1})
7      Hf = f.to_hamiltonian(True)
8
9      qn = 2
10     init_para = np.random.rand(qn*4)
11     opt_scipy()
12
13
14  message: Optimization terminated successfully
15  success: True
16   status: 0
17      fun: -0.9999999998069856
18        x: [ 6.552e-01 4.712e+00 -3.142e+00 -3.142e+00 8.467e-01
19             3.142e+00 5.441e-01 1.090e-05]
20      nit: 13
21      jac: [ 2.980e-08 -3.643e-06 -1.480e-05 -6.706e-07 -7.451e-09
22            -9.105e-06 1.490e-08 1.803e-06]
```

```
23      nfev: 120
24      njev: 13
```

为了验证所得结果的正确性，下面使用 numpy 计算原矩阵的最小本征值。实现代码及结果如代码 7.20 所示。可见，二者得到结果是一致的。

代码 7.20　使用 numpy 验证代码 7.19 结果的正确性

```
1  import numpy as np
2
3  mat = np.array([[1,0,0,-1j],[0,0,1j,0],[0,-1j,0,0],[1j,0,0,1]])
4  np.min(np.linalg.eigvals(mat))
5
6
7  -0.9999999999999999+0j
```

例 7.2　求解式(7.53) 的最小本征值。

$$\begin{bmatrix} 2 & 1 & 4 & 2 \\ 1 & 3 & 2 & 6 \\ 4 & 2 & 2 & 1 \\ 2 & 6 & 1 & 3 \end{bmatrix} \tag{7.53}$$

实现代码及结果如代码 7.21 所示。

代码 7.21　使用 VQE 求解式 (7.53) 的最小本征值

```
1  import pyqpanda as pq
2  import numpy as np
3
4  if __name__ == "__main__":
5
6      mat = np.array([[2,1,4,2],[1,3,2,6],[4,2,2,1],[2,6,1,3]])
7      f = pq.matrix_decompose_hamiltonian(mat)
8      Hf = f.to_hamiltonian(True)
9
10     qn = 2
11     init_para = np.random.rand(qn*4)
12     opt_scipy()
13
14
15  message: Optimization terminated successfully
16  success: True
17   status: 0
18      fun: -3.6180339885637727
19        x: [ 9.320e-01 -1.896e+00 -1.571e+00 2.865e-01 5.417e-01
20            -1.760e+00 1.571e+00 2.714e-01]
```

```
21        nit: 14
22        jac: [-5.960e-08 9.537e-06 8.941e-07 1.487e-05 0.000e+00
23              3.278e-05 -1.311e-06 -3.278e-07]
24       nfev: 131
25       njev: 14
```

同样，使用 numpy 验证原矩阵的最小本征值。实现代码及结果如代码 7.22 所示。可见，二者得到的结果也是一致的。

代码 7.22 使用 numpy 验证代码 7.21 结果的正确性

```
1  import numpy as np
2
3  mat = np.array([[2,1,4,2],[1,3,2,6],[4,2,2,1],[2,6,1,3]])
4  np.min(np.linalg.eigvals(mat))
5
6
7  -3.618033988749894
```

练习 7.12 尝试使用不同的 ansatz 来制备试验态，构建自定义的参数化的量子线路并完成 VQE 流程。与 Hardware-efficient ansatz 得到的结果相比，哪个更准确？

练习 7.13 在 7.3.4 小节中，本书使用了基于梯度的 SLSQP 算法，尝试使用无梯度优化算法（Nelder-mead、COBYLA 等）并简单叙述不同经典优化器对 VQE 的影响。

7.4 量子机器学习算法及其应用

机器学习是实现人工智能的重要途径，关注的是通过经验自动改进的计算机算法的研究。换言之，机器学习是通过某些算法使计算机“学会”自行分析某一类数据的规律，并利用获得的规律对未知数据进行预测。常见的机器学习算法可以分为监督学习、无监督学习和强化学习三大类。监督学习从给定目标的训练集中学习得到某个函数，并通过该函数对位置数据进行预测。本节重点介绍的分类器便属于监督学习。与监督学习相比，无监督学习的训练集不进行人为的目标标注，常见的有聚类算法。强化学习同样没有目标标注，但对输入有着具有延时性的某种奖惩反馈，因此能够随着环境的变动而逐步调整行为。监督学习与无监督学习的数据是独立的，而强化学习的数据存在前后依赖关系。

量子机器学习是将量子计算和机器学习技术结合起来的新兴领域[42]。在这个领域中，研究人员利用量子计算机的优势，通过开发新的算法和模型来解决传统计算机无法有效解决的问题。随着量子计算的快速发展，基于量子计算与经典机器学习结合的量子机器学习也开始快速发展。在量子机器学习中，数据被表示为量子态，机器学习算法则利用量子计算机进行计算和优化。量子机器学习的目标是提高机器学习算法的效率和精度，并为许多实际问题提供解决方案，如化学反应和优化、物流和路径规划等。

量子神经网络是量子机器学习中的一个重要分支[43]，是基于量子计算设计的一种神经网络，其结构与经典神经网络相似。量子神经网络的基本单元是量子比特，通过调整量子比特之间的相互作用和测量来实现计算。与传统神经网络不同的是，量子神经网络利用了量子计算机的并行计算能力，可以在较短的时间内完成复杂的计算任务。

本节介绍如何部分量子化经典神经网络以创建混合量子神经网络模型。量子线路由量子逻辑门构成，这些量子逻辑门实现的量子计算被论文“Quantum Circuit Learning”[44-45] 证明是可微分的。因此，研究人员尝试将量子线路与经典神经网络模块放到一起，同时进行混合量子机器学习任务的训练。本节会以使用 VQNet[46] 执行一个神经网络模型训练任务为例，展示 VQNet 的简便性，并鼓励机器学习从业者探索量子计算的可能性。

接下来，以监督学习中的分类问题为例进行讨论。

1. 数据准备

本节使用这个神经网络领域中最基础的手写数字数据集 MNIST[47] 作为分类数据。第一步，加载 MNIST 并只保留包含 0 和 1 的数据样本。这些样本分为训练数据 training_data 和测试数据 testing_data，它们每条数据的维度均为 1×784。

第二步，导入必要的库和模块（见代码 7.23），包括深度学习库、数据加载库、可视化库等。

代码 7.23 导入必要的库和模块

```
1  # 导入必要的库和模块
2  import time
3  import os
4  import struct
5  import gzip
6  from pyvqnet.nn.module import Module
7  from pyvqnet.nn.linear import Linear
8  from pyvqnet.nn.conv import Conv2D
9  from pyvqnet.nn import activation as F
10 from pyvqnet.nn.pooling import MaxPool2D
11 from pyvqnet.nn.loss import CategoricalCrossEntropy
12 from pyvqnet.optim.adam import Adam
13 from pyvqnet.data.data import data_generator
14 from pyvqnet.tensor import tensor
15 from pyvqnet.tensor import QTensor
```

```
16  import pyqpanda as pq
17  
18  import numpy as np
19  import matplotlib.pyplot as plt
20  import matplotlib
21  try:
22      matplotlib.use("TkAgg")
23  except: #pylint:disable=bare-except
24      print("Can not use matplot TkAgg")
25      pass
26  
27  try:
28      import urllib.request
29  except ImportError:
30      raise ImportError("You should use Python 3.x")
31  url_base = "http://yann.lecun.com/exdb/mnist/"
32  key_file = {
33      "train_img": "train-images-idx3-ubyte.gz",
34      "train_label": "train-labels-idx1-ubyte.gz",
35      "test_img": "t10k-images-idx3-ubyte.gz",
36      "test_label": "t10k-labels-idx1-ubyte.gz"
37  }
```

第三步，定义 _download() 函数，用于下载数据文件（MNIST），并在指定目录下存储这些文件，实现代码如代码 7.24 所示。

代码 7.24　下载 MNIST

```
1   # 下载数据，选择数据的存储路径
2   def _download(dataset_dir, file_name):
3       file_path = dataset_dir + "/" + file_name
4   
5       if os.path.exists(file_path):
6           with gzip.GzipFile(file_path) as f:
7               file_path_ungz = file_path[:-3].replace('\\', '/')
8               if not os.path.exists(file_path_ungz):
9                   open(file_path_ungz, "wb").write(f.read())
10          return
11  
12      print("Downloading " + file_name + " ... ")
13      urllib.request.urlretrieve(url_base + file_name, file_path)
14      if os.path.exists(file_path):
15              with gzip.GzipFile(file_path) as f:
16                  file_path_ungz = file_path[:-3].replace('\\', '/')
17                  file_path_ungz = file_path_ungz.replace('-idx', '.idx')
18                  if not os.path.exists(file_path_ungz):
19                      open(file_path_ungz, "wb").write(f.read())
20      print("Done")
```

第四步，定义 download_mnist() 函数，它会调用_download() 函数来下载 MNIST 的所有必要文件。定义 load_mnist() 函数，用于加载 MNIST 数据（见代码 7.25），包括训练数据和测试数据。它读取图像和标签文件，并返回数据作为 numpy 数组。

代码 7.25　加载 MNIST

```
# 加载MNIST数据
def download_mnist(dataset_dir):
    for v in key_file.values():
        _download(dataset_dir, v)


# 加载数据
def load_mnist(dataset = "training_data", digits = np.arange(2), path = "./"):
    import os, struct
    from array import array as pyarray
    download_mnist(path)
    if dataset == "training_data":
        fname_image = os.path.join(path, 'train-images.idx3-ubyte').replace('\\', '/')
        fname_label = os.path.join(path, 'train-labels.idx1-ubyte').replace('\\', '/')
    elif dataset == "testing_data":
        fname_image = os.path.join(path, 't10k-images.idx3-ubyte').replace('\\', '/')
        fname_label = os.path.join(path, 't10k-labels.idx1-ubyte').replace('\\', '/')
    else:
        raise ValueError("dataset must be 'training_data' or 'testing_data'")

    flbl = open(fname_label, 'rb')
    magic_nr, size = struct.unpack(">II", flbl.read(8))
    lbl = pyarray("b", flbl.read())
    flbl.close()

    fimg = open(fname_image, 'rb')
    magic_nr, size, rows, cols = struct.unpack(">IIII", fimg.read(16))
    img = pyarray("B", fimg.read())
    fimg.close()

    ind = [k for k in range(size) if lbl[k] in digits]
    N = len(ind)
    images = np.zeros((N, rows, cols))
    labels = np.zeros((N, 1), dtype = int)
    for i in range(len(ind)):
        images[i] = np.array(img[ind[i] * rows * cols: (ind[i] + 1) * rows * cols]).reshape
            ((rows, cols))
        labels[i] = lbl[ind[i]]

    return images, labels
```

第五步，定义 data_select() 函数，用于选择 MNIST 的子集。该子集仅包括数字 0 和 1，实现代码如代码 7.26 所示。它还对数据进行预处理，包括标准化（将像素值缩放到 0 到 1 之间）和独热编码标签。

代码 7.26　选择 MNIST 的子集

```
# 选择MNIST的子集，这里选择0和1两类数据
def data_select(train_num, test_num):
    x_train, y_train = load_mnist("training_data")
    x_test, y_test = load_mnist("testing_data")
    # 训练数据集的标签仅选择0和1
    idx_train = np.append(np.where(y_train == 0)[0][:train_num],
                    np.where(y_train == 1)[0][:train_num])
    x_train = x_train[idx_train]
    y_train = y_train[idx_train]
    x_train = x_train / 255
    y_train = np.eye(2)[y_train].reshape(-1, 2)
    # 测试数据集的标签仅选择0和1
    idx_test = np.append(np.where(y_test == 0)[0][:test_num],
                    np.where(y_test == 1)[0][:test_num])
    x_test = x_test[idx_test]
    y_test = y_test[idx_test]
    x_test = x_test / 255
    y_test = np.eye(2)[y_test].reshape(-1, 2)
    return x_train, y_train, x_test, y_test
```

第六步，调用 data_select() 函数，选择 100 个训练样本和 50 个测试样本，这些样本仅包括数字 0 和 1。创建一个 Matplotlib 图，用于可视化示例图像，图像数为 n_samples_show。遍历测试集中的图像和标签，首先显示标签为 0 的示例图像，然后显示标签为 1 的示例图像。

代码 7.27　选择标签为 0 和 1 的数据

```
n_samples_show = 6

x_train, y_train, x_test, y_test = data_select(100, 50)
fig, axes = plt.subplots(nrows = 1, ncols = n_samples_show, figsize = (10, 3))

# 对下载的数据进行解压，对标签为1的数据进行解压
for img, targets in zip(x_test, y_test):
    if n_samples_show <= 3:
        break

    if targets[0] == 1:
        axes[n_samples_show - 1].set_title("Labeled: 0")
        axes[n_samples_show - 1].imshow(img.squeeze(), cmap = 'gray')
        axes[n_samples_show - 1].set_xticks([])
        axes[n_samples_show - 1].set_yticks([])
```

```
16          n_samples_show -= 1
17
18  # 对下载的数据进行解压，对标签为0的数据进行解压
19  for img, targets in zip(x_test, y_test):
20      if n_samples_show <= 0:
21          break
22
23      if targets[0] == 0:
24          axes[n_samples_show - 1].set_title("Labeled: 1")
25          axes[n_samples_show - 1].imshow(img.squeeze(), cmap = 'gray')
26          axes[n_samples_show - 1].set_xticks([])
27          axes[n_samples_show - 1].set_yticks([])
28          n_samples_show -= 1
29
30  plt.show()
```

这些示例图像将在 Matplotlib 图中显示出来，以便查看，如图 7.9 所示。

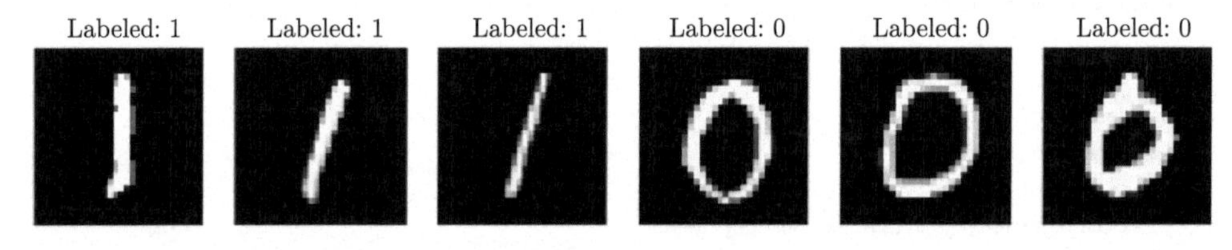

图 7.9　手写数据示例

2. 构建量子线路

在本例中，使用本源量子计算云平台的 PyQPanda 定义一个单量子比特的简单量子线路，如图 7.10 所示。该量子线路将经典神经网络层的输出作为输入，通过 H 门、RY 门进行量子数据编码，并计算 z 方向的哈密顿期望值作为输出。

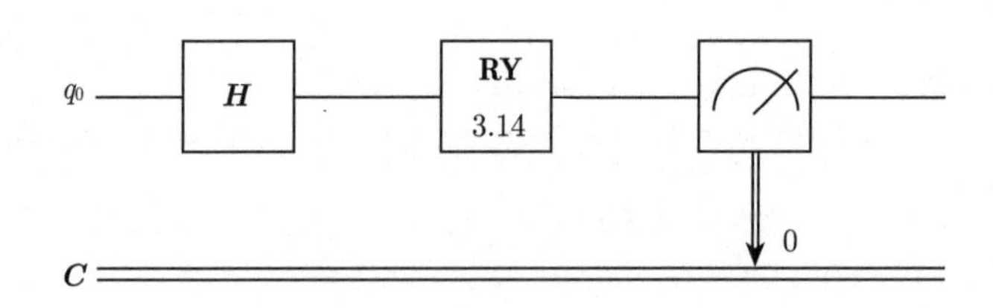

图 7.10　单量子比特的量子线路

示例代码如代码 7.28 所示。

代码 7.28　构建单量子比特的量子线路

```
from pyqpanda import *
import pyqpanda as pq
import numpy as np


def circuit(weights):
    num_qubits = 1
    # PyQPanda 创建模拟器
    machine = pq.CPUQVM()
    machine.init_qvm()
    # PyQPanda 分配量子比特
    qubits = machine.qAlloc_many(num_qubits)
    # PyQPanda 分配经典比特辅助测量
    cbits = machine.cAlloc_many(num_qubits)
    # 构建量子线路
    circuit = pq.QCircuit()
    circuit << pq.H(qubits[0])
    circuit << pq.RY(qubits[0], weights[0])

    prog = pq.QProg()
    prog << circuit
    prog << measure_all(qubits, cbits)

    # 运行量子程序
    result = machine.run_with_configuration(prog, cbits, 100)

    counts = np.array(list(result.values()))
    states = np.array(list(result.keys())).astype(float)
    probabilities = counts / 100
    expectation = np.sum(states * probabilities)
    return expectation
```

3. 构建混合量子神经网络

由于量子线路可以与经典神经网络一起进行自动微分的计算（见图 7.11），因此可以使用 VQNet 的二维卷积层 Conv2D、池化层 MaxPool2D、全连接层 Linear，以及代码 7.28 中构建的量子线路 circuit 构建模型。通过代码 7.29 中继承自 VQNet 自动微分模块 Module 的 Net、Hybrid 类的定义，以及模型前传函数 forward 中对数据前向计算的定义，该算法构建了一个可以自动微分的模型。该模型可对本例中 MNIST 的数据进行卷积、降维、量子编码、测量，从而获取分类任务所需的最终特征。

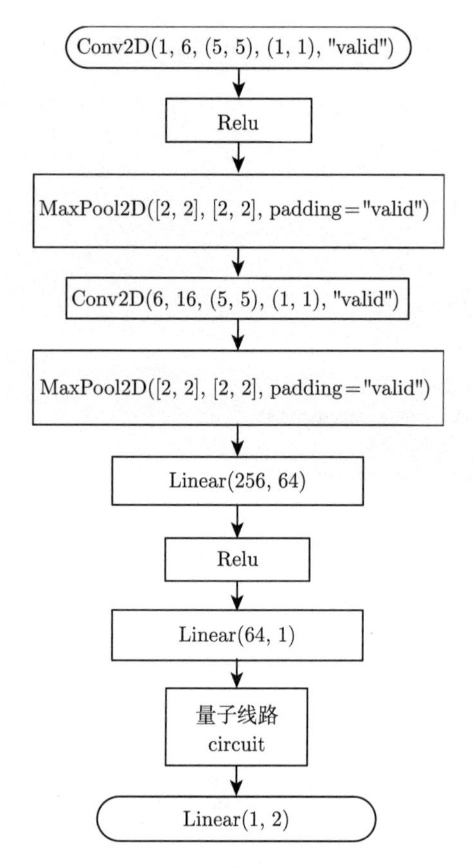

图 7.11　混合量子经典神经网络的计算流程

构建混合量子神经网络的模型结构代码如代码 7.29 所示。

代码 7.29　构建混合量子经典神经网络

```
# 量子计算层的前传函数和梯度计算函数的定义，它们需要继承自抽象类Module
class Hybrid(Module):
    """ Hybrid quantum - Quantum layer definition """

    def __init__(self, shift):
        super(Hybrid, self).__init__()
        self.shift = shift

    def forward(self, input):
        self.input = input
        expectation_z = circuit(np.array(input.data))
        result = [[expectation_z]]
        requires_grad = input.requires_grad and not QTensor.NO_GRAD

        def _backward(g, input):
```

```
16          """ Backward pass computation """
17          input_list = np.array(input.data)
18          shift_right = input_list + np.ones(input_list.shape) * self.shift
19          shift_left = input_list - np.ones(input_list.shape) * self.shift
20
21          gradients = []
22          for i in range(len(input_list)):
23             expectation_right = circuit(shift_right[i])
24             expectation_left = circuit(shift_left[i])
25
26             gradient = expectation_right - expectation_left
27             gradients.append(gradient)
28          gradients = np.array([gradients]).T
29          return gradients * np.array(g)
30
31       nodes = []
32       if input.requires_grad:
33          nodes.append(QTensor.GraphNode(tensor = input, df = lambda g: _backward(g, input
               )))
34       return QTensor(data = result, requires_grad = requires_grad, nodes = nodes)
35
36
37 # 模型定义
38 class Net(Module):
39    def __init__(self):
40       super(Net, self).__init__()
41       self.conv1 = Conv2D(input_channels = 1, output_channels = 6, kernel_size = (5, 5),
              stride = (1, 1), padding = "valid")
42       self.maxpool1 = MaxPool2D([2, 2], [2, 2], padding = "valid")
43       self.conv2 = Conv2D(input_channels = 6, output_channels = 16, kernel_size = (5, 5),
              stride = (1, 1), padding = "valid")
44       self.maxpool2 = MaxPool2D([2, 2], [2, 2], padding = "valid")
45       self.fc1 = Linear(input_channels = 256, output_channels = 64)
46       self.fc2 = Linear(input_channels = 64, output_channels = 1)
47       self.hybrid = Hybrid(np.pi / 2)
48       self.fc3 = Linear(input_channels = 1, output_channels = 2)
49
50    def forward(self, x):
51       x = F.ReLu()(self.conv1(x)) # 1 6 24 24
52       x = self.maxpool1(x)
53       x = F.ReLu()(self.conv2(x)) # 1 16 8 8
54       x = self.maxpool2(x)
55       x = tensor.flatten(x, 1) # 1 256
56       x = F.ReLu()(self.fc1(x)) # 1 64
57       x = self.fc2(x) # 1 1
58       x = self.hybrid(x)
59       x = self.fc3(x)
60       return x
```

4. 进行模型训练和测试

代码 7.28 已经完成了混合量子神经网络模型的定义。与经典神经网络模型训练相似，还需要做的是实例化该模型、定义损失函数与优化器，以及定义整个训练测试流程。混合量子神经网络模型的训练流程（见图 7.12）：首先，通过循环输入数据前向计算损失值，并在反向计算中自动计算出各个待训练参数的梯度；随后，使用优化器进行参数优化，直到迭代次数满足预设值。

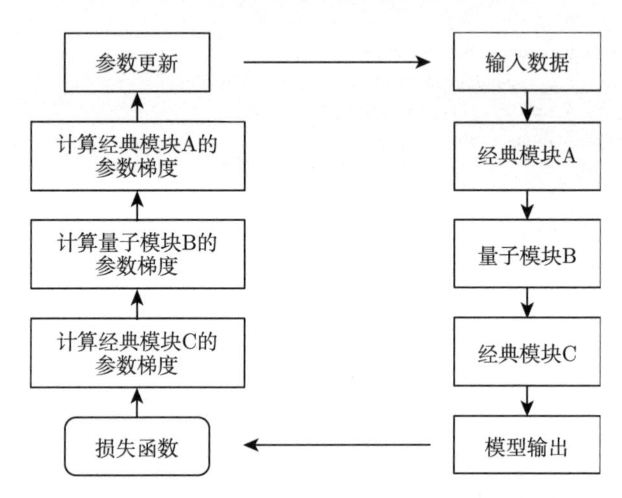

图 7.12 混合量子神经网络模型的训练流程

混合量子神经网络的训练及测试代码如代码 7.30 所示。

代码 7.30 混合量子神经网络模型的训练和测试

```
x_train, y_train, x_test, y_test = data_select(1000, 100)
# 实例化
model = Net()
# 使用Adam()完成此任务就足够了，model.parameters()是模型需要计算的参数
optimizer = Adam(model.parameters(), lr = 0.005)
# 分类任务使用交叉熵函数
loss_func = CategoricalCrossEntropy()

# 迭代次数
epochs = 10
train_loss_list = []
val_loss_list = []
train_acc_list = []
val_acc_list = []

for epoch in range(1, epochs):
    total_loss = []
```

```
18      model.train()
19      batch_size = 1
20      correct = 0
21      n_train = 0
22      for x, y in data_generator(x_train, y_train, batch_size = 1, shuffle=True):
23          x = x.reshape(-1, 1, 28, 28)
24          optimizer.zero_grad()
25          output = model(x)
26          loss = loss_func(y, output)
27          loss_np = np.array(loss.data)
28          np_output = np.array(output.data, copy = False)
29          mask = (np_output.argmax(1) == y.argmax(1))
30          correct += np.sum(np.array(mask))
31          n_train += batch_size
32          loss.backward()
33          optimizer._step()
34          total_loss.append(loss_np)
35
36      train_loss_list.append(np.sum(total_loss) / len(total_loss))
37      train_acc_list.append(np.sum(correct) / n_train)
38
39      model.eval()
40      correct = 0
41      n_eval = 0
42
43      for x, y in data_generator(x_test, y_test, batch_size = 1, shuffle = True):
44          x = x.reshape(-1, 1, 28, 28)
45          output = model(x)
46          loss = loss_func(y, output)
47          loss_np = np.array(loss.data)
48          np_output = np.array(output.data, copy = False)
49          mask = (np_output.argmax(1) == y.argmax(1))
50          correct += np.sum(np.array(mask))
51          n_eval += 1
52
53          total_loss.append(loss_np)
54
55      val_loss_list.append(np.sum(total_loss) / len(total_loss))
56      val_acc_list.append(np.sum(correct) / n_eval)
```

5. 进行数据可视化

训练数据和测试数据上的损失函数与准确率的可视化曲线的实现代码如代码 7.31 所示。

代码 7.31　数据可视化

```
import os

plt.figure()
xrange = range(1, len(train_loss_list) + 1)
figure_path = os.path.join(os.getcwd(), 'HQCNN LOSS.png')
plt.plot(xrange, train_loss_list, color = "blue", label = "train")
plt.plot(xrange, val_loss_list, color = "red", label = "validation")
plt.title('HQCNN')
plt.xlabel("Epochs")
plt.ylabel("Loss")
plt.xticks(np.arange(1, epochs + 1, step = 2))
plt.legend(loc = "upper right")
plt.savefig(figure_path)
plt.show()

plt.figure()
figure_path = os.path.join(os.getcwd(), 'HQCNN Accuracy.png')
plt.plot(xrange, train_acc_list, color = "blue", label = "train")
plt.plot(xrange, val_acc_list, color = "red", label = "validation")
plt.title('HQCNN')
plt.xlabel("Epochs")
plt.ylabel("Accuracy")
plt.xticks(np.arange(1, epochs + 1, step = 2))
plt.legend(loc = "lower right")
plt.savefig(figure_path)
plt.show()
```

损失值变化曲线如图 7.13 所示，准确率变化曲线如图 7.14 所示。

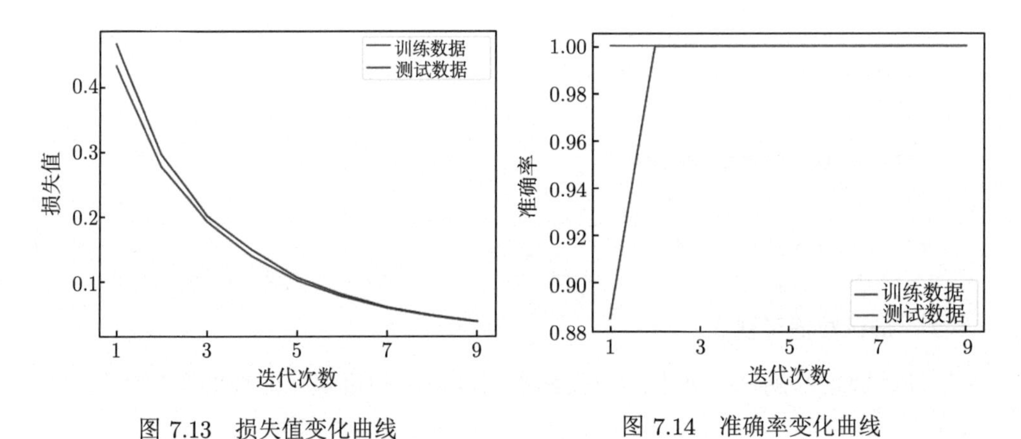

图 7.13　损失值变化曲线　　图 7.14　准确率变化曲线

对分类结果进行展示，如代码 7.32 所示。

代码 7.32　预测结果展示

```
n_samples_show = 6
count = 0
fig, axes = plt.subplots(nrows = 1, ncols = n_samples_show, figsize = (10, 3))
model.eval()
for x, y in data_generator(x_test, y_test, batch_size = 1, shuffle = True):
    if count == n_samples_show:
        break
    x = x.reshape(-1, 1, 28, 28)
    output = model(x)
    pred = QTensor.argmax(output, [1])
    axes[count].imshow(x[0].squeeze(), cmap = 'gray')
    axes[count].set_xticks([])
    axes[count].set_yticks([])

    count += 1
plt.show()
```

分类结果如图 7.15 所示。

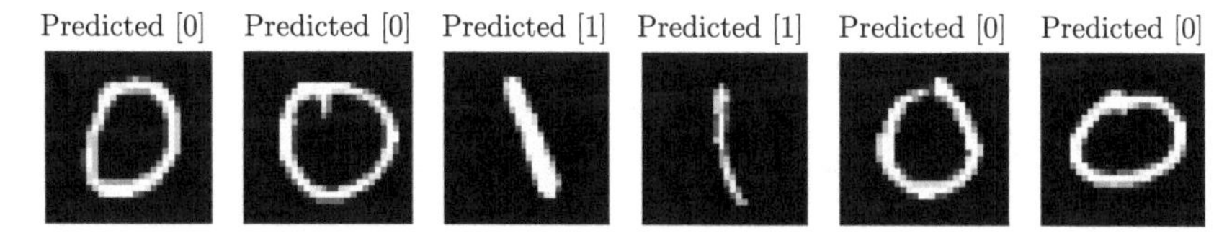

图 7.15　分类结果

练习 7.14　构建混合量子 UNet，并用它完成 MNIST 的十分类任务。

第 8 章　使用含噪声虚拟机验证量子算法

受制于量子比特自身的物理特性，真实的量子计算机常常存在不可避免的计算误差。为了能在量子虚拟机中更好地模拟这种误差，全振幅量子虚拟机支持对噪声进行模拟。含噪声模拟的量子虚拟机更贴近真实的量子计算机，可以自定义噪声类型影响到的量子比特，以及量子逻辑门支持的噪声模型。本章将通过这些自定义噪声形式，使用 QPanda 开发量子程序的现实应用。

8.1　量子计算机的运行机制

量子计算机是一种基于量子力学原理的计算机，在一些情况下具有传统计算机无法比拟的计算能力和速度。量子计算机的运行机制与传统计算机有很大的不同，本节详细介绍量子计算机的运行机制。

8.1.1　量子计算机与传统计算机的区别

传统计算机的运行机制是以经典比特的二进制状态的转换和运算为基础，经典比特只能处于 0 或 1 的状态之一。量子计算机的运行机制则是以量子比特状态（叠加态和纠缠态）的转换和运算为基础。也就是说，它们可以同时处于多个可能的状态。这种状态叠加的特性是量子计算机的一个重要特点，也是量子计算机可以实现指数级加速的原因。图 8.1 所示为量子计算的流程。

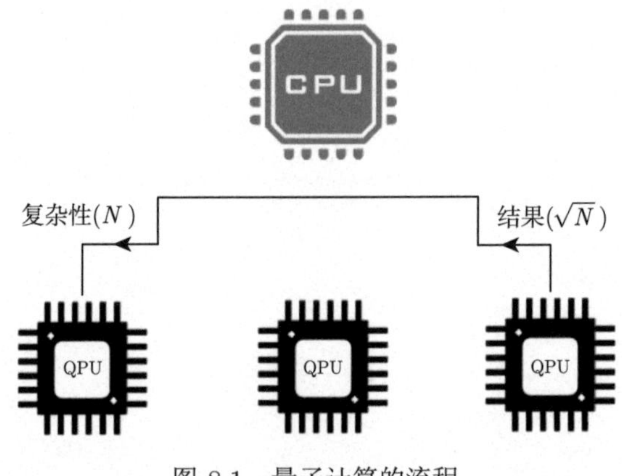

图 8.1　量子计算的流程

8.1.2 量子程序代码构成

量子计算的代码分为宿主代码和设备代码两种。宿主代码（Host Code）主要用来提供数据，不需要执行加速任务；设备代码（Device Code）主要用来描述线路功能，控制量子程序在芯片上的执行顺序，以及传输数据。

描述量子程序的语言与经典语言一样，也分为高级语言和低级语言。在描述线路的时候，不需要考虑量子芯片的底层物理实现，包括在实际线路中芯片支持的量子逻辑门的种类，以及设置的量子逻辑门是否满足芯片中的连通结构。根据量子计算的原理，实际线路中不支持的单比特量子逻辑门可以分解成绕 X 轴和 Y 轴旋转的量子逻辑门序列，2 量子比特量子逻辑门则可以拆分成 CNOT 门、CZ 门及单比特量子逻辑门的组合序列。具体的分解在 8.2 节中具体介绍。

最后，量子计算机的测量操作与传统计算机的输出也存在很大的区别。在传统计算机中，输出是一串二进制数字，对应着经典比特的状态。而在量子计算中，测量操作会导致量子比特坍缩到某个确定的状态上，因此输出结果是一串经典比特的数字序列，代表着量子比特在测量时所处的状态。

8.2 量子逻辑门分解

如果两个量子逻辑门的乘积是相同或等效的，则在合成给定的矩阵时，经常需要利用等效电路来对电路进行简化。为了做到这一点，近年来人们发现并提出了很多量子线路的特性。

任意的单量子比特 U_2 门可以分解为 RZ 和 RY 门，这个分解称为 ZYZ 分解[6]：

$$\boldsymbol{U}_2 = \mathbf{RZ}(\alpha)\mathbf{RY}(\beta)\mathbf{RZ}(\lambda) \tag{8.1}$$

因此，基本门库中的单量子比特计算可以用基本门库中最多 3 个门的序列来实现。对于多量子比特量子线路的分解转换，本节主要介绍 CS（Cosine-Sine）分解、QS（Quantum Shannon）分解[48]、多控门分解[49] 和基础逻辑门转换[50]。

8.2.1 CS 分解

在矩阵计算的 CS 分解中，一个偶数维度的酉矩阵 $\boldsymbol{U} \in \mathbb{C}^{l\times l}$ 能被分解成更小的矩阵 $\boldsymbol{A}_1$、$\boldsymbol{A}_2$、$\boldsymbol{B}_1$、$\boldsymbol{B}_2$ 和实数对角线矩阵 $\boldsymbol{C}$、$\boldsymbol{S}$，其中 $\boldsymbol{C}^2+\boldsymbol{S}^2=\boldsymbol{I}_{l/2}$，且有

$$\boldsymbol{U} = \begin{bmatrix} \boldsymbol{A}_1 & \\ & \boldsymbol{B}_1 \end{bmatrix} \begin{bmatrix} \boldsymbol{C} & -\boldsymbol{S} \\ \boldsymbol{S} & \boldsymbol{C} \end{bmatrix} \begin{bmatrix} \boldsymbol{A}_2 & \\ & \boldsymbol{B}_2 \end{bmatrix} \tag{8.2}$$

其中，等号右侧表达式中的左右两部分 $\boldsymbol{A}_j \oplus \boldsymbol{B}_j$ 是由最重要的量子比特控制的量子多路器，它决定了 $\boldsymbol{A}_j$、$\boldsymbol{B}_j$ 是否被应用到低位的量子比特上；中间部分与 RY 门的结构相同。仔细观察可以发现，低位量子比特的每一个经典配置都将 RY 门应用在最有效位上。因此，CS 分解可以表示成图 8.2 所示的形式。

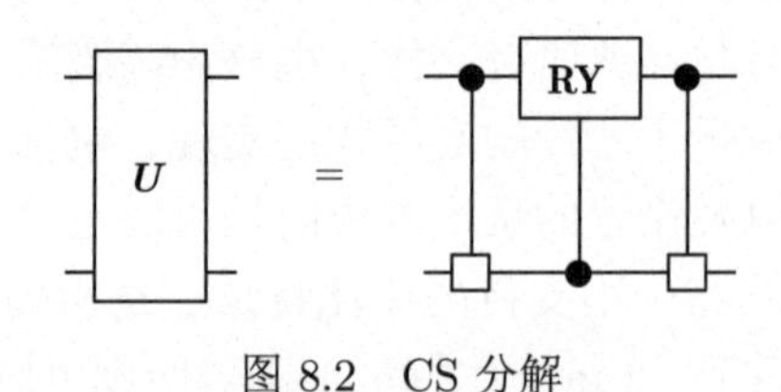

图 8.2　CS 分解

多路 CS 分解可以通过多路拓展特性来增加更多的量子比特，如图 8.3 所示。

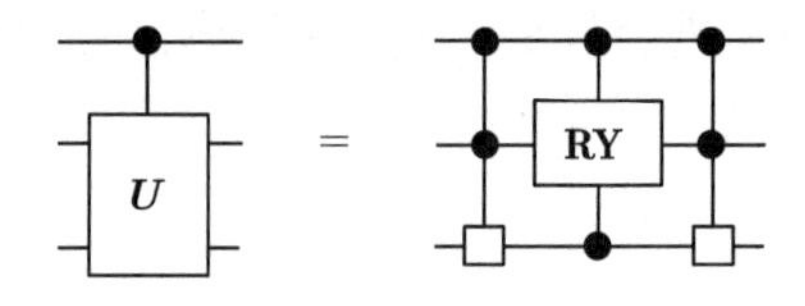

图 8.3　多路 CS 分解

代码示例如代码 8.1 所示，量子线路如图 8.4 所示。

代码 8.1　CS 分解

```
import pyqpanda as pq
import numpy as np
from scipy.stats import unitary_group

if __name__ == "__main__":

    machine = pq.CPUQVM()
    machine.init_qvm()
    q = machine.qAlloc_many(3)
    c = machine.cAlloc_many(3)

    # 生成任意酉矩阵
    unitary_matrix = unitary_group.rvs(2**3,random_state=169384)

    # 输入需要被分解的线路
    prog = pq.QProg()
    prog << pq.matrix_decompose(q,unitary_matrix,mode=pq.DecompositionMode.CSDecomposition
        )
    pq.draw_qprog(prog, "pic")
```

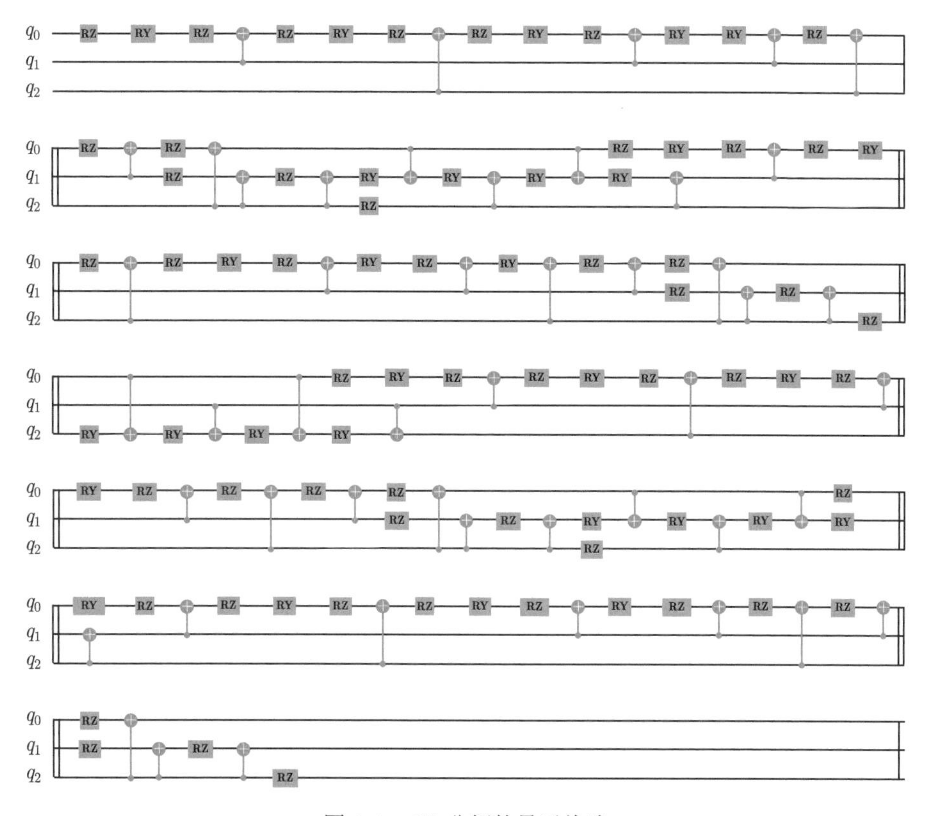

图 8.4　CS 分解的量子线路

8.2.2　QS 分解

QS 分解中涉及多路分解，量子线路如图 8.5 所示。

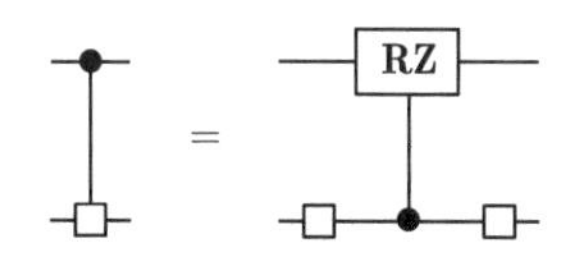

图 8.5　QS 分解的量子线路

令 $\boldsymbol{U}=\boldsymbol{U}_1\oplus\boldsymbol{U}_2$ 为可选多路器，根据 $\boldsymbol{U}$ 的实现来设立并解决这个方程，让酉矩阵 $\boldsymbol{V}$、$\boldsymbol{W}$ 和酉对角线矩阵 $\boldsymbol{D}$ 满足 $\boldsymbol{U}=(\boldsymbol{I}\otimes\boldsymbol{V})(\boldsymbol{D}\oplus\boldsymbol{D}^{\dagger})(\boldsymbol{I}\otimes\boldsymbol{W})$，或者写成

$$\begin{bmatrix}\boldsymbol{U}_1 & \\ & \boldsymbol{U}_2\end{bmatrix}=\begin{bmatrix}\boldsymbol{V} & \\ & \boldsymbol{V}\end{bmatrix}\begin{bmatrix}\boldsymbol{D} & \\ & \boldsymbol{D}^{\dagger}\end{bmatrix}\begin{bmatrix}\boldsymbol{W} & \\ & \boldsymbol{W}\end{bmatrix}\tag{8.3}$$

将 $\boldsymbol{U}_1$、$\boldsymbol{U}_2$ 相乘，消去含 $\boldsymbol{W}$ 的相关项，得到 $\boldsymbol{U}_1\boldsymbol{U}_2^{\dagger}=\boldsymbol{V}\boldsymbol{D}^2\boldsymbol{V}^{\dagger}$。通过这个

方程，可以利用对角化从 $\boldsymbol{U}_1\boldsymbol{U}_2^\dagger$ 中得到 $\boldsymbol{D}$ 和 $\boldsymbol{V}$。此外，$\boldsymbol{W}=\boldsymbol{D}\boldsymbol{V}^\dagger\boldsymbol{U}_2$。标记 $\boldsymbol{D}$ 的对角线，矩阵 $\boldsymbol{D}\oplus\boldsymbol{D}^\dagger$ 在线路中对应 **RZ** 门。

利用新的分解，对式 (8.2) 中 CS 分解结果的量子多路器再进行分解，就能得到递归应用的通用算符分解，如图 8.6 所示。

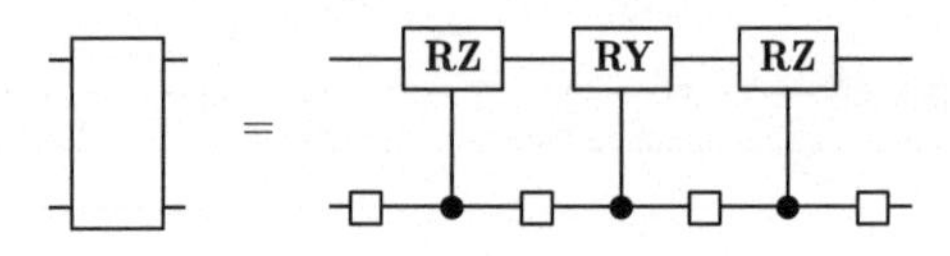

图 8.6　递归应用的通用算符分解

因此，一个任意的 n 量子比特操作算符可以由 3 个复合旋转门和 4 个通用 $n-1$ 量子比特的操作算符来实现。这些算符可以视作原始算符的辅助因子。

QS 分解示例如代码 8.2 所示。

代码 8.2　QS 分解

```
prog = pq.QProg()
prog << pq.matrix_decompose(q,unitary_matrix,mode=pq.DecompositionMode.QSDecomposition)
pq.draw_qprog(prog, "pic")
```

QS 分解的量子线路如图 8.7 所示。

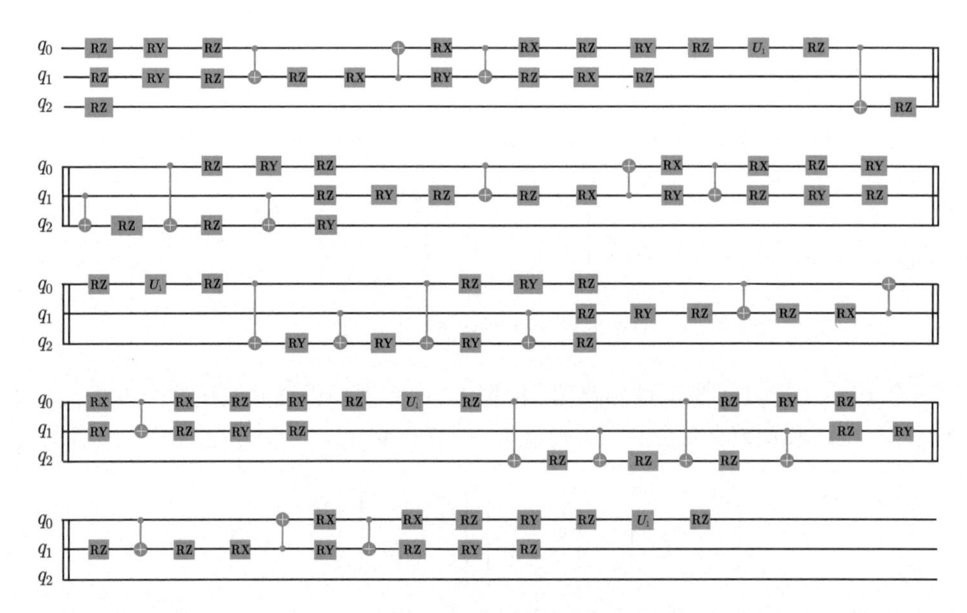

图 8.7　QS 分解的量子线路

8.2.3　多控门分解

目前，由于量子计算的发展受到芯片的运行逻辑门集的限制，无法执行多量子比特逻辑门，因此需要针对多量子比特逻辑门进行量子线路的重新表征。

多量子比特逻辑门中最常用的是多量子比特控制门（简称多控门），例如 Grover 算法中所需的数据索引空间表示、HHL 算法中 uncompute 模块的构建等。

同时，为了使量子程序保真度达到所需阈值之上，降低线路深度是一种有效的方法。通常，使用量子虚拟机来模拟多控门量子线路，然而对某些量子虚拟机而言，含有多控门的量子线路通常深度较大，无法满足模拟要求，图 8.8 所示为一种常用的多控门分解方案，其中 $\boldsymbol{V}^4=\boldsymbol{U}$。

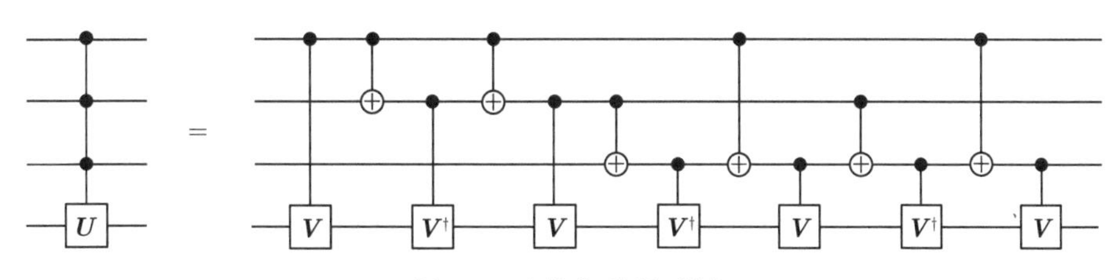

图 8.8　多控门分解示例

不同分解算法的效果天差地别，量子线路的有效分解可以降低量子计算的时间和噪声产生的影响。而由于有噪声的影响，量子线路的大小受到了限制。那么，最小化量子线路的深度能够对量子算法的实现起到至关重要的作用。

分解方案的核心目的是提高量子线路分解的有效性。分解有效性的衡量标准有以下 3 个。

（1）分解后量子线路的深度。

（2）分解的单量子比特逻辑门和双量子比特逻辑门的数量。

（3）是否需要辅助量子比特。

在更加复杂的量子算法场景下，将会出现更多且受控维度更高的多控门。截至本书成稿之日，已实现的真实量子计算机基本都不支持多控门，并且无法保证所有的受控物理量子比特都处于连通状态（现有物理量子芯片都有固定的拓扑结构），所以在真实量子计算机上运行量子算法时，要对多控门进行拆解，将其转换成 n 个量子芯片支持的量子逻辑门的组合，以适配目标量子芯片。

下面介绍一种基于线性深度的多控门分解方案，它的基本思想是：首先将控制位的数量逐次分解递减，多控门逐步被分解为受控比特递减的多控门组合，然后这些多控门再一次被递归分解，直到控制比特为 1。

其中，线性深度的含义是针对量子线路深度随量子比特线性增长的分解方案，而不是分解复杂度线性增加，得到的分解结果是不受控或者由一个量子比特控制的单量子比特逻辑门集合，具体步骤如下。

（1）任意符合 n 个控制比特的多控门均表示为

$$C^n\boldsymbol{U}=Q_n^{\dagger}P_n(\boldsymbol{U})^{\dagger}Q_n(a_1\ \sqrt[2^{n-1}]{\boldsymbol{U}}a_{n+1})P_n(\boldsymbol{U}) \tag{8.4}$$

其中，$a_j\boldsymbol{U}_{a_k}$ 表示一个单量子比特逻辑门同时被一个其他量子比特控制，控制比特是 a_j，目标比特是 a_k，同时 $C^n\boldsymbol{U}$ 表示多量子比特控制，控制比特是 $a_1,\cdots,a_n$，目标比特是 a_{n+1}。

（2）第一次分解会得到 4 个子式，相当于 4 个子量子线路或量子逻辑门，其中：

$$Q_n=\prod_{k=1}^{n-1}C^k\mathbf{RX}(\pi) \tag{8.5}$$

$$P_n(\boldsymbol{U})=\prod_{k=2}^{n}a_k\ \sqrt[2^{n-k+1}]{\boldsymbol{U}}a_{n+1} \tag{8.6}$$

其中，$P_n(\boldsymbol{U})$ 是多个受单个量子比特控制的单量子逻辑门组合，Q_n 是控制比特数量递减的多控门组合。具体地，可以推导出，每次分解后多控门依然存在，但它的控制位数量会递减，即

$$Q_n=Q_{n-1}C^{n-1}\mathbf{RX}(\pi) \tag{8.7}$$

（3）重复上述过程，直到控制比特为 1。

上述方案适用于所有单量子逻辑门受若干其他量子比特控制的情形。在双量子比特逻辑门的控制场景下，可以先做进一步转化，即将双量子比特逻辑门转化为一个或多个多控制位的单量子比特逻辑门的组合，CNOT 门、CZ 门、CR 门、CU 门等可以分别看作 $\boldsymbol{X}$、$\boldsymbol{Z}$、$\boldsymbol{U}_1$、$\boldsymbol{U}_4$ 的单量子比特逻辑门控制形式，交换门（如 SWAP 门、iSWAP 门和 SQiSWAP 门等）则可以转化为上述支持的基础单双门组合。

以图 8.8 所示的 4 量子比特多控门为例，可以得到分解的结果如图 8.9 所示，相应代码如代码 8.3 所示。

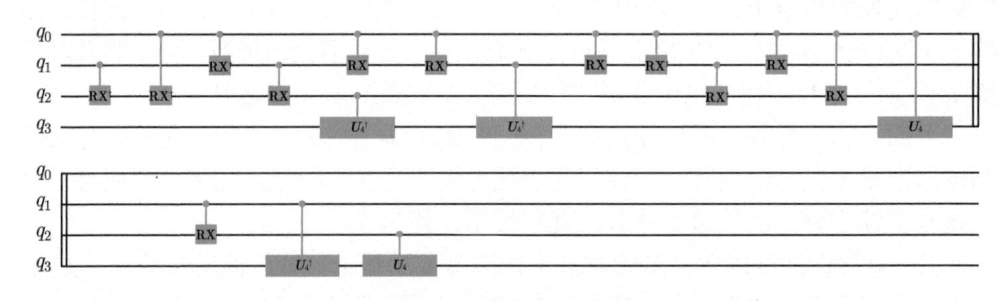

图 8.9　多控门分解结果

代码 8.3　多控门分解

```
import pyqpanda as pq

if __name__ == "__main__":

    machine = pq.CPUQVM()
    machine.init_qvm()
    q = machine.qAlloc_many(4)
    c = machine.cAlloc_many(4)

    # 输入需要被分解的量子线路
    prog = pq.QProg()
    prog << pq.X(q[3]).control([q[0],q[1],q[2]])

    # 执行多控门分解操作
    after_prog = pq.ldd_decompose(prog)
    pq.draw_qprog(after_prog, "pic")
```

8.2.4 基础逻辑门转换

在 NISQ 时代，量子计算机无法做到运行任意量子逻辑门。因此，需要将无法直接运行的量子逻辑门转化为量子芯片所支持的基础量子逻辑门组合，以实现通用计算。本源量子芯片支持的单双门组合为 $\boldsymbol{U}_3$ 和 $\mathbf{CZ}$，因此在编译量子程序时，QPanda 会对非基础量子逻辑门进行转换，下面介绍具体的转换方法。

首先，定义 ϕ 为 XY 平面内某一旋转轴与 X 正向的夹角，则对任意 XY 旋转门，有

$$\boldsymbol{R}_\phi(\theta) = \cos\frac{\theta}{2}\boldsymbol{I} - \mathrm{i}\sin\frac{\theta}{2}(\cos\phi\boldsymbol{\sigma}_x + \sin\phi\boldsymbol{\sigma}_y) = \begin{bmatrix} \cos\dfrac{\theta}{2} & -\mathrm{i}\sin\dfrac{\theta}{2}\mathrm{e}^{-\mathrm{i}\phi} \\ -\mathrm{i}\sin\dfrac{\theta}{2}\mathrm{e}^{\mathrm{i}\phi} & \cos\dfrac{\theta}{2} \end{bmatrix} \tag{8.8}$$

RZ 门的形式为

$$\mathbf{RZ}(\theta) = \cos\frac{\theta}{2}\boldsymbol{I} - \mathrm{i}\sin\frac{\theta}{2}\boldsymbol{\sigma}_z = \begin{bmatrix} 1 & 0 \\ 0 & \mathrm{e}^{\mathrm{i}\theta} \end{bmatrix} \tag{8.9}$$

易证：

$$\begin{aligned} &\mathbf{RX}(\theta_X)\mathbf{RZ}(\theta_Z) = \mathbf{RZ}(\theta_Z)\boldsymbol{R}_{-\theta_Z}(\theta_X) \\ &\mathbf{RZ}(\theta_{Z2})\mathbf{RZ}(\theta_{Z1}) = \mathbf{RZ}(\theta_{Z1} + \theta_{Z2}) \\ &\mathbf{CZ}[\mathbf{RZ}(\theta_{Z1}) \otimes \mathbf{RZ}(\theta_{Z2})] = [\mathbf{RZ}(\theta_{Z1} \otimes \mathbf{RZ}(\theta_{Z2})]\mathbf{CZ} \end{aligned} \tag{8.10}$$

式 (8.8)~ 式 (8.10) 是基础逻辑门的基础。它意味着，将线路中已有的 $\boldsymbol{Z}$ 操作转移到 $\mathbf{XY}$ 操作之后，作为替代，原 $\mathbf{XY}$ 操作的旋转轴将随之变换。而被转移到线路后排的 $\boldsymbol{Z}$ 操作可以合并，并继续转移，以此类推。

这里用单量子比特的 SU(2) 门来举例证明。在量子计算中，SU(2) 门是一种重要的单量子比特逻辑门，通常用于在量子比特之间进行旋转操作。SU(2) 门代表特殊酉群，表示一种酉变换，它保持了量子态的酉性和归一性。SU(2) 门可以描述三维量子系统中的旋转，这些旋转可以通过欧拉角来表示：

$$\boldsymbol{U}(\theta,\phi,\lambda)=\begin{bmatrix}\cos\frac{\theta}{2} & -\mathrm{i}\sin\frac{\theta}{2}\mathrm{e}^{\mathrm{i}\lambda}\\ -\mathrm{i}\sin\frac{\theta}{2}\mathrm{e}^{\mathrm{i}\phi} & \cos\frac{\theta}{2}\mathrm{e}^{\mathrm{i}(\lambda+\phi)}\end{bmatrix} \tag{8.11}$$

利用

$$\mathbf{RX}(\theta)=\mathbf{RZ}\left(-\frac{\pi}{2}\right)\mathbf{RX}\left(\frac{\pi}{2}\right)\mathbf{RZ}(\pi-\theta)\mathbf{RX}\left(\frac{\pi}{2}\right)\mathbf{RZ}\left(-\frac{\pi}{2}\right) \tag{8.12}$$

最终得到

$$\begin{aligned}\boldsymbol{U}(\theta,\phi,\lambda)&=\mathbf{RZ}\left(\phi-\frac{\pi}{2}\right)\mathbf{RX}\left(\frac{\pi}{2}\right)\mathbf{RZ}(\pi-\theta)\mathbf{RX}\left(\frac{\pi}{2}\right)\mathbf{RZ}\left(\lambda-\frac{\pi}{2}\right)\\&=\mathbf{RZ}(\phi+\lambda-\theta)\boldsymbol{R}_{\frac{\pi}{2}+\lambda-\theta}\left(\frac{\pi}{2}\right)\boldsymbol{R}_{\lambda-\frac{\pi}{2}}\left(\frac{\pi}{2}\right)\end{aligned} \tag{8.13}$$

可见，任意的 SU(2) 门都可以轻易转化成两个任意旋转轴的 $\pi/2$ 门，以及一个基础逻辑门。

练习 8.1 在掌握了上述知识后，通过 PyQPanda 实现基础量子逻辑门转换的功能，要求基础单量子比特逻辑门为 U_3 门，双量子比特逻辑门为 CNOT 门。

8.3 量子芯片拓扑结构映射

在物理层面上，不相邻的两个量子比特之间不能直接插入量子逻辑门，这导致绝大多数量子算法无法直接在量子计算机上运行。为了能够实现量子算法中的量子逻辑门，需要在编译的时候，动态地将逻辑比特重新映射到物理比特上。然而，这样会造成很多额外的操作，不可避免地降低量子线路的保真度。

8.3.1 Sabre 算法

本小节介绍现阶段常用的一种基于 SWAP 门的双向启发式算法——Sabre 算法[51] 在量子线路上的实际应用。该算法适用于任意量子比特之间连接的量子拓扑结构，通过引入衰减效应来优化搜索步骤，以减小生成线路的深度，最后将逻辑比特映射到物理比特上。

图 8.10 所示为本源量子计算机中一种量子拓扑结构，其中双向箭头表示两个量子比特直接相邻。由于在物理层面上，量子比特排布的限制，该计算机只能允许对两个相邻的量子比特进行计算。例如，在图 8.10 中，Q_0 和 Q_1、Q_7 通过耦合器直接相连，可以在 $\{Q_0, Q_1\}$、$\{Q_0, Q_7\}$ 这两组量子比特之间插入 CNOT 门。但是，在 $\{Q_0, Q_6\}$ 之间插入 CNOT 门是无法直接实现的，因为 Q_0 和 Q_6 不直接相连。也就是说，无法在两个不相连的量子比特之间直接插入 CNOT 门。

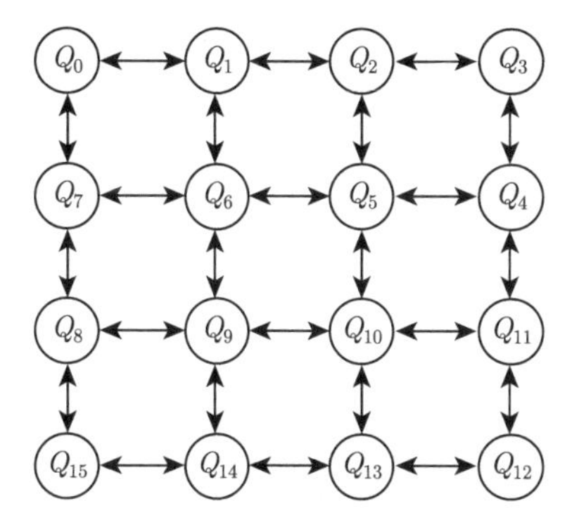

图 8.10　16 量子比特的量子拓扑结构

接下来，使用图 8.11 所示的简单的 4 量子比特量子线路来说明量子比特映射中的问题。该量子线路中，被允许直接进行计算的量子对为 $\{Q_0, Q_1\}$、$\{Q_1, Q_2\}$、$\{Q_2, Q_3\}$、$\{Q_3, Q_0\}$，不能直接进行计算的为 $\{Q_0, Q_2\}$、$\{Q_1, Q_3\}$。在给出的含有 3 个 CNOT 门的量子线路中，假设初始逻辑比特和物理比特的映射关系是 $\{q_0 \mapsto Q_0, q_1 \mapsto Q_1, q_2 \mapsto Q_2, q_3 \mapsto Q_3\}$。

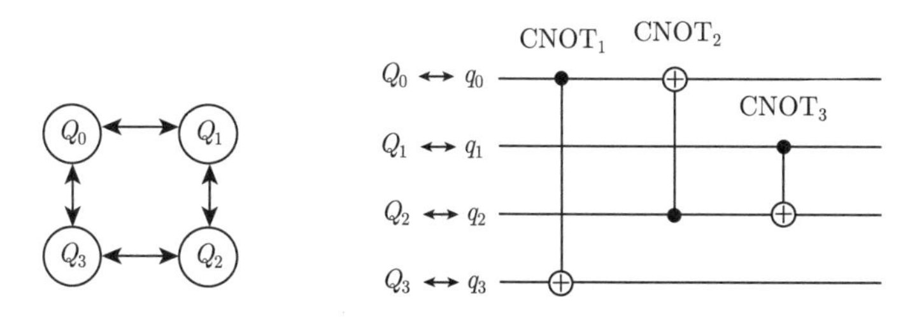

图 8.11　4 量子比特拓扑结构及线路示例

图 8.11 中，CNOT_2 连接的两个量子比特是 Q_0 和 Q_2，但是这样的 CNOT 门在实际量子计算机中无法实现。因此，可以通过使用 SWAP 门来移动 Q_0 或 Q_2 的位置，使它们相邻并可以计算。如图 8.12 所示，插入两个 SWAP 门后，量

子线路中所有的量子比特就都可以进行计算了。

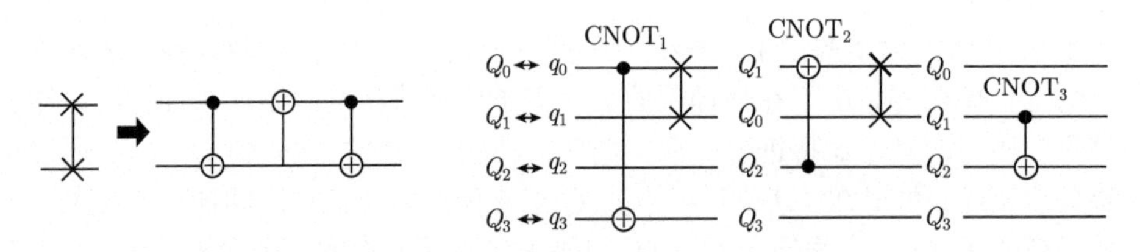

图 8.12　应用 SWAP 门改变量子排布

Sabre 算法就是通过寻找可以插入 SWAP 门的位置，来动态地改变量子比特的邻接位，对量子线路进行优化，使得原本无法在量子计算机上运行的量子逻辑门都能够运行。以前的工作通常采用基于映射的穷举式搜索来寻找有效的映射转换。Sabre 算法则是通过一个启发式成本函数来限制生成量子线路的深度，从而找到插入 SWAP 门的位置。

8.3.2　BMT 拓扑映射算法

BMT（Bounded Model Transform）拓扑映射算法[52] 通过将量子程序转换成有向无环图（Directed Acyclic Graph，DAG）数据结构，并通过对量子线路进行重构来生成新的量子程序。因为每次插入一个 SWAP 门，都相当于插入了 3 个 CNOT 门，这种做法能够减少映射后所生成量子线路中 SWAP 门的数量，从而提高线路的保真度。

以一个含有 3 个 CNOT 门的量子线路中为例，该线路中的 $\text{CNOT}_{0,1}$、$\text{CNOT}_{1,2}$、$\text{CNOT}_{0,2}$ 可以构建如图 8.13 所示的 DAG。

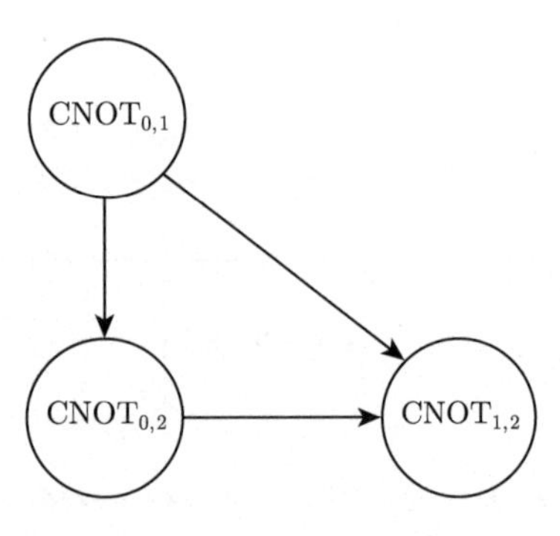

图 8.13　3 个 CNOT 门的 DAG

构建完成后遍历 DAG 以获取最大子图序列，并循环执行入度为 0 的节点（入度为 0 即该节点中量子逻辑门所需的量子比特处于空闲状态，可以执行当前节点中的量子逻辑门)。被执行的节点用于构建最大子图，执行完则需要先将该节点从 DAG 中去除，再处理下一个入度为 0 的节点，直至 DAG 中无节点为止。

遍历由量子程序构建的 DAG 后，可获得格式如图 8.14 所示的数据，该图中还展示了最大子图数据与同构子图数据的映射关系。

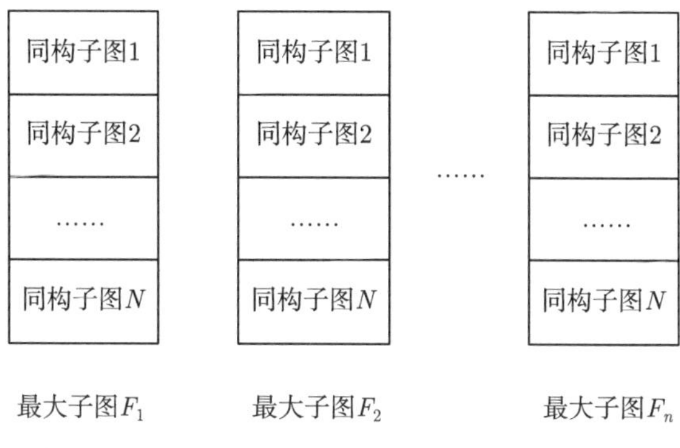

图 8.14 最大子图数据和同构子图数据的映射关系

结合 Token-Swapping 技术，可以寻找消耗最小的映射方法。固定路径：这里主要考虑拓扑结构的最短距离，通过 BFS 算法确定拓扑结构两节点间的固定成本。最大子图都有着自己的映射方法，相邻的最大子图就需要各自映射方法结合 SWAP 门达到效果，就是要将每个最大子图间的 SWAP 门最小化。同时，由于每个最大子图有着多种同构情况，所以这是一个排列组合问题。我们要做的就是将成本最低的组合情况选择出来，最后生成新的量子程序。

练习 8.2 能否结合计算机知识，及上述映射算法背景，构建适用于一维链状结构的映射算法？

8.4 量子计算机的噪声

在当前阶段，量子计算机发展面临的严重挑战之一就是噪声。量子计算机与外界环境的相互作用，导致了系统不可避免的开放性，这使得噪声成为量子计算的一个主要障碍。在使用量子计算机进行数据初始化和读出的过程中，噪声的存在会影响量子比特的稳定性和准确性，从而影响计算的结果。

为了更准确地描述量子操作，密度矩阵被引入量子力学。密度矩阵提供了一种更全面的方式来描述量子系统，特别是在存在噪声的情况下。通过使用密度矩阵，我们可以考虑到量子比特的各种可能状态以及它们之间的相互作用，从而更好地理解和分析量子计算中的噪声效应。

在量子计算中，噪声可能有多种来源和种类，包括环境噪声、量子比特之间的耦合噪声、测量噪声等。这些噪声会导致量子比特相位和幅度的随机扰动，从而影响量子操作的稳定性和准确性。因此，为了有效地应对噪声的影响，需要采取各种噪声抑制和纠正技术，例如量子误差校正和量子噪声模型。这些技术可以最大限度地降低噪声对量子计算的影响，提高量子计算的可靠性和稳定性[53-54]。

8.4.1 开放系统

一个开放系统的波函数的态矢表现形式如式 (8.14) 所示：

$$|\psi\rangle = \alpha|0\rangle + \beta|1\rangle \tag{8.14}$$

由于全局相位无法通过测量得到，所以通常式 (8.14) 中的 α 为实数，相对相位放在 β 中，β 为复数。在没有噪声的理想状态下，量子比特在量子逻辑门的演化下一直处于纯态（Pure State）。

当有噪声干扰时，系统会演化到混合态（Mixed State）。混合态无法使用纯态的线性叠加来表示，通常用系综（Ensemble）来表示。

纯态具有以下 4 个性质。

（1）密度矩阵 $\boldsymbol{\rho}$ 是幂等的，即 $\boldsymbol{\rho}^2 = |\psi\rangle\langle\psi|\psi\rangle\langle\psi| = \boldsymbol{\rho}$。

（2）在任意正交基下的 $\boldsymbol{\rho}$ 的迹 $\mathrm{Tr}\{\boldsymbol{\rho}\} = \sum\limits_i \langle \mathrm{i}|\boldsymbol{\rho}|\mathrm{i}\rangle = \sum\limits_i \langle \mathrm{i}|\psi\rangle\langle\psi|\mathrm{i}\rangle = \langle\psi|\psi\rangle = 1$，进而 $\mathrm{Tr}\left\{\boldsymbol{\rho}^2\right\} = 1$。

（3）厄米特性：$\boldsymbol{\rho}^\dagger = \boldsymbol{\rho}$。

（4）半正定性：$\langle\phi|\boldsymbol{\rho}|\phi\rangle = \langle\phi|\psi\rangle\langle\phi|\psi\rangle = |\langle\phi|\psi\rangle|^2 \geqslant 0$。

混合态具有以下 4 个性质。

（1）密度矩阵 $\boldsymbol{\rho}_{\mathrm{mix}}$ 是非幂等的，即 $\boldsymbol{\rho}_{\mathrm{mix}}^2 \neq \boldsymbol{\rho}_{\mathrm{mix}}$。

（2）在任意正交基下的 $\boldsymbol{\rho}_{\mathrm{mix}}$ 的迹 $\mathrm{Tr}\{\boldsymbol{\rho}_{\mathrm{mix}}\} = 1$（所有可能的测量结果的和）。

（3）$\mathrm{Tr}\left\{\boldsymbol{\rho}_{\mathrm{mix}}^2\right\} < 1$（证明过程中用 Schwartz 不等式即可）。

（4）厄米特性与半正定性。

通过布洛赫球，可以更直观地理解纯态与混合态。球面上每一个点都能映射到一个纯态，球内每一个点都能映射到混合态；完全混合态（也称为最大混合态）是球心，它意味着这里不存在任何量子叠加性，具体如图 8.15 所示。

对 $|\psi\rangle$ 进行测量时，会以 p_1 的概率得到 $|\psi_1\rangle$，以 p_2 的概率得到 $|\psi_2\rangle$，以此类推。可以看到，系综是个统计概念。在测量之前，我们并不知道系统到底处于哪个态。由于每次测量都会以一定概率得到某一个态，所以也无法通过测量确定系综的组成。

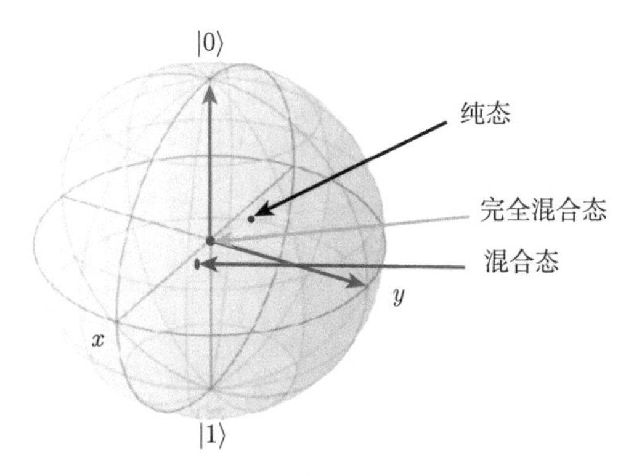

图 8.15　纯态与混合态与布洛赫球的对应

混合态只能使用密度矩阵来表示：

$$\boldsymbol{\rho} = \sum_{i=1}^{n} p_i \left|\psi_i\right\rangle \left\langle\psi_i\right| \tag{8.15}$$

与态矢相比，密度矩阵包含了更多的信息，更加普适，纯态也可以使用密度矩阵表示。相反，态矢无法表示混合态。

密度矩阵的量子逻辑门酉算符演化为

$$\boldsymbol{\rho}' = \boldsymbol{U}\boldsymbol{\rho}\boldsymbol{U}^\dagger \tag{8.16}$$

测量为

$$p(|m\rangle) = \operatorname{Tr}\left\{\boldsymbol{M}_m^\dagger \boldsymbol{M}_m \boldsymbol{\rho}\right\} \tag{8.17}$$

其中，$\boldsymbol{M}_m$ 为测量算符，又称投影算符。例如，要测量 $|0\rangle$，测量算符为 $|0\rangle\langle 0|$，基于密度矩阵，就能发现纯态和混合态之间的区别。假设有如式 (8.18) 所示的两个系统：

$$\begin{matrix} \{|0\rangle \quad |1\rangle\} \\ \left\{\dfrac{1}{2} \quad \dfrac{1}{2}\right\} \end{matrix} \qquad \frac{1}{\sqrt{2}}|0\rangle + \frac{1}{\sqrt{2}}|1\rangle \tag{8.18}$$

它们的密度矩阵如式 (8.19) 所示，可见是完全不同的两个系统：

$$\begin{aligned} \boldsymbol{\rho}_1 &= \frac{1}{2}|0\rangle\langle 0| + \frac{1}{2}|1\rangle\langle 1| = \frac{1}{2}\begin{bmatrix} 1 & 0 \\ 0 & 1 \end{bmatrix} \\ \boldsymbol{\rho}_2 &= \frac{1}{2}(|0\rangle + |1\rangle)(\langle 0| + \langle 1|) = \frac{1}{2}\begin{bmatrix} 1 & 1 \\ 1 & 1 \end{bmatrix} \end{aligned} \tag{8.19}$$

但是，它们的测量结果完全相同：

$$\begin{aligned} p(|0\rangle)_1 &= \operatorname{Tr}\left\{\begin{bmatrix}1 & 0\\0 & 0\end{bmatrix}\begin{bmatrix}1 & 0\\0 & 0\end{bmatrix}\begin{bmatrix}1 & 0\\0 & 1\end{bmatrix}\right\} = \frac{1}{2} \\ p(|0\rangle)_2 &= \operatorname{Tr}\left\{\begin{bmatrix}1 & 0\\0 & 0\end{bmatrix}\begin{bmatrix}1 & 0\\0 & 0\end{bmatrix}\begin{bmatrix}1 & 1\\1 & 1\end{bmatrix}\right\} = \frac{1}{2} \end{aligned} \tag{8.20}$$

这说明，无法通过测量知道系统真正的状态。

对于密度矩阵，恒有 $\operatorname{Tr}\{\boldsymbol{\rho}\}=1$；对于纯态，有 $\operatorname{Tr}\{\boldsymbol{\rho}^2\}=1$；对于混合态，有 $\operatorname{Tr}\{\boldsymbol{\rho}^2\}\leqslant 1$。可以用这个标准来判断一个系统是否处于混合态。

综上可知，具有精确已知状态的量子系统均是纯态。所以，纯态 $|\psi\rangle$ 可以用向量表示，且其密度矩阵表示为 $\boldsymbol{\rho}=|\psi\rangle\langle\psi|$，以 100% 的概率处在状态 $|\psi\rangle$。

如果系统并非处于一个态中，而是以 p_i 的概率处于 $|\psi_i\rangle$（$i=1,\cdots,n$），这种状态无法用一个态矢来描述，被称为**混合态**。混合态的密度矩阵为

$$\boldsymbol{\rho}_{\text{mix}} = \sum_i p_i|\psi_i\rangle\langle\psi_i| \tag{8.21}$$

综上所述，纯态可以借助向量和密度矩阵这两种形式进行描述。但是，混合态只能借助密度矩阵的形式进行描述。易知，混合态不是叠加态，叠加态不是混合态；纯态可以是本征态，也可以是叠加态。

8.4.2 Kraus 算符

图 8.16 所示为量子计算噪声模型，由于环境的干扰，与环境发生了纠缠。这里用 CNOT 门来表示与环境发生相互作用。在信息论中，任何对信息的处理都可以表示为信道。这里用 $\varepsilon(\boldsymbol{\rho})$ 表示含噪声信道。

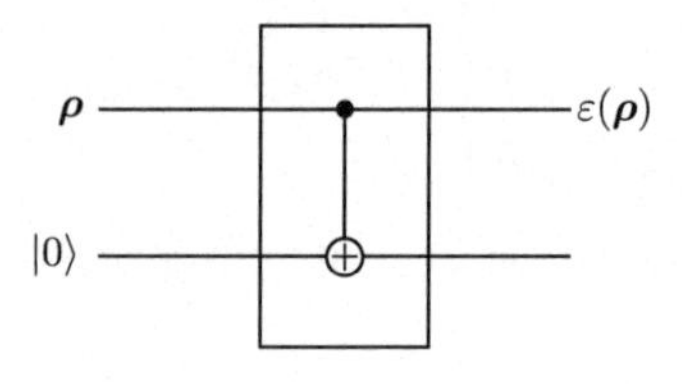

图 8.16 量子计算机噪声模型

假设环境和系统的初始态为 $|00\rangle$，经过噪声作用之后，环境和系统整体处于 $\frac{1}{\sqrt{2}}|00\rangle+\frac{1}{\sqrt{2}}|11\rangle$。我们只关心量子计算机，但处于纠缠态的态矢无法分离出来。

这里使用约化密度矩阵的方法，将子系统的密度矩阵提取出来。环境加系统的密度矩阵为

$$\begin{aligned}\boldsymbol{\rho} &= \left(\frac{|00\rangle + |11\rangle}{\sqrt{2}}\right)\left(\frac{\langle 00| + \langle 11|}{\sqrt{2}}\right) \\ &= \frac{|00\rangle\langle 00| + |11\rangle\langle 00| + |00\rangle\langle 11| + |11\rangle\langle 11|}{2}\end{aligned} \tag{8.22}$$

约化的量子计算机密度矩阵为

$$\boldsymbol{\rho}^0 = \mathrm{Tr}_1\{\boldsymbol{\rho}\} = \frac{|0\rangle\langle 0| + |1\rangle\langle 1|}{\sqrt{2}} = \frac{\boldsymbol{I}}{2} \tag{8.23}$$

由式 (8.22) 可知，环境加系统整体仍处于纯态。由式 (8.23) 可知，量子计算机已经处于混合态。

下面介绍 4 种常见的噪声模型，这些噪声模型使用 Kraus 算符的数学形式来表示。对于任何全正保迹性（Completely Positive Trace Preserving，CPTP），映射 $\boldsymbol{\rho} \mapsto \varepsilon(\boldsymbol{\rho})$ 能被写作以下形式：

$$\varepsilon(\boldsymbol{\rho}) = \sum_{n}^{N} \boldsymbol{K}_n \boldsymbol{\rho} \boldsymbol{K}_n^{\dagger} \tag{8.24}$$

对于 $N < \infty$，有

$$\sum_{i=1}^{N} \boldsymbol{K}_n^{\dagger} \boldsymbol{K}_n = \boldsymbol{I} \tag{8.25}$$

其中，操作 $\boldsymbol{K}_i$ 被称为 Kraus 算符。

下面是 4 种常见的噪声模型的 Kraus 算符（单量子比特）。

（1）振幅阻尼（Amplitude Damping）噪声模型的 Kraus 算符：

$$\boldsymbol{K}_{\mathrm{AD1}} = \begin{bmatrix} 1 & 0 \\ 0 & \sqrt{1-p_{\mathrm{AD}}} \end{bmatrix}, \boldsymbol{K}_{\mathrm{AD2}} = \begin{bmatrix} 0 & \sqrt{p_{\mathrm{AD}}} \\ 0 & 0 \end{bmatrix} \tag{8.26}$$

（2）去相位（Dephasing）噪声模型的 Kraus 算符：

$$\boldsymbol{K}_{\mathrm{DP1}} = \begin{bmatrix} \sqrt{1-p_{\mathrm{DP}}} & 0 \\ 0 & \sqrt{1-p_{\mathrm{DP}}} \end{bmatrix}, \boldsymbol{K}_{\mathrm{DP2}} = \begin{bmatrix} \sqrt{p_{\mathrm{DP}}} & 0 \\ 0 & -\sqrt{p_{\mathrm{DP}}} \end{bmatrix} \tag{8.27}$$

（3）退相干（Decoherence）噪声的主要来源一般为振幅阻尼噪声和去相位噪声，因此，它的 Kraus 算符为二者的组合：

$$\begin{aligned} \boldsymbol{K}_1 = \boldsymbol{K}_{\mathrm{AD1}}\boldsymbol{K}_{\mathrm{DP1}}, \quad \boldsymbol{K}_2 = \boldsymbol{K}_{\mathrm{AD1}}\boldsymbol{K}_{\mathrm{DP2}} \\ \boldsymbol{K}_3 = K_{\mathrm{AD2}}\boldsymbol{K}_{\mathrm{DP1}}, \quad \boldsymbol{K}_4 = \boldsymbol{K}_{\mathrm{AD2}}\boldsymbol{K}_{\mathrm{DP2}} \end{aligned} \tag{8.28}$$

各个噪声模型中的 p 值为噪声模型参数，相互之间没有关系。其中，对量子计算机来讲，除作用在芯片上的噪声（可以用 Kraus 算符形式表示）以外，还有一种作用在测量过程中的噪声。后者不会改变芯片上的量子态，仅仅是测量仪器本身的错误，所以该噪声不是使用 Kraus 算符来表示。

（4）读取噪声（Readout Error）

使用 P_{01} 表示测量得到的量子比特应当为 $|0\rangle$ 但仪器得到的结果为 $|1\rangle$ 的概率，P_{10} 表示测量得到的量子比特应当为 $|1\rangle$ 但仪器得到的结果为 $|0\rangle$ 的概率。

以上为常见的单量子比特噪声模型，多量子比特噪声可以通过单量子比特噪声算符的张量积得到。由于计算机硬件实现的不同，不同噪声类型对计算机的影响程度也不尽相同。本小节仅介绍了量子计算机中比较常见的噪声。

8.4.3 Lindblad 主方程

Kraus 算符的数学模型可由 Lindblad 主方程推导出来。对于开放的系统，如果它与环境有相互作用，则整个体系的哈密顿量可表示为

$$\boldsymbol{H} = \boldsymbol{H}_{\mathrm{s}} + \boldsymbol{H}_{\mathrm{e}} + \boldsymbol{H}_{\mathrm{se}} \tag{8.29}$$

其中，$\boldsymbol{H}_{\mathrm{s}}$ 为系统固有哈密顿量，$\boldsymbol{H}_{\mathrm{e}}$ 为环境哈密顿量（在有些地方，环境被称为 Bath 或 Reservior），$\boldsymbol{H}_{\mathrm{se}}$ 为环境和系统相互作用的哈密顿量。使用密度矩阵表示薛定谔方程，进行 Born-Markov 近似（忽略系统对环境的影响，环境对系统的影响是 Markov 过程），只考虑系统自己的哈密顿量，以及环境对系统哈密顿量的作用，得到由 Lindblad 主方程表示的系统演化过程：

$$\frac{\mathrm{d}\rho}{\mathrm{d}t} = -\frac{\mathrm{i}}{\hbar}[\boldsymbol{H}, \boldsymbol{\rho}] + \sum_j [2\boldsymbol{L}_j\boldsymbol{\rho}\boldsymbol{L}_j^\dagger - \{\boldsymbol{L}_j^\dagger\boldsymbol{L}_j\boldsymbol{\rho}\}] \tag{8.30}$$

其中，$\boldsymbol{H}$ 为式 (8.29) 中的 $\boldsymbol{H}_{\mathrm{s}}$，为系统的哈密顿量；$\boldsymbol{L}$ 为 Lindblad 算符，是环境对系统的作用算符，可能非酉。下面以振幅阻尼为例，演示 Lindblad 主方程和 Kraus 算符之间的关系。振幅阻尼噪声模型的 Kraus 算符，可以表示为降算符 $\boldsymbol{\sigma}\_ = |0\rangle\langle 1|$，对应的 $\boldsymbol{\sigma}\_^\dagger = \boldsymbol{\sigma}_+ = |1\rangle\langle 0|$。假设发生从 $|0\rangle$ 变化到 $|1\rangle$ 的概率为 γ，

则式 (8.30) 中的 Lindblad 算符为 $\sqrt{\gamma}\boldsymbol{\sigma}_{\_}$，主方程可以写为

$$\frac{\mathrm{d}\boldsymbol{\rho}}{\mathrm{d}t}=-\frac{\mathrm{i}}{\hbar}[\boldsymbol{H},\boldsymbol{\rho}]+\gamma[2\boldsymbol{\sigma}_{\_}\boldsymbol{\rho}\boldsymbol{\sigma}_{+}-\boldsymbol{\sigma}_{+}\boldsymbol{\sigma}_{\_}\rho-\boldsymbol{\rho}\boldsymbol{\sigma}_{+}\boldsymbol{\sigma}_{\_}] \tag{8.31}$$

将式 (8.31) 转换到狄拉克图像之下，有

$$\tilde{\boldsymbol{\rho}}(t)=\mathrm{e}^{\mathrm{i}\boldsymbol{H}t}\boldsymbol{\rho}(t)\mathrm{e}^{-\mathrm{i}\boldsymbol{H}t} \tag{8.32}$$

$$\begin{aligned}\tilde{\boldsymbol{\sigma}}_{\_}&=\mathrm{e}^{\mathrm{i}\boldsymbol{H}t}\boldsymbol{\sigma}_{\_}\mathrm{e}^{-\mathrm{i}\boldsymbol{H}t}\\ \tilde{\boldsymbol{\sigma}}_{+}&=\mathrm{e}^{\mathrm{i}\boldsymbol{H}t}\boldsymbol{\sigma}_{+}\mathrm{e}^{-\mathrm{i}\boldsymbol{H}t}\end{aligned} \tag{8.33}$$

将式 (8.32) 和式 (8.33) 代入式 (8.31)，其中等号右侧的第一部分展开为

$$-\frac{\mathrm{i}}{\hbar}[\boldsymbol{H},\tilde{\rho}]=-\frac{\mathrm{i}}{\hbar}(\boldsymbol{H}\mathrm{e}^{\mathrm{i}\boldsymbol{H}t}\boldsymbol{\rho}\mathrm{e}^{-\mathrm{i}\boldsymbol{H}t}-\mathrm{e}^{\mathrm{i}\boldsymbol{H}t}\boldsymbol{\rho}\mathrm{e}^{-\mathrm{i}\boldsymbol{H}t}\boldsymbol{H}) \tag{8.34}$$

由已证明的 $[\boldsymbol{H},\mathrm{e}^{\mathrm{i}\boldsymbol{H}t}]=0$ 对易性容易导出 $[\boldsymbol{H},\mathrm{e}^{-\mathrm{i}\boldsymbol{H}t}]=0$，所以式 (8.34) 的值为 0。因此，式 (8.31) 可写为

$$\frac{\mathrm{d}\tilde{\boldsymbol{\rho}}}{\mathrm{d}t}=\gamma[2\tilde{\boldsymbol{\sigma}}_{\_}\tilde{\boldsymbol{\rho}}\tilde{\boldsymbol{\sigma}}_{+}-\tilde{\boldsymbol{\sigma}}_{+}\tilde{\boldsymbol{\sigma}}_{\_}\tilde{\boldsymbol{\rho}}-\boldsymbol{\rho}\tilde{\boldsymbol{\sigma}}_{+}\tilde{\boldsymbol{\sigma}}_{\_}] \tag{8.35}$$

由欧拉公式可得

$$\begin{aligned}\mathrm{e}^{\mathrm{i}\theta}&=\cos\theta+\mathrm{i}\sin\theta\\ &=\left(1-\frac{1}{2!}\theta^2+\frac{1}{4!}\theta^4-\frac{1}{6!}\theta^6+\cdots\right)\\ &\quad+\mathrm{i}\left(\theta-\frac{1}{3!}\theta^3+\frac{1}{5!}\theta^5-\frac{1}{7!}\theta^7+\cdots\right)\end{aligned} \tag{8.36}$$

由哈密顿量的定义 $\boldsymbol{H}=-\hbar\omega\boldsymbol{\sigma}_z/2$，以及泡利矩阵的关系可得

$$\boldsymbol{\sigma}_z{}^n=\begin{cases}\boldsymbol{I}, & n\ \text{为偶数}\\ \boldsymbol{\sigma}_z, & n\ \text{为奇数}\end{cases} \tag{8.37}$$

将 $\tilde{\boldsymbol{\sigma}}_{+}$、$\tilde{\boldsymbol{\sigma}}_{\_}$ 展开，可得

$$\begin{aligned}\tilde{\boldsymbol{\sigma}}_{+}&=\mathrm{e}^{\mathrm{i}\omega t}\boldsymbol{\sigma}_{+}\\ \tilde{\boldsymbol{\sigma}}_{\_}&=\mathrm{e}^{-\mathrm{i}\omega t}\boldsymbol{\sigma}_{\_}\end{aligned} \tag{8.38}$$

于是，式 (8.35) 可改写为

$$\frac{\mathrm{d}\tilde{\boldsymbol{\rho}}}{\mathrm{d}t} = \gamma[2\boldsymbol{\sigma}_{-}\tilde{\boldsymbol{\rho}}\boldsymbol{\sigma}_{+} - \boldsymbol{\sigma}_{+}\boldsymbol{\sigma}_{-}\tilde{\boldsymbol{\rho}} - \boldsymbol{\rho}\boldsymbol{\sigma}_{+}\boldsymbol{\sigma}_{-}] \tag{8.39}$$

单量子比特系统的密度矩阵可以表示为布洛赫球上的向量 $(\lambda_x, \lambda_y, \lambda_z)$：

$$\boldsymbol{\rho} = \frac{1}{2}(\boldsymbol{I} + \lambda_x\boldsymbol{\sigma}_x + \lambda_y\boldsymbol{\sigma}_y + \lambda_z\boldsymbol{\sigma}_z) \tag{8.40}$$

式 (8.39) 的解可表示为

$$\begin{aligned} \lambda_x &= \lambda_x(0)\mathrm{e}^{-\gamma t} \\ \lambda_y &= \lambda_y(0)\mathrm{e}^{-\gamma t} \\ \lambda_z &= \lambda_z(0)\mathrm{e}^{-2\gamma t} + 1 - \mathrm{e}^{-2\gamma t} \end{aligned} \tag{8.41}$$

令 $\gamma' = 1 - \mathrm{e}^{-2\gamma t}$，用 Kraus 算符的形式重写噪声信道 $\tilde{\boldsymbol{\rho}}(t) = \varepsilon(\tilde{\boldsymbol{\rho}}(0)) = \boldsymbol{K}_1\tilde{\boldsymbol{\rho}}(0)\boldsymbol{K}_1^\dagger + \boldsymbol{K}_2\tilde{\boldsymbol{\rho}}(0)\boldsymbol{K}_2^\dagger$，即可得到 Kraus 算符的矩阵形式：

$$\boldsymbol{K}_1 = \begin{bmatrix} 1 & 0 \\ 0 & \sqrt{1-\gamma'} \end{bmatrix} \quad \boldsymbol{K}_2 = \begin{bmatrix} 0 & \sqrt{\gamma'} \\ 0 & 0 \end{bmatrix} \tag{8.42}$$

可见，该矩阵形式与前述振幅阻尼噪声模型的 Kraus 算符形式一致。

8.4.4 Choi 矩阵

Choi 矩阵是另一种对量子系统的操作形式。以向量密度矩阵 $\tilde{\boldsymbol{\rho}}$ 为条件，将 Lindblad 主方程作为矩阵微分方程：

$$\boldsymbol{\rho} = (\boldsymbol{\rho}_1 \quad \boldsymbol{\rho}_2 \quad \cdots \quad \boldsymbol{\rho}_d) \mapsto \tilde{\boldsymbol{\rho}} = \begin{pmatrix} \boldsymbol{\rho}_1 \\ \boldsymbol{\rho}_2 \\ \vdots \\ \boldsymbol{\rho}_d \end{pmatrix} \tag{8.43}$$

其中，$\boldsymbol{\rho}_i$ 表示 $\boldsymbol{\rho}$ 的第 i 列。

微分矩阵方程可以写成为

$$\dot{\tilde{\boldsymbol{\rho}}} = (\boldsymbol{\mathcal{G}} + \boldsymbol{\mathcal{H}})\tilde{\boldsymbol{\rho}} \tag{8.44}$$

其中，

$$\boldsymbol{\mathcal{G}} = \sum_{m=1}^{N} \bar{\boldsymbol{L}}_m \otimes \boldsymbol{L}_m - \frac{1}{2}\boldsymbol{I} \otimes (\boldsymbol{L}_m^\dagger \boldsymbol{L}_m) - \frac{1}{2}\boldsymbol{I} \otimes (\bar{\boldsymbol{L}}_m^\dagger \bar{\boldsymbol{L}}_m) \otimes \boldsymbol{I} \tag{8.45}$$

$$\boldsymbol{\mathcal{H}} = -\mathrm{i}(\boldsymbol{H} \otimes \boldsymbol{I} - \boldsymbol{I} \otimes \boldsymbol{H}) \tag{8.46}$$

其中，参数上方的横杠表示复数共轭。

计算式 (8.44) 可得

$$\tilde{\boldsymbol{\rho}}(t) = \mathrm{e}^{(\boldsymbol{\mathcal{G}}+\boldsymbol{\mathcal{H}})t}\tilde{\boldsymbol{\rho}}(0) \equiv \boldsymbol{M}\tilde{\boldsymbol{\rho}}(0) \tag{8.47}$$

矩阵 $\boldsymbol{M}$ 被称为系统的演化矩阵，它是由 Choi 矩阵 $\boldsymbol{\mathcal{X}}$ 通过一些元素置换得到的：

$$\boldsymbol{M}_{m+s(n-1),j+s(k-1)} = \boldsymbol{\mathcal{X}}_{(j-1)s+m,(k-1)s+n}, \quad j,k,m,n = 1,2,\cdots,d \tag{8.48}$$

Choi-Jamiolkowski 同构理论对 Choi 矩阵如此重要的原因有所帮助：对于一个作用于密度矩阵的 CPTP 映射 $\Phi : \boldsymbol{A} \mapsto \boldsymbol{B}$，令 E_{ij} 表示第 i 行、第 j 列的值是 1，其余位置是 0，并认为 $\mathcal{X}_\Phi = (\Phi(\boldsymbol{E}_{ij}))_{ij} \in \boldsymbol{A} \otimes \boldsymbol{B}$，则映射 $\Phi \mapsto \boldsymbol{\mathcal{X}}_\Phi$ 是一个同构。

Choi-Jamiolkowski 同构提供了一个从 Choi 矩阵转换到 CPTP 映射的方法。先用 $\boldsymbol{\mathcal{X}}$ 来表示 Choi 矩阵，随后用标准方式将其对角化：

$$\boldsymbol{\mathcal{X}} = \boldsymbol{U}_{\boldsymbol{\mathcal{X}}}\boldsymbol{D}_{\boldsymbol{\mathcal{X}}}\boldsymbol{U}_{\boldsymbol{\mathcal{X}}}^\dagger \tag{8.49}$$

其中，$\boldsymbol{U}_{\boldsymbol{\mathcal{X}}}$ 是 $\boldsymbol{\mathcal{X}}$ 的特征向量矩阵，$\boldsymbol{D}_{\boldsymbol{\mathcal{X}}}$ 是 $\boldsymbol{\mathcal{X}}$ 的特征值的对角线矩阵。接下来，根据式 (8.50) 生成矩阵 $\boldsymbol{e}$：

$$\boldsymbol{e} = \boldsymbol{U}_{\boldsymbol{\mathcal{X}}}\boldsymbol{D}_{\boldsymbol{\mathcal{X}}}^{1/2} \tag{8.50}$$

矩阵的列 $\boldsymbol{e}_i$ 是系统的 CPTP 图的 Kraus 算符。使用式 (8.43) 中映射的逆值将它们转换为矩阵形式，就得到了 Kraus 算符的集合 $\boldsymbol{E}_i$。因此，$\boldsymbol{\rho}$ 可以写作

$$\boldsymbol{\rho}(t) = \sum_i \boldsymbol{E}_i\boldsymbol{\rho}(0)\boldsymbol{E}_i^\dagger \tag{8.51}$$

将 Kraus 表示法转换为 Choi 矩阵的过程倒过来是很简单的。转换形式为

$$\boldsymbol{\mathcal{X}} = \boldsymbol{e}\boldsymbol{e}^\dagger \tag{8.52}$$

最后，注意，对于一个 d 维的系统，Choi 矩阵的尺寸为 $d^2 \times d^2$。因此，它最多有 d^2 个唯一的特征向量。因此，可以得到结论：任何作用于 d 维密度矩阵的 CPTP 映射，最多使用 d^2 个 Kraus 算符就可以表示。这个结论被应用到处理含有噪声的量子系统中，图 8.17 中总结了 3 种有代表性的噪声模型系统及其转换关系。

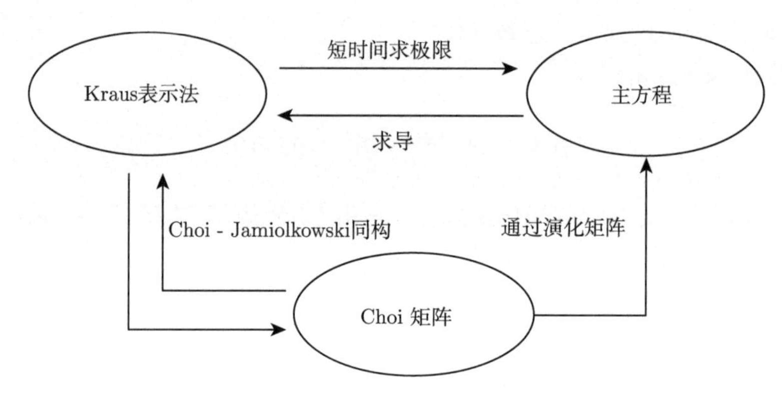

图 8.17　3 种有代表性的噪声系统及其转换关系

8.5　含噪声虚拟机及其使用方法

本源量子计算云平台中包含了带有噪声的量子虚拟机，可以自定义支持的量子逻辑门类型，以及自定义量子逻辑门支持的噪声模型。通过这些自定义形式，使用 PyQPanda 开发量子程序的现实应用程度将更高。

8.5.1　噪声模型介绍

（1）DAMPING_KRAUS_OPERATOR：量子比特的弛豫过程噪声模型。它的 Kraus 算符和表示方法如式 (8.53) 所示。

$$\boldsymbol{K}_1 = \begin{bmatrix} 1 & 0 \\ 0 & \sqrt{1-p} \end{bmatrix},\quad \boldsymbol{K}_2 = \begin{bmatrix} 0 & \sqrt{p} \\ 0 & 0 \end{bmatrix} \tag{8.53}$$

该模型需要一个噪声参数。

（2）DEPHASING_KRAUS_OPERATOR：量子比特的退相位过程噪声模型。它的 Kraus 算符和表示方法如式 (8.54) 所示。

$$\boldsymbol{K}_1 = \begin{bmatrix} \sqrt{1-p} & 0 \\ 0 & \sqrt{1-p} \end{bmatrix},\quad \boldsymbol{K}_2 = \begin{bmatrix} \sqrt{p} & 0 \\ 0 & -\sqrt{p} \end{bmatrix} \tag{8.54}$$

该模型需要一个噪声参数。

（3）DECOHERENCE_KRAUS_OPERATOR：退相干噪声模型。它是上述两种噪声模型的综合，它们的关系如式 (8.55)~ 式 (8.57) 所示。

$$P_{\mathrm{AD}}=1-\mathrm{e}^{-\frac{t_{\mathrm{gate}}}{T_1}},P_{\mathrm{DP}}=0.5\times(1-\mathrm{e}^{-(\frac{t_{\mathrm{gate}}}{T_2}-\frac{t_{\mathrm{gate}}}{2T_1})}) \tag{8.55}$$

$$\boldsymbol{K}_1=\boldsymbol{K}_{\mathrm{AD1}}\boldsymbol{K}_{\mathrm{DP1}},\boldsymbol{K}_2=\boldsymbol{K}_{\mathrm{AD1}}\boldsymbol{K}_{\mathrm{DP2}} \tag{8.56}$$

$$\boldsymbol{K}_3=\boldsymbol{K}_{\mathrm{AD2}}\boldsymbol{K}_{\mathrm{DP1}},\boldsymbol{K}_4=\boldsymbol{K}_{\mathrm{AD2}}\boldsymbol{K}_{\mathrm{DP2}} \tag{8.57}$$

该模型需要 3 个噪声参数。

（4）DEPOLARIZING_KRAUS_OPERATOR：去极化噪声模型，即单量子比特有一定的概率被完全混合态 $\boldsymbol{I}/2$ 代替。它的 Kraus 算符和表示方法如式 (8.58) 和式 (8.59) 所示。

$$\boldsymbol{K}_1=\sqrt{1-\frac{3p}{4}}\boldsymbol{I},\boldsymbol{K}_2=\frac{\sqrt{p}}{2}\boldsymbol{X} \tag{8.58}$$

$$\boldsymbol{K}_3=\frac{\sqrt{p}}{2}\boldsymbol{Y},\boldsymbol{K}_4=\frac{\sqrt{p}}{2}\boldsymbol{Z} \tag{8.59}$$

其中，$\boldsymbol{I}$、$\boldsymbol{X}$、$\boldsymbol{Y}$、$\boldsymbol{Z}$ 分别代表对应量子逻辑门的矩阵形式。该模型需要一个噪声参数。

（5）BITFLIP_KRAUS_OPERATOR：比特翻转噪声模型。它的 Kraus 算符和表示方法如式 (8.60) 所示。

$$\boldsymbol{K}_1=\begin{bmatrix}\sqrt{1-p} & 0\\ 0 & \sqrt{1-p}\end{bmatrix},\boldsymbol{K}_2=\begin{bmatrix}0 & \sqrt{p}\\ \sqrt{p} & 0\end{bmatrix} \tag{8.60}$$

该模型需要一个噪声参数。

（6）BIT_PHASE_FLIP_OPRATOR：比特-相位翻转噪声模型。它的 Kraus 算符和表示方法如式 (8.61) 所示。

$$\boldsymbol{K}_1=\begin{bmatrix}\sqrt{1-p} & 0\\ 0 & \sqrt{1-p}\end{bmatrix},\boldsymbol{K}_2=\begin{bmatrix}0 & -\mathrm{i}\sqrt{p}\\ \mathrm{i}\sqrt{p} & 0\end{bmatrix} \tag{8.61}$$

（7）PHASE_DAMPING_OPRATOR：相位阻尼噪声模型。它的 Kraus 算符和表示方法如式 (8.62) 所示。

$$\boldsymbol{K}_1=\begin{bmatrix}1 & 0\\ 0 & \sqrt{1-p}\end{bmatrix},\boldsymbol{K}_2=\begin{bmatrix}0 & 0\\ 0 & \sqrt{p}\end{bmatrix} \tag{8.62}$$

该模型需要一个噪声参数。

双门噪声模型同样也分为上述几种，它们的输入参数与单门噪声模型一致，双门噪声模型的 Kraus 算符及表示方法与单门噪声模型存在着对应关系：假设单门噪声模型为 $\{\boldsymbol{K}_1, \boldsymbol{K}_2\}$，那么对应的双门噪声模型为 $\{\boldsymbol{K}_1 \otimes \boldsymbol{K}_1, \boldsymbol{K}_1 \otimes \boldsymbol{K}_2, \boldsymbol{K}_2 \otimes \boldsymbol{K}_1, \boldsymbol{K}_2 \otimes \boldsymbol{K}_2\}$。

8.5.2 噪声接口使用

PyQPanda 支持 8.5.1 小节介绍的所有噪声模型，含一个噪声参数的噪声模型的设置示例如代码 8.4 所示。

代码 8.4 含一个噪声参数的噪声模型的设置

```
1  import pyqpanda as pq
2  import numpy as np
3
4  if __name__ == "__main__":
5
6      qvm = pq.DensityMatrixSimulator()
7      qvm.init_qvm()
8      q = qvm.qAlloc_many(4)
9      c = qvm.cAlloc_many(4)
10
11     # 未指定作用量子比特则对所有量子比特生效
12     qvm.set_noise_model(pq.NoiseModel.BITFLIP_KRAUS_OPERATOR, pq.GateType.PAULI_X_GATE,
           0.1)
13
14     # 指定量子比特时，仅对指定的量子比特生效
15     qvm.set_noise_model(pq.NoiseModel.BITFLIP_KRAUS_OPERATOR, pq.GateType.RY_GATE, 0.1, [q
           [0], q[1]])
16
17     # 双门指定量子比特时，需要同时指定两个量子比特，且对量子比特的顺序敏感
18     qvm.set_noise_model(pq.NoiseModel.DAMPING_KRAUS_OPERATOR, pq.GateType.CNOT_GATE, 0.1,
           [[q[0], q[1]], [q[1], q[2]]])
```

使用 qvm 中的 set_noise_model() 函数来设置噪声，函数中的第一个参数为噪声模型类型，第二个参数为量子逻辑门类型，第三个参数为噪声模型所需的参数。更多添加噪声的方法可以参考 PyQPanda 的官方文档。接下来，在密度矩阵虚拟机中添加噪声来进行计算测试，如代码 8.5 所示。

代码 8.5 噪声测试

```
1  import pyqpanda as pq
2  import numpy as np
3
4  if __name__ == "__main__":
```

```

machine = pq.DensityMatrixSimulator()
machine.init_qvm()

q = machine.qAlloc_many(2)
c = machine.cAlloc_many(2)

prog = pq.QProg()
prog << (pq.H(q[0]))\
    << (pq.Y(q[1]))\
    << (pq.RY(q[0], np.pi / 3))\
    << (pq.RX(q[1], np.pi / 6))\
    << (pq.RX(q[1], np.pi / 9))\
    << (pq.CZ(q[0], q[1]))

machine.set_noise_model(pq.NoiseModel.BITFLIP_KRAUS_OPERATOR, pq.GateType.
     HADAMARD_GATE, 0.3)
machine.set_noise_model(pq.NoiseModel.BITFLIP_KRAUS_OPERATOR, pq.GateType.CZ_GATE,
     0.3)

print(machine.get_density_matrix(prog))
print(machine.get_probabilities(prog))

machine.finalize()

[[ 0.12138551+0.j -0.03034845+0.j 0.+0.03569962j 1.+0.03830222j]
[-0.03034845+0.j 0.25005696+0.j 0.-0.03830222j 1.+0.09698317j]
[ 0.-0.03569962j 0.+0.03830222j 0.2054094 +0.j -0.13034845+0.j]
[ 0.-0.03830222j 0.-0.09698317j -0.13034845+0.j 0.42314812+0.j]]

[0.12138551462195893, 0.25005696344073314, 0.20540940462115326, 0.4231481173161546]
```

练习 8.3　通过量子逻辑门分解、多控门分解、基础逻辑门转换、量子比特映射以及噪声模拟的学习，你是否可以通过 PyQPanda 构建芯片仿真模拟程序？

8.6　量子程序的实用分析工具

在量子计算编程开发工作中，需要经常对量子程序内部信息进行相关分析，其中包括获取量子程序的组成结构、对量子线路进行映射转化、在运行之前进行性能调优和相关信息提取等。人们可以根据分析结果有效地对算法进行调优。

其中，最基础的分析工具是量子逻辑门的统计，用于统计量子程序、量子线路、量子循环控制或量子条件控制中所有量子逻辑门的数量。

首先，导入 PyQPanda 包和相关模块，然后初始化一个量子虚拟机，并通过构建一些简单的量子逻辑门组合作为量子线路，如代码 8.6 所示。

代码 8.6 导入 PyQPanda

```
import pyqpanda as pq
import numpy as np

if __name__ == "__main__":

    qvm = pq.CPUQVM()
    qvm.init_qvm()

    qubits = qvm.qAlloc_many(2)
    cbits = qvm.cAlloc_many(2)

    prog = pq.QProg()

    # 构建量子程序
    prog << pq.X(qubits[0]) << pq.Y(qubits[1])\
        << pq.H(qubits[0]) << pq.RX(qubits[0], 3.14)\
        << pq.CNOT(qubits[0],qubits[1])

    from pyqpanda.Visualization import draw_probaility_dict

    qvm.directly_run(prog)
    result_dict = qvm.prob_run_dict(prog, qubits, -1)
    draw_probaility_dict(result_dict)
    qvm.finalize()
```

PyQPanda 中的 get_qgate_num() 用于统计量子逻辑门数量，如代码 8.7 所示。

代码 8.7 统计量子逻辑门数量

```
# 统计量子逻辑门数量
number = pq.get_qgate_num(prog)
print("QGate number: " + str(number))

# 运行结果
# QGate number: 5
```

此外，PyQPanda 中还有一种统计某个量子线路中的某种量子逻辑门数量的接口 count_qgate_num()，如代码 8.8 所示。

代码 8.8 统计量子线路中的量子逻辑门数量

```
# 统计量子逻辑门数量
total_num = pq.count_qgate_num(prog )

```

```
# 统计X门数量
Xnum = pq.count_qgate_num(prog, pq.PAULI_X_GATE);

# 统计H门数量
Hnum = pq.count_qgate_num(prog, pq.HADAMARD_GATE);

# 统计iSWAP门数量
ISWAPnum = pq.count_qgate_num(prog, pq.ISWAP_GATE);

print("QGate number: " , total_num)
print("XGate number: " , Xnum)
print("HGate number: " , Hnum)
print("ISWAPGate number: " , ISWAPnum)

# 运行结果
# QGate number: 5
# XGate number: 1
# HGate number: 1
# ISWAPGate number: 0
```

在已知每个量子逻辑门各自运行所需时间的条件下，如果想要估计整个量子程序在真实芯片上运行的时间，可以使用统计量子程序时钟周期功能。每个量子逻辑门的时间设置在项目的元数据配置文件 QPandaConfig.xml 中，如果未设置则会给定一个默认值，单量子逻辑门的默认时间为 1，双量子逻辑门的时间为 2。

配置文件可仿照代码 8.9 设置。

代码 8.9　量子逻辑门时间设置

```
"QGate":
{
    "SingleGate":{
        "U3":{"time":1}
    },
    "DoubleGate":{
        "CNOT":{"time":2},
        "CZ":{"time":2}
    }
}
```

PyQPanda 中的 get_qprog_clock_cycle() 用于统计量子程序的时钟周期，如代码 8.10 所示。

代码 8.10　统计量子程序的时钟周期

```
# 统计量子程序时钟周期
clock_cycle = pq.get_qprog_clock_cycle(prog, qvm)

```

```
4 print(clock_cycle)
5 
6 # 运行结果
7 # 5
```

对算法分析而言，获取量子线路对应矩阵在量子计算编程开发中经常使用。分析量子线路对应的矩阵有多种方法，PyQPanda 提供了以下两种。

（1）get_matrix()

最基础的获取量子线路矩阵的思路：首先对量子线路中的量子逻辑门进行分层；接着，计算每一层矩阵，需要对每一层量子逻辑门进行张量乘积，在量子比特数较少的情况下会较快，但是不适合量子比特数较多或者复杂的量子线路。这种方法可以通过 get_matrix() 完成，有 3 个输入参数，一个是量子线路 QCircuit（或 QProg）；另外两个是迭代器开始位置和结束位置（可选参数），用于指定一个要获取对应矩阵信息的线路区间，如果这两个参数为空，代表要获取整个量子线路的矩阵信息。需要注意的是，使用 get_matrix() 时量子线路中不能包含测量操作，代码示例如代码 8.11 所示。

代码 8.11　get_matrix() 代码示例

```
1 matrix = pq.get_matrix(prog)
2 print(np.array(matrix).reshape(4,4))
3 
4 # [[ 0. +0.j 0.70710656-0.00056309j 0. +0.j -0.70710656-0.00056309j]
5 # [-0.70710656+0.00056309j 0. +0.j 0.70710656+0.00056309j 0. +0.j ]
6 # [ 0.70710656-0.00056309j 0. +0.j 0.70710656+0.00056309j 0. +0.j ]
7 # [ 0. +0.j -0.70710656+0.00056309j 0. +0.j -0.70710656-0.00056309j]]
```

（2）get_unitary()

在面对量子比特数较多，或者量子线路复杂度较高的情况下，就不得不考虑另一种方法：从计算态矢的角度来考虑，将计算线路矩阵变相转化为计算量子态的过程。下面是该方法的具体思路。

第一，融合量子线路中的量子逻辑门，减少量子线路中的量子逻辑门，减少循环次数，增加量子逻辑门的量子比特数。

第二，构建一个 N（线路宽度）量子比特的单位矩阵，并以此作为后续插入法获取线路矩阵的初始计算态。

第三，对于每一层的量子逻辑门，首先使用 insert 算法找到需要计算的态，使其与量子逻辑门矩阵竖向相乘，计算结果就是量子逻辑门矩阵张成 N 量子比特的矩阵。

这个方法的名字是 get_unitary()，它的计算性能大幅优于 get_matrix()。从随机线路的对比中可以看出，面对量子比特数较多的场景，get_unitary() 的性能有较大提升。

get_unitary() 有 4 个输入参数，分别是量子程序 QProg、正反序获取线路矩阵标志位，以及两个是可选参数（迭代器开始位置和结束位置），用于指定一个要获取对应矩阵信息的线路区间。需要注意的是，使用 get_unitary() 时量子线路中不能包含测量操作，如代码 8.12 所示。

代码 8.12　get_unitary() 代码示例

```
matrix = pq.get_unitary(prog, True)
print(np.array(matrix).reshape(4,4))

# [[ 0.  +0.j 0.70710656-0.00056309j 0.  +0.j -0.70710656-0.00056309j]
# [-0.70710656+0.00056309j 0.  +0.j 0.70710656+0.00056309j 0.  +0.j ]
# [ 0.70710656-0.00056309j 0.  +0.j 0.70710656+0.00056309j 0.  +0.j ]
# [ 0.  +0.j -0.70710656+0.00056309j 0.  +0.j -0.70710656-0.00056309j]]
```

PyQPanda 提供了多种量子线路可视化方法，具体如下。

（1）直接打印：利用 print() 直接输出量子线路字符画。该方法会在控制台输出量子线路，输出格式为 utf8 编码，所以在非 utf8 编码的控制台下，输出的字符画会出现乱码情况。同时，该方法会将当前量子线路字符画信息保存到文件，文件名为 QCircuitTextPictxt，文件用 utf8 编码，并保存在当面路径下。该文件也可以用来查看量子线路信息。注意，该文件要以 uft8 格式打开，否则会出现乱码。

（2）指定编码输出：通过 draw_qprog() 输出量子线路字符画。该方法的功能和 print() 方法相似，区别在于该接口可以指定控制台编码类型，以保证在控制台输出的量子线路字符画能正常显示。

（3）图片形式保存：通过 draw_qprog() 将量子线路保存成图片。假如需要对上述量子程序进行控制台打印和图片输出，具体代码示例如代码 8.13 所示。其中，参数 filename 用于指定保存的文件名。

代码 8.13　draw_qprog() 代码示例

```
from pyqpanda.Visualization import draw_qprog
print(prog)
draw_qprog(prog, 'pic', filename='D:/test_cir_draw.png')

#
# q_0: |0> X  H  RX(3.140000)
#
# q_1: |0> Y             CNOT
#
```

输出的量子线路图片效果如图 8.18 所示。

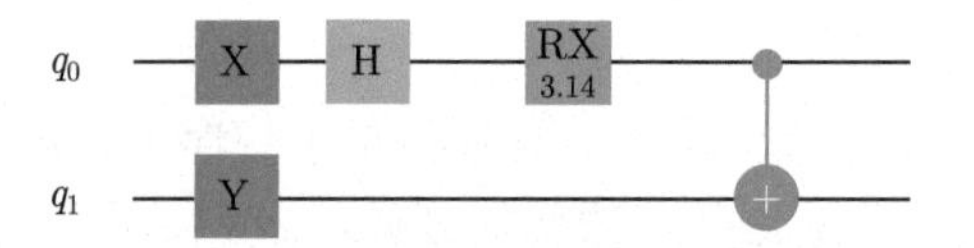

图 8.18　输出的量子线路图片效果

对一些低量子比特系统而言，输出的量子线路图片能够展示整个系统的量子态分布、密度矩阵分布或者布洛赫球运动轨迹等，对算法研究有很大帮助。PyQPanda 提供了类似的功能接口，具体如下。

（1）量子态分布可视化。PyQPanda 的 plot_state_city() 可以打印量子态分布可视化，如代码 8.14 所示。

代码 8.14　plot_state_city() 代码示例

```
from pyqpanda.Visualization import plot_state_city
qvm.directly_run(prog)
result = qvm.get_qstate()
plot_state_city(result)
```

终端会通过 Matplot 绘制具体的量子态分布，如图 8.19 所示。

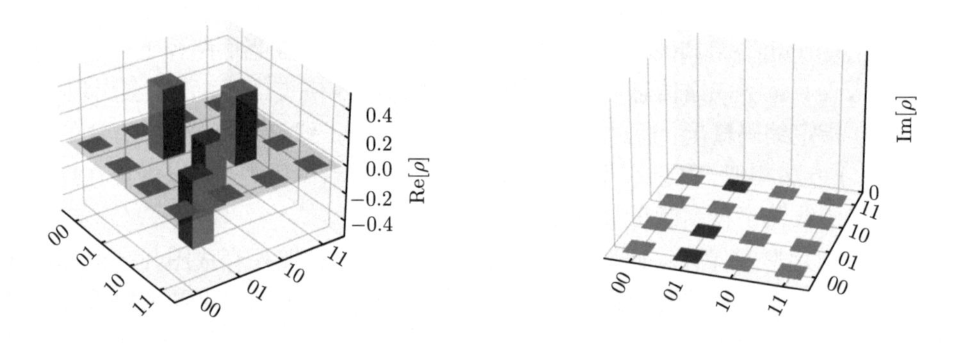

图 8.19　用 Matplot 绘制的具体量子态分布

（2）密度矩阵可视化。PyQPanda 可以通过 plot_density_matrix() 来打印密度矩阵，如代码 8.15 所示。

代码 8.15　plot_density_matrix() 代码示例

```
from pyqpanda.Visualization import state_to_density_matrix
from pyqpanda.Visualization import plot_density_matrix

qvm.directly_run(prog)
result = qvm.get_qstate()
rho = state_to_density_matrix(result)
plot_density_matrix(rho)
```

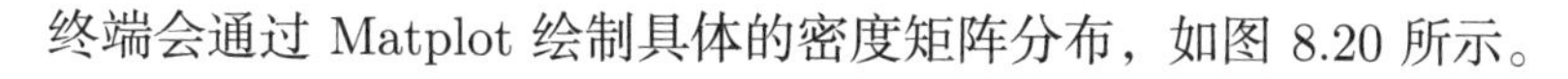

终端会通过 Matplot 绘制具体的密度矩阵分布，如图 8.20 所示。

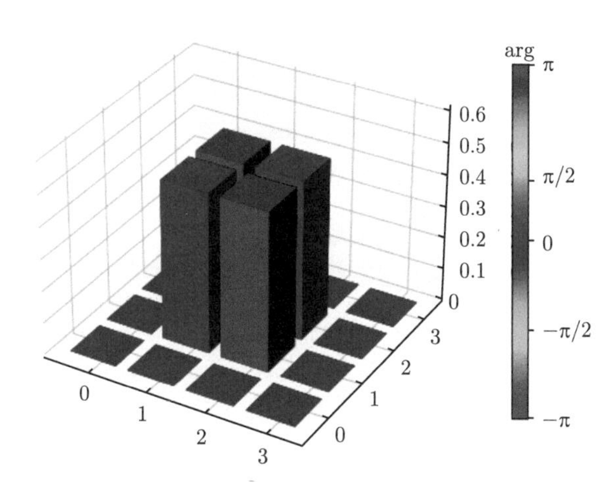

图 8.20　用 Matplot 绘制的具体密度矩阵分布

（3）布洛赫球运动轨迹。对单量子比特而言，有些情况下需要研究它的布洛赫球运动轨迹，这个功能可以通过 plot_bloch_circuit() 实现，如代码 8.16 所示。

代码 8.16　布洛赫球运动轨迹代码示例

```
1 from pyqpanda.Visualization import plot_bloch_circuit
2
3 cir = pq.QCircuit()
4 cir.insert(pq.RX(qubits[0], np.pi/2)) \
5     .insert(pq.RZ(qubits[0], np.pi / 2)) \
6     .insert(pq.RZ(qubits[0], np.pi/6))\
7     .insert(pq.RY(qubits[0], np.pi/3))\
8     .insert(pq.RX(qubits[0], np.pi/9))
9 plot_bloch_circuit(cir)
```

终端会动态展示单量子比特线路的布洛赫球运动轨迹，如图 8.21 所示。

（4）量子态概率分布。在运行一个量子线路并得到概率分布后，可以通过 draw_probability_dict() 绘制具体的概率分布，函数参数是 dict 类型，包含量子态二进制表示与对应的概率，如代码 8.17 所示。

代码 8.17　draw_probability_dict() 代码示例

```
1 from pyqpanda.Visualization import draw_probaility_dict
2 qvm.directly_run(prog)
3 result_dict = qvm.prob_run_dict(prog, qubits, -1)
4 draw_probaility_dict(result_dict)
```

绘制的概率分布如图 8.22 所示。

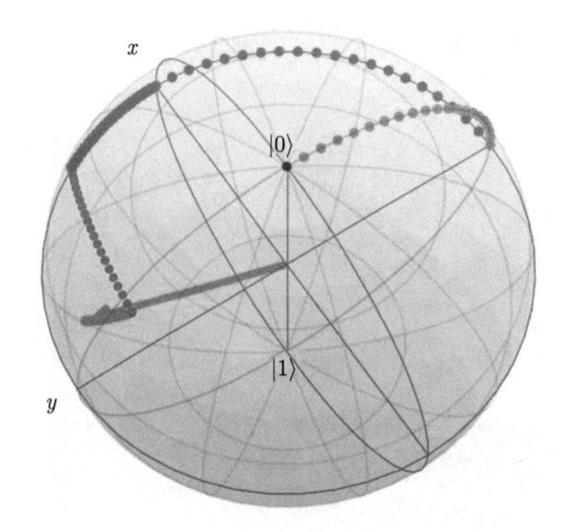

图 8.21　单量子比特线路的布洛赫球运动轨迹

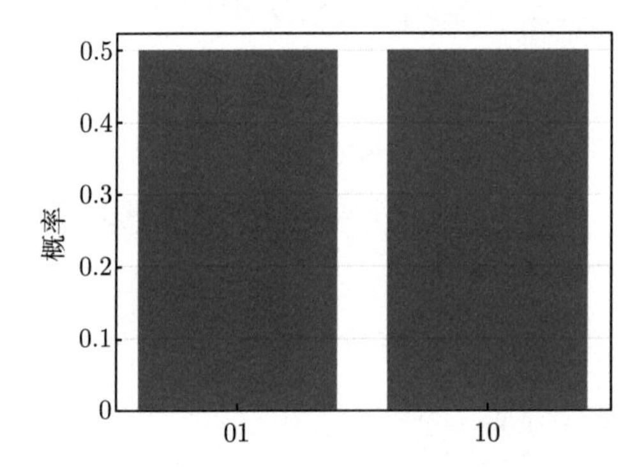

图 8.22　利用 draw_probability_dict() 绘制的概率分布

第 9 章　使用量子计算机运行量子算法

本章介绍如何使用本源量子计算云平台运行量子算法，以及利用量子计算编程框架 QPanda 运行量子算法和量子程序。

9.1　使用本源量子计算云平台运行量子算法

本源量子计算云平台是我国首家基于模拟器研发且能在传统计算机上模拟 32 位量子芯片进行量子计算和量子算法编程的系统。目前，该系统主要服务于各大科研院所、高等院校及相关企业，旨在为专业人员提供基于量子虚拟机的开发平台。本源量子计算云平台提供了多种虚拟计算服务及真实计算服务，其中虚拟计算服务包含全振幅量子虚拟机、含噪声量子虚拟机、部分振幅量子虚拟机和单振幅量子虚拟机。此外，本源量子计算云平台还采用了可视化编程模式图例+量子语言，允许用户轻松拖动、放置图例以进行量子算法模拟，并可将设计的运算转化为量子语言模式深入学习。量子计算云平台是连接用户和量子计算设备之间的桥梁，用户可运行算法或进行实验任务，并通过 OriginQ Cloud 接入本源量子悟空系列超导量子计算机和虚拟计算服务。

9.1.1　本源量子计算云平台

本源量子计算云平台的工作结构可以划分为 4 个部分：后端系统、控制指令、量子云端及用户端。其中，后端系统包括量子虚拟机，以及不同组织机构开发的量子芯片；控制指令则是通过其他编程语言或底层语言构建的能被量子系统识别的指令；量子云端包括可视化编程、数据中转、用户数据存储交流等云服务；用户端包括问题的设计、算法规则构造、可视化结果等。

用户可搜索并访问本源量子计算云平台，点击“工作台”按钮，进入量子云工作台页面。进入工作台后，点击左侧“按钮图形化编程”按钮即可进入量子线路编程页面。

9.1.2　图形化编程页面介绍

本源量子计算云平台的图形化编程页面的布局如图 9.1 所示。

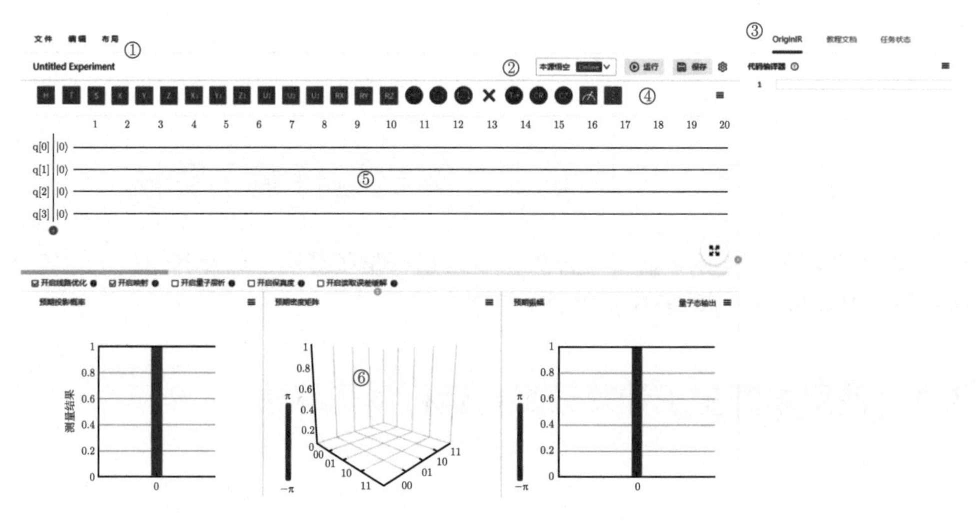

图 9.1　本源量子计算云平台的图形化编程界面

① 菜单栏。用户可通过此菜单新建或打开线路，对线路进行编辑操作，调整页面布局等。

② 计算后端选择和运行、保存区域。创建好线路后，用户可选择不同的计算后端，点击“运行”按钮以获取计算结果，点击“保存”按钮以对当前线路进行保存。

③ 工具栏。用户可查看或编辑 OriginIR 代码，阅读平台教程文档，查看任务状态。

④ 量子逻辑门选择模块。该区域排列着不同的量子逻辑门模块，用户可将它们拖动至图形化编辑区域中，组成具体的量子线路。不同类型的量子逻辑门使用不同的颜色和形状进行区分。

⑤ 图形化编辑区域。在该区域，用户可通过拖曳量子逻辑门和操作模块实现线路创建。其中，每条水平线代表一个量子比特计算线路，用户可根据需要增加或减少量子线路。

⑥ 可视化结果展示区域。该区域展示的结果为理论预测值，忽略了任何测量操作及参数设置的影响。

9.1.3　创建量子线路

本小节介绍在本源量子计算云平台图形化编程页面中创建量子线路方法，这里以 2 量子比特纠缠态作为操作示例。

步骤一：进入图形化编程页面（见图 9.2），选择相应的计算后端。这里以本源悟空 2 号量子芯片为例。

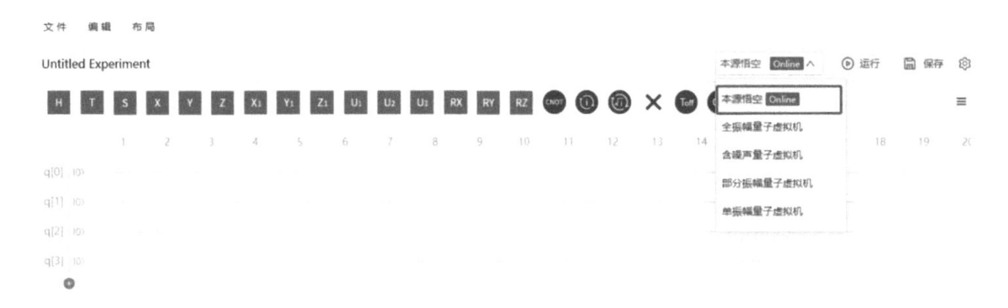

图 9.2　选择计算后端

步骤二：为了方便在实验结果中进行区分，选择修改线路名称，将默认名称更改为“Bell 态”，如图 9.3 所示。

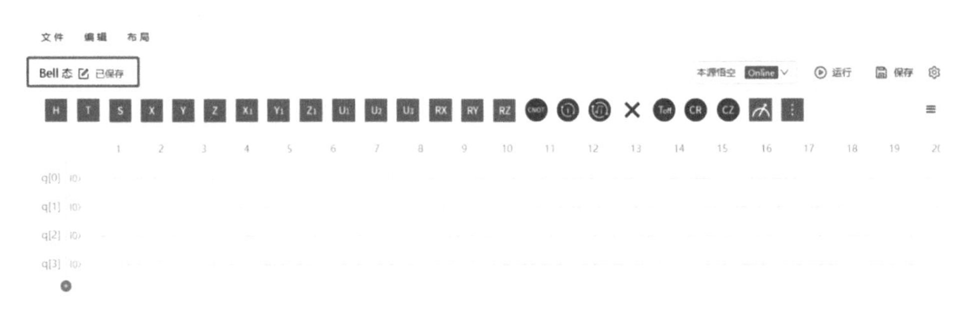

图 9.3　修改线路名称

步骤三：首先，添加 H 门至第一个量子比特，然后在 H 门的右侧添加 CNOT 门，使 CNOT 门可以作用在两个量子比特上（将第一个量子比特设置为控制比特），如图 9.4 所示。在拖动量子逻辑门的过程中，底部可视化结果区域会实时、动态地显示结果。

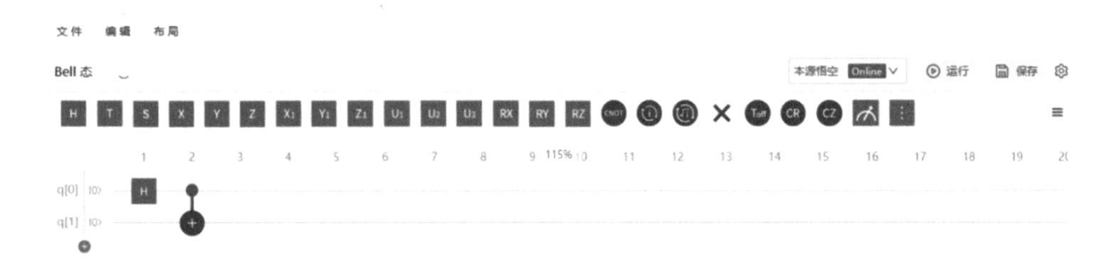

图 9.4　添加量子逻辑门

步骤四：从面板上拖动测量门到计算线路的末端，以添加测量操作，每一个量子比特后均需要放置一个测量门，如图 9.5 所示。

步骤五：上述步骤完成后，量子线路的搭建已经基本完成。接下来，先对试验次数进行设置，再执行运算。点击图 9.1 中区域 ② 右侧的设置图标，在弹出的“重复试验次数”设置对话框中输入试验次数（默认为 1000），点击“确定”即可完成设置，如图 9.6 所示。

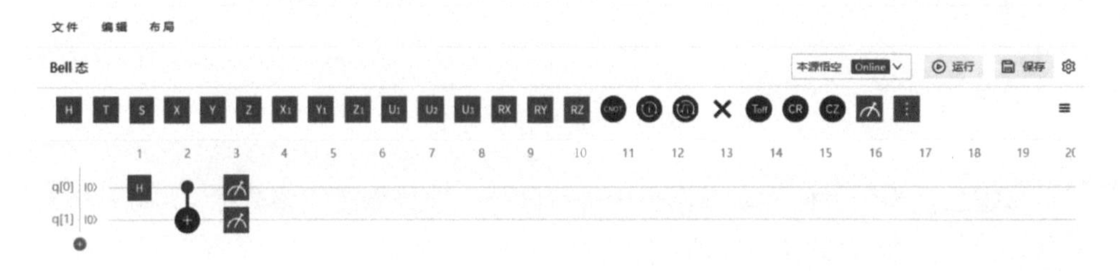

图 9.5　添加测量操作

重复试验次数
(1000-10000)
1000
取消　确定

图 9.6　设置试验次数

步骤六：点击“运行”按钮（见图 9.7），即可获取计算结果。若用户未登录，则需要先完成登录操作才能执行该步骤。

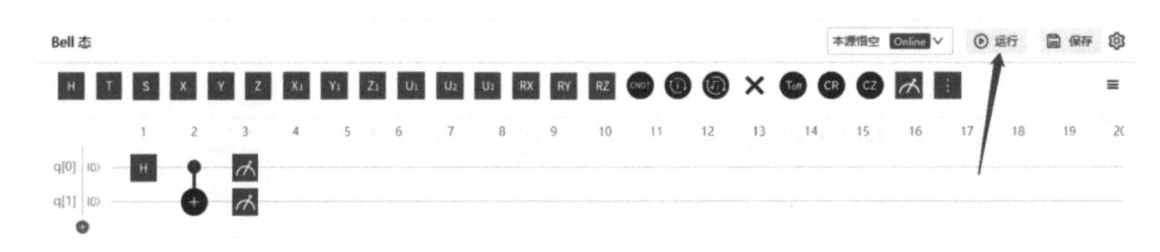

图 9.7　点击“运行”按钮

步骤七：点击“运行”按钮后，右侧工具栏会自动切换到任务状态栏，能够实时看到任务的运行状态（见图 9.8），计算完成后则会出现计算成功提示。

步骤八：点击“了解详情”按钮，查看详细的计算结果。

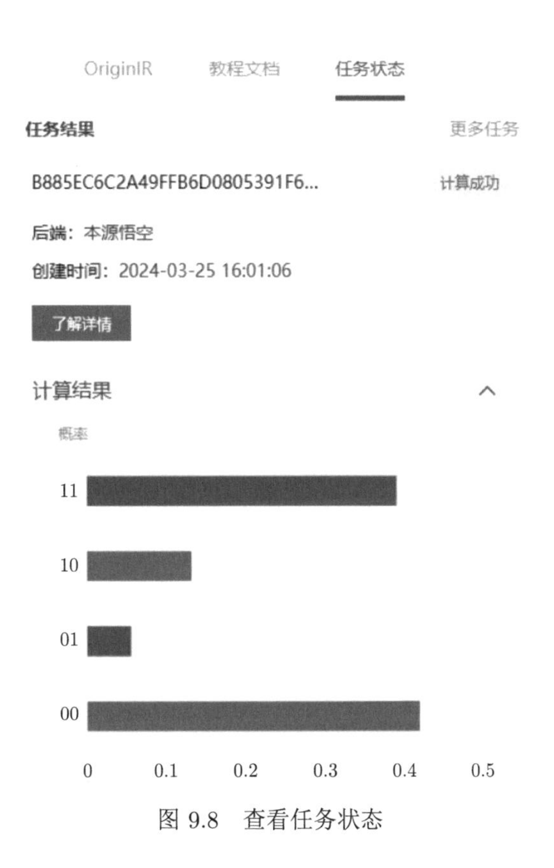

图 9.8　查看任务状态

9.2　使用 QPanda 运行量子算法

9.2.1　概述

量子算法是在现实的量子计算模型上运行的算法，最常用的模型是计算的量子线路模型。经典（或非量子）算法是一种有限的指令序列，或一步地解决问题的过程，或每一步指令都可以在经典计算机上执行。

量子算法是一个逐步的过程，每个步骤都可以在量子计算机上执行。虽然所有经典算法都可以在量子计算机上实现，但量子算法这个术语通常用于那些看起来是量子的算法，或者使用量子计算的一些基本特性（如量子叠加或量子纠缠）的算法。

使用经典计算机无法判定的问题，使用量子计算机仍然无法确定。有趣的是，量子算法可能能够比经典算法更快地解决一些问题，因为量子算法所利用的量子叠加和量子纠缠可能无法在经典计算机上得到有效的模拟。

最著名的量子算法是 Shor 算法和 Grover 提出的搜索非结构化数据库或无序列表的算法。Shor 算法的运行速度比著名的经典因式分解算法（一般的数域筛选算法）快得多（几乎是指数级）。对于同样的任务，Grover 算法的运行速度比最好的经典算法（线性搜索）要快得多。

PyQPanda 集成了多种算法组件（如振幅放大、振幅编码等），以及针对特定问题的算法（如 Grover 算法、HHL 算法等）应用接口。

9.2.2 振幅放大

振幅放大（Amplitude Amplification）线路的主要作用为对给定纯态的振幅进行放大，从而调整其测量结果概率分布，这是算法设计中常用的组件。

对于某个已知大小的可二元分类且分类标准 f 确定的有限集合 Ω，基于 f 可以将集合中的任一元素 $|\psi\rangle$ 表示为两个正交基态 $|\varphi_0\rangle$、$|\varphi_1\rangle$ 的线性组合。

$$|\varphi_0\rangle = |\varphi_1^{\perp}\rangle \tag{9.1}$$

振幅放大量子线路可以将叠加态 $|\psi\rangle$ 表达式中 $|\varphi_1\rangle$ 的振幅放大，从而得到一个结果量子态，能够以大概率测量得到目标量子态 $|\varphi_1\rangle$。

假设可以构造出某种量子逻辑门操作的组合，记该组合为振幅放大算符 $\boldsymbol{Q}$，将 $\boldsymbol{Q}$ 作用 k 次，在量子态 $|\psi\rangle$ 上得到形如式 (9.2) 的量子态：

$$\cos(2k+1)\theta\,|\varphi_0\rangle + \sin(2k+1)\theta\,|\varphi_1\rangle \tag{9.2}$$

那么，振幅放大量子线路的构建就完成了，如图 9.9 所示。

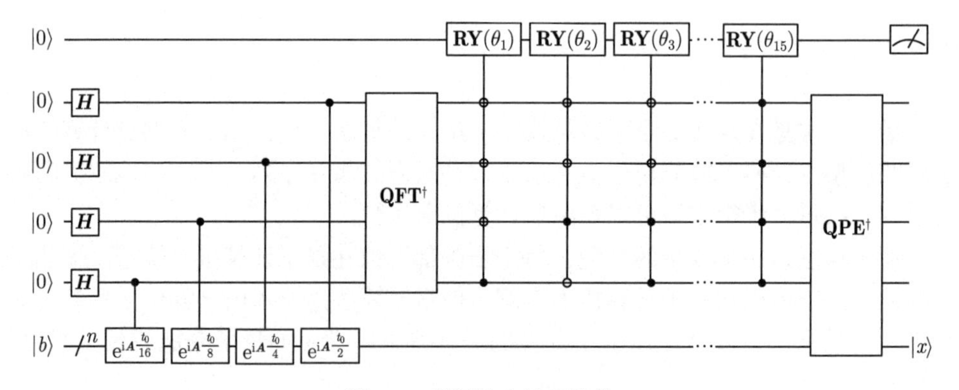

图 9.9　振幅放大量子线路

假设基于集合 Ω 和分类标准 f 的量子态 $|\psi\rangle$ 已经完成制备，关键在于构造振幅放大算符 $\boldsymbol{Q}$。

定义振幅放大算符：

$$
\begin{aligned}
&\boldsymbol{P}_1 = \boldsymbol{I} - 2\left|\varphi_1\right\rangle\left\langle\varphi_1\right| \\
&\boldsymbol{P} = \boldsymbol{I} - 2\left|\psi\right\rangle\left\langle\psi\right| \\
&\boldsymbol{Q} = -\boldsymbol{P}\boldsymbol{P}_1
\end{aligned}
\tag{9.3}
$$

如何通过集合 Ω 和分类标准 f 来制备量子态？$\boldsymbol{P}_1$、$\boldsymbol{P}$ 又是怎样通过量子线路实现的？

简单验证可知，在 $\{\left|\varphi_1\right\rangle, \left|\varphi_0\right\rangle\}$ 张量乘积形成的空间中，$\boldsymbol{Q}$ 可以表示为

$$
\boldsymbol{Q} = \begin{bmatrix} \cos(2\theta) & -\sin(2\theta) \\ \sin(2\theta) & \cos(2\theta) \end{bmatrix} \tag{9.4}
$$

实质上，$\boldsymbol{Q}$ 可以视为一个角度为 2θ 的旋转量子逻辑门操作。因此，有

$$
\boldsymbol{Q}^n\left|\psi\right\rangle = \sin((2n+1)\theta)\left|\varphi_1\right\rangle + \cos((2n+1)\theta)\left|\varphi_0\right\rangle \tag{9.5}
$$

选取合适的旋转次数 n，使得 $\sin^2(2n+1)\theta$ 最接近 1，即可完成振幅放大量子线路。

与经典的遍历分类方法相比，振幅放大量子线路可以充分体现量子计算的优势。

举一个例子，取 $\Omega=\{0,1\}$，$\left|\psi\right\rangle = \sin\frac{\pi}{6}\left|1\right\rangle + \cos\frac{\pi}{6}\left|0\right\rangle$、$\boldsymbol{P}_1 = \boldsymbol{I} - 2\left|1\right\rangle\left\langle 1\right| = \boldsymbol{Z}$、$\boldsymbol{P} = \boldsymbol{I} - 2\left|\psi\right\rangle\left\langle\psi\right|$，振幅放大量子线路的相应代码实例如代码 9.1 所示。

代码 9.1　振幅放大量子线路实例

```
import pyqpanda as pq
from numpy import pi

if __name__ == "__main__":

    # 构建真实芯片后端
    machine = pq.QCloud()
    machine.init_qvm("APIKEY");

    qvec = machine.qAlloc_many(1)
    cvec = machine.cAlloc_many(1)
    prog = pq.create_empty_qprog()

    # 构建量子程序
    prog.insert(pq.RY(qvec[0], pi/3))
    prog.insert(pq.Z(qvec[0]))
    prog.insert(pq.RY(qvec[0], pi*4/3))
```

```
18      prog.insert(pq.measure_all(qvec,cvec))
19
20      # 对量子程序进行概率测量
21      result = machine.real_chip_measure(prog, 10000,pq.real_chip_type.origin_wuyuan_d4)
22
23      # 打印测量结果
24      for key in result:
25            print(key+":"+str(result[key]))
26
27      # 输出结果
28      # 0:0.03109327983951856
29      # 1:0.9689067201604814
```

该实例输出的结果：分别以 1 和 0 的概率得到 $|1\rangle$ 和 $|0\rangle$。

上述计算是使用本源真实芯片完成对应算法的运行过程。首先，登录本源量子云官网，进入个人账户中心，获取个人用户标识符 APIKEY。APIKEY 的作用是为用户传入量子计算云平台用户验证标识 token，可在本地开发环境中使用 PyQPanda 接入本源量子云计算服务。接下来，可以使用量子云机器 QCloud 调用芯片任务计算接口，提交算法线路，将任务传输到量子计算云平台参与远程计算。以代码 9.1 为例，使用量子云运行振幅放大量子线路的代码如代码 9.2 所示。

代码 9.2　使用量子云运行振幅放大量子线路的代码

```
1   import pyqpanda as pq
2   from numpy import pi
3
4   if __name__ == "__main__":
5
6       # 构建真实芯片后端
7       machine = pq.QCloud()
8
9       # 使用云平台个人用户标识符APIKEY初始化
10      machine.init_qvm(APIKEY)
11      qvec = machine.qAlloc_many(1)
12      cvec = machine.cAlloc_many(1)
13      prog = pq.create_empty_qprog()
14
15      # 构建量子程序
16      prog.insert(pq.RY(qvec[0], pi/3))
17      prog.insert(pq.Z(qvec[0]))
18      prog.insert(pq.RY(qvec[0], pi*4/3))
19      prog.insert(pq.measure_all(qvec,cvec))
20
21      # 对量子程序进行概率测量
22      result = machine.real_chip_measure(prog, 10000,pq.real_chip_type.origin_wuyuan_d4)
23
```

```
    # 打印测量结果
    for key in result:
            print(key+":"+str(result[key]))

    # 输出结果
    # 0:0.0210932798395186
    # 1:0.9789062414141424
```

上述代码中，量子云机器的使用方式与本地虚拟机不同，初始化过程需要额外传入量子计算云平台用户验证标识 token，同时计算接口方式也稍有区别。

9.3 量子计算机性能分析指标

9.3.1 概述

测试一台量子计算机的性能有多个维度，最基本的测试基准有线路运行时间、每秒线路层操作数（Circuit Layer Operations Per Second，CLOPS）、量子体积（Quantum Volume，QV）、随机基准（Randomized Benchmarking，RB），以及交叉熵基准等。在不同的维度上运行测试程序，获得评测结果，即可通过分析评测结果来评估量子计算机在各种算法和应用程序上的性能。

9.3.2 线路运行时间

线路运行时间是最简单且最容易理解的测试基准，作为后端执行线路速度的直接表征基准，它主要分为两个部分。其中，线路创建时间是指在经典机器上创建线路和编译所花费的时间，线路执行时间是指在量子虚拟机或硬件后端运行线路所花费的时间（仅包括算法运行的时间，不包括任何排队等待的时间）。

9.3.3 每秒线路层操作数

CLOPS 是 IBM 提出的用于衡量量子计算机运算速度的指标，与衡量传统计算机性能的每秒浮点运算次数相似。

评价量子计算机性能的指标主要有质量、速度和规模。其中，量子计算机质量可以用量子体积来表征，规模可以通过量子比特数来定义，量子计算机的速度指标则由 CLOPS 给出。

随着量子计算技术的不断发展，CLOPS 成为评估量子计算机性能和比较不同量子计算系统之间性能的重要指标。不同的量子计算机架构和实现方式会影响其 CLOPS 值，而高 CLOPS 值通常表示量子计算机在执行复杂计算任务时更加高效。

9.3.4 量子体积

量子体积是一个用于评估量子计算系统性能的协议。它表示可以在系统上执行的最大等宽度深度的随机线路。量子计算系统的操作保真度和关联性越高，校准过的门操作集合越大，量子体积就越大。量子体积与系统的整体性能相关，即与系统的整体错误率、潜在的物理比特关联和门操作并行度有关。总的来说，量子体积是一种用于整体评估量子计算系统的实用指标，数值越大，系统整体的错误率就越低，性能就越好。

测量量子体积的标准做法就是先对系统通过规定的量子线路模型来执行随机的线路操作，尽可能地将量子比特纠缠在一起，然后将实验得到的结果与模拟的结果进行比较。最后，按要求分析统计结果。

量子体积被定义为指数形式：

$$V_{\mathrm{Q}} = 2^n \tag{9.6}$$

其中，n 表示在给定量子比特数 m（m 大于 n）和完成计算任务的条件下，系统操作的最大逻辑深度。如果芯片能执行的最大逻辑深度 n 大于量子比特数 m，那么系统的量子体积就是 2^m。

PyQPanda 中，用于测量量子体积的接口为 calculate_quantum_volume()，输入参数分别噪声虚拟机或量子云机器、待测量的量子比特、随机迭代次数及测量次数，输出为整数，即量子体积。量子体积的代码示例如代码 9.3 所示。

代码 9.3 量子体积的代码示例

```
import pyqpanda as pq

if __name__=="__main__":

    qvm = pq.QCloud()
    qvm.init_qvm(APIKEY)

    # 构建待测量的量子比特组合， 这里为2组。其中，3、4为一组；2、3、5为一组
    qubit_lists = [[3,4], [2,3,5]]

    # 设置随机迭代次数
    ntrials = 100

    # 设置测量次数,即真实芯片或者噪声虚拟机shots数值
    shots = 2000
    qv_result = pq.calculate_quantum_volume(qvm, qubit_lists, ntrials, shots)
    print("Quantum Volume : ", qv_result)
    qvm.finalize()
```

```
19
20  # 运行结果
21  # Quantum Volume : 8
```

9.3.5 随机基准

随机基准测试是量子计算中一种用于量子逻辑门性能评估的实验技术，应用很广泛。它用于测量量子逻辑门的错误率，提供了关于量子计算系统的噪声水平和稳定性的信息。

随机基准测试的主要思想是通过对随机序列的一系列量子逻辑门操作进行测量，来评估量子逻辑门的错误率。这些随机序列的特点是它们会趋向互相抵消，从而降低系统噪声的影响。通过比较实际测量结果和理论预期，可以估计出量子逻辑门的错误率。

（1）生成随机序列：生成一系列随机的量子逻辑门序列。在 Clifford 群中随机需求 m 个门，构成一个序列，这些序列涵盖了不同的量子门操作和顺序。

（2）实验操作：在量子设备上依次执行生成的随机序列，计算该序列的等效 $\boldsymbol{U}$ 操作，该操作的逆（$\boldsymbol{U}^{-1}$）一定也在 Clifford 群中。将 $\boldsymbol{U}^{-1}$ 添加到序列中作为第 $m+1$ 个元素，构成一个完整的序列。

（3）测量结果：对每个随机序列，测量量子比特的状态，并测量量子比特在该随机序列操作之后的 0 态（初态在 0 态）保真度 y_{mk}，最后记录测量结果。

（4）分析：通过比较预期测量结果和实际测量结果，可以得出量子逻辑门的错误率。通常使用指数递减模型来分析错误率。

（5）错误率估计：通过分析获得的数据，可以估计出不同量子逻辑门的平均错误率。计算序列长度为 m 时的平均保真度 $y_m = \dfrac{1}{K}\displaystyle\sum_{1}^{K} y_{mk}$，得到序列平均保真度 y 和序列长度 m 的关系，并用式 (9.7) 拟合。

$$y = A * p^m + B \tag{9.7}$$

其中，A 是指拟合曲线的斜率，表示随着序列长度 m 的增加，平均保真度 y 随之变化的速率或趋势，它反映了序列长度对平均保真度的影响程度；B 是指拟合曲线的截距，表示当序列长度 m 为 0 时平均保真度 y 的值，它反映了在序列长度为 0 时平均保真度的基准值或偏移量。

门操作平均错误率 r_c 与拟合参数的关系为

$$r_c = (1-p) * (2^n - 1) / 2^n \tag{9.8}$$

随着 Clifford 门数量的增加，门序列的平均成功概率会下降，因为当重复应用包含错误的量子逻辑门时，整个门序列的错误概率会单调增加。在 RB 测试中，通常假设不同 Clifford 的噪声超算符相等，在此假设下，门序列的平均成功概率已被证明随 Clifford 门的数量呈指数趋势衰减。PyQPanda 提供了以下 4 个用于随机基准测试的接口。

（1）single_qubit_rb() 用于单量子比特随机基准测试，输入参数为噪声虚拟机或量子云机器、待测量的量子比特、随机线路 Clifford 门的不同数量组合、随机线路的数量及测量次数。输出为字典类型数据，关键值为 Clifford 门的数量，数值对应符合期望的概率。

（2）double_qubit_rb() 用于 2 量子比特随机基准测试，输入参数为噪声虚拟机或量子云机器、待测量的量子比特 0、待测量的量子比特 1、随机线路 Clifford 门的不同数量组合、随机线路的数量及测量次数。输出为字典类型数据，关键值为 Clifford 门的数量，数值对应符合期望的概率。

随机基准测试的代码示例如代码 9.4 所示。

代码 9.4　随机基准测试的代码示例

```
1  import pyqpanda as pq
2
3  if __name__=="__main__":
4
5      qvm = pq.QCloud()
6      qvm.init_qvm(APIKEY)
7      qv = qvm.qAlloc_many(1)
8      # 设置随机线路中Clifford门数量
9      range = [ 5,10,15 ]
10
11     # 测量单量子比特随机基准
12     result = pq.single_qubit_rb(qvm, qv[0], range, 10, 1000)
13
14     # 同样可以测量2量子比特随机基准
15     # result = double_qubit_rb(qvm, qv[0], qv[1], range, 10, 1000)
16
17     # 对应的数值受噪声影响，噪声数值越大，所得结果越小，且Clifford门的数量越多，结果越小
18     print(result)
19
20     qvm.finalize()
21
22     # 运行结果
23     # 5: 0.9996, 10: 0.9999, 15: 0.9993000000000001
```

9.3.6 交叉熵基准

谷歌在 *Nature Physics* 上发表的文章“Characterizing quantum supremacy in near-term devices”奠定了量子优势的理论基础。该文章提出的从随机量子线路的输出中采样比特串的任务，可看作量子计算的“hello world”程序。争论的结果是，随机混沌系统运行的时间越长，这些系统输出变得难以预测的速度就越快。构建一个随机、混沌的量子比特系统，并测试经典系统模拟前者所需的时间，就可以获得量子计算机何时超越经典计算机的良好度量。可以说，这是证明经典计算机和量子计算机之间的计算能力的指数式分离的最强理论方案。

在随机量子线路中确定量子优势边界迅速成为一个令人激动的研究领域。一方面，通过优化经典算法来模拟量子线路的方案的目的是增加要实现量子优势的量子线路的规模。这迫使实验的量子设备需要通过足够多的量子比特数、足够低的误差率来实现深度（线路中量子逻辑门的层数）足够大的线路，才能实现量子优势。另一方面，更加理解用于构建随机量子线路的量子逻辑门的特定选择如何影响模拟成本，从而得到近期的量子优势的优化基准。在某些情况下，用经典计算机模拟的成本是该方案成本的二次方。

交叉熵基准测试是一种通过应用随机量子线路并测量观察到的位串测量值与通过模拟获得的这些位串的预期概率之间的交叉熵来评估门性能的方法。成功地利用随机线路的量子优势实验将能展示大规模容错量子计算机的基础构建模块。

交叉熵基准测试实验收集了执行随机量子线路时受到噪声影响的数据。应用带有单元 $\boldsymbol{U}$ 的随机量子线路的效果被模拟为去极化通道。初始状态 $|\psi\rangle$ 映射到密度矩阵 $\boldsymbol{\rho_U}$：

$$|\psi\rangle \mapsto \boldsymbol{\rho_U} = f\,|\psi_{\boldsymbol{U}}\rangle\,\langle\psi_{\boldsymbol{U}}| + (1-f)\boldsymbol{I}/D \tag{9.9}$$

其中，$|\psi_{\boldsymbol{U}}\rangle = \boldsymbol{U}\,|\psi\rangle$，$D$ 是希尔伯特空间的维度，$\boldsymbol{I}/D$ 是最大混合状态，f 是电路应用的保真度。要使这个模型准确无误，需要一个 $\boldsymbol{U}$ 能扰乱错误的随机线路。在实践中，使用了一种特殊的线路范式，由随机单量子比特旋转门与纠缠门交错组成。这里引入能表示所有概率之和的观测值 $\boldsymbol{O_U}$，如 $\boldsymbol{O_U}|x\rangle = p(x)|s\rangle$，对于任意的位字符串 x，可以根据如式 (9.10) 进行推导：

$$\begin{aligned} e_{\boldsymbol{U}} &= \langle\psi_{\boldsymbol{U}}|\boldsymbol{O_U}|\psi_{\boldsymbol{U}}\rangle = \sum_x \boldsymbol{a}_x^* \langle x|\boldsymbol{O_U}|x\rangle \boldsymbol{a}_x \\ &= \sum_x \boldsymbol{a}_x^* p(x)\langle x|\boldsymbol{O_U}|x\rangle = \sum_x \boldsymbol{a}_x^* p(x)p(x) \end{aligned} \tag{9.10}$$

其中，$e_{\boldsymbol{U}}$ 是理想概率的平方和。$u_{\boldsymbol{U}}$ 是一个只取决于算符的归一化因子。由于该算符的定义中包含了真实概率，因此在这里会显示出来。

$$u_{\boldsymbol{U}} = \mathrm{Tr}\left\{\boldsymbol{O}_{\boldsymbol{U}}/D\right\} = 1/D\sum_{x}\langle x|\boldsymbol{O}_{\boldsymbol{U}}|x\rangle = 1/D\sum_{x}p(x) \tag{9.11}$$

假设观测值 $\boldsymbol{O}_{\boldsymbol{U}}$ 在计算基础中是对角线，则 $\boldsymbol{O}_{\boldsymbol{U}}$ 在 $\boldsymbol{\rho}_{\boldsymbol{U}}$ 上的期望值为

$$\mathrm{Tr}\left\{\boldsymbol{\rho}_{\boldsymbol{U}}\boldsymbol{O}_{\boldsymbol{U}}\right\} = f\langle\psi_{\boldsymbol{U}}|\boldsymbol{O}_{\boldsymbol{U}}|\psi_{\boldsymbol{U}}\rangle + (1-f)\mathrm{Tr}\left\{\boldsymbol{O}_{\boldsymbol{U}}/D\right\} \tag{9.12}$$

式 (9.12) 说明了 f 的估算方式，因为 $\mathrm{Tr}\left\{\boldsymbol{\rho}_{\boldsymbol{U}}\boldsymbol{O}_{\boldsymbol{U}}\right\}$ 可以根据实验数据估算，并且 $\langle\psi_{\boldsymbol{U}}|\boldsymbol{O}_{\boldsymbol{U}}|\psi_{\boldsymbol{U}}\rangle\mathrm{Tr}\left\{\boldsymbol{O}_{\boldsymbol{U}}/D\right\}$ 可以通过计算求出。令 $e_{\boldsymbol{U}} = \langle\psi_{\boldsymbol{U}}|\boldsymbol{O}_{\boldsymbol{U}}|\psi_{\boldsymbol{U}}\rangle$、$u_{\boldsymbol{U}} = \mathrm{Tr}\left\{\boldsymbol{O}_{\boldsymbol{U}}/D\right\}$，定义 $m_{\boldsymbol{U}}$ 为 $\mathrm{Tr}\left\{\boldsymbol{\rho}_{\boldsymbol{U}}\boldsymbol{O}_{\boldsymbol{U}}\right\}$ 的实验估计值。式 (9.12) 可以转化为式 (9.13) 所示的线性方程：

$$m_{\boldsymbol{U}} = fe_{\boldsymbol{U}} + (1-f)u_{\boldsymbol{U}}m_{\boldsymbol{U}} - u_{\boldsymbol{U}} = f\left(e_{\boldsymbol{U}} - u_{\boldsymbol{U}}\right) \tag{9.13}$$

PyQPanda 中用于交叉熵基准测试的接口是 double_gate_xeb()，输入参数不仅有量子云计算参数（包含用户 apikey 设置、芯片种类、是否开启结果修正、线路映射、线路优化及测量等），还有待测量的量子比特 0、待测量的量子比特 1、线路不同层数，以及随机线路的数量。输出为字典数据，key 为线路层数，value 对应符合期望概率的大小。

交叉熵基准测试的代码示例如代码 9.5 所示。

代码 9.5　交叉熵基准测试的代码示例

```
from pyqpanda import *

if __name__=="__main__":

    qvm = QCloud()
    qvm.init_qvm(APIKEY)
    qv = qvm.qAlloc_many(2)
    # 设置不同层数组合
    range = [2,4,6,8,10]
    # 现在可验证双门类型主要为CZ、CNOT、SWAP、iSWAP、SQiSWAP
    result = double_gate_xeb(qvm, qv[0], qv[1], range, 10, 1000, GateType.CZ_GATE)
    # 对应的数值受噪声影响，噪声数值越大，所得结果越小，且层数越多，所得结果越小

    print(result)

    qvm.finalize()

    # 运行结果
    # 2: 0.9922736287117004, 4: 0.9303175806999207, 6: 0.7203856110572815, 8:
        0.7342230677604675, 10: 0.7967881560325623
```

第 10 章　量子计算数学基础

本章主要介绍集合与映射、向量空间、矩阵间的运算、矩阵的特征、矩阵的函数以及线性算符与矩阵表示等相对简单易懂的高等数学知识，以便没有相关基础的读者循序渐进地理解量子计算的数学原理。

10.1　集合与映射

10.1.1　集合的概念

当提到中国古代四大发明时，大家一般会想到造纸术、印刷术、指南针和火药；当提到中国的四大名著时，大家会想起吴承恩的《西游记》、罗贯中的《三国演义》、曹雪芹的《红楼梦》、施耐庵的《水浒传》。生活中有很多与四大发明、四大名著相似的称呼，如世界上的所有国家、彩虹的颜色、三原色等，这些称呼都有一个共同的特点，即都是具有明确的相同特性的事物的统称。

在数学上，具有某种特征事物的总体被称为集合（Set），组成该集合的事物被称为该集合的元素（Element）[55-56]。例如，中国的四大名著就可以称为一个集合，《西游记》则是其中一个元素。有时为了方便与简洁，在数学上会采用一些符号来表示一些数学名称，当通过练习知道这些符号代表的内在含义时，人们就能够很方便地进行推导及交流。

但是，这种符号表示的简化也为后来的学习者或多或少带来了一些障碍。因为如果没有了解过某个概念，突然看到一个符号表示，智力再好的人也不可能知道它代表的含义。例如，世界上第一个采用“※”表示太阳的人没有告诉你“※”表示太阳，而是直接问你“※”表示什么时，你是不可能知道答案的。但是，当人们都开始用“※”表示太阳时，就能够极大地提高交流的效率，因为这个符号写起来相对简单些。如果仅有部分人知道这个符号，它还可以作为密码来使用。从某种意义上来说，数学是一门符号化的语言，所以，在学习数学的时候，首先要弄明白符号背后的含义是什么。

一般地，人们会用大写拉丁字母 A、B、C 等符号来表示集合，用小写拉丁字母 a、b、c 等符号表示集合的元素。需要注意的是，当拉丁字母不够多或使用起来不够方便时，也可以采用其他符号表示元素。例如，用 B 表示四大名著，用

b_1 表示《西游记》、b_2 表示《三国演义》、b_3 表示《红楼梦》、b_4 表示《水浒传》。b_1 是 B 的元素，在数学上，通常说 b_1 属于 B，记作 $b_1 \in B$。假设 h 表示《海底两万里》，h 就不是集合 B 的元素，就说 h 不属于 B，记作 $h \notin B$。

像四大名著这样的集合有有限个元素，被称为有限集。有限集也可以通过列举法来表示。例如，可以将 B 的元素一一列举出来写在大括号里面：

$$B = \{b_1, b_2, b_3, b_4\} \tag{10.1}$$

如果遇到像自然数集（由自然数组成的集合）这样有无限多个元素的集合，该如何表示呢？通常，有无限多个元素的集合被称为无限集，可以通过列举法来列举出有限个元素，其余的用省略号代替。自然数集 $\mathbb{N}$ 可用列举法表示为

$$\mathbb{N} = \{0, 1, 2, \cdots, n, \cdots\} \tag{10.2}$$

同样地，正整数集（所有正整数组成的集合）可用列举法表示为

$$\mathbb{N}^+ = \{1, 2, 3, \cdots, n, \cdots\} \tag{10.3}$$

整数集（所有整数组成的集合）可用列举法表示为

$$\mathbb{Z} = \{\cdots, -n, \cdots, -2, -1, 0, 1, 2, \cdots, n, \cdots\} \tag{10.4}$$

有理数集（所有有理数组成的集合）就不能用列举法来表示了，因为任意两个有理数之间一定还存在有理数（如这两个有理数的中间值）。这时，可以将有理数的性质描述出来写在大括号中：

$$\mathbb{Q} = \left\{q \mid q = \frac{m}{n}, m \in \mathbb{Z}, n \in \mathbb{N}^+ \text{ 且 } m, n \text{ 互质}\right\} \tag{10.5}$$

这种通过描述元素具有的性质来表示集合的方法称为描述法。若集合 A 由具有某种性质 $\mathit{\Gamma}$ 的元素 a 组成，则描述法的一般形式为

$$A = \{a \mid a \text{ 具有性质 } \mathit{\Gamma}\} \tag{10.6}$$

同样地，可以用描述法来表示无理数集：

$$\mathbb{P} = \left\{p \mid p \neq \frac{m}{n}, \forall m \in \mathbb{Z}, \forall n \in \mathbb{N}^+ \text{ 且 } m, n \text{ 互质}\right\} \tag{10.7}$$

其中，符号 $\forall$ 表示“任意的”。

同时，也可以用自然语言描述法来描述集合。例如，实数集 $\mathbb{R}$ 是所有有理数和无理数组成的集合。

在量子计算中，常常会用到复数集：

$$\mathbb{C}=\left\{c \mid c=a+b\mathrm{i},\ a,b\in\mathbb{R},\ \mathrm{i}^2=-1\right\} \tag{10.8}$$

其中，$c=a+b\mathrm{i}$ 表示复数（Complex Number），实部 a 和虚部 b 都是实数，i 在这里表示一个符号并且满足 $\mathrm{i}^2=-1$。有时，用有序数对 (a,b) 来表示复数 $a+b\mathrm{i}$。

两个复数 $c_1=a_1+b_1\mathrm{i}$ 和 $c_2=a_2+b_2\mathrm{i}$ 相等的充要条件是实部和虚部分别对应相等：

$$c_1=c_2 \Leftrightarrow a_1=a_2, b_1=b_2 \tag{10.9}$$

两个复数 $c_1=a_1+b_1\mathrm{i}$ 和 $c_2=a_2+b_2\mathrm{i}$ 相加相当于实部和虚部分别对应作相加：

$$c_1+c_2=(a_1+a_2)+(b_1+b_2)\,\mathrm{i} \tag{10.10}$$

两个复数 $c_1=a_1+b_1\mathrm{i}$ 和 $c_2=a_2+b_2\mathrm{i}$ 相减相当于实部和虚部分别对应相减：

$$c_1-c_2=(a_1-a_2)+(b_1-b_2)\,\mathrm{i} \tag{10.11}$$

两个复数 $c_1=a_1+b_1\mathrm{i}$ 和 $c_2=a_2+b_2\mathrm{i}$ 相乘被定义为

$$\begin{aligned} c_1c_2 &= (a_1+b_1\mathrm{i})\,(a_2+b_2\mathrm{i}) \\ &= a_1\,(a_2+b_2\mathrm{i})+b_1\mathrm{i}\,(a_2+b_2\mathrm{i}) \\ &= a_1a_2+a_1b_2\mathrm{i}+b_1\mathrm{i}a_2+b_1\mathrm{i}b_2\mathrm{i} \\ &= a_1a_2+a_1b_2\mathrm{i}+b_1a_2\mathrm{i}+b_1b_2\mathrm{i}^2 \end{aligned} \tag{10.12}$$

因为 $\mathrm{i}^2=-1$，有

$$(a_1+b_1\mathrm{i})\,(a_2+b_2\mathrm{i})=(a_1a_2-b_1b_2)+(a_1b_2+b_1a_2)\,\mathrm{i} \tag{10.13}$$

例如：

$$\begin{aligned} (1-2\mathrm{i})(-3+4\mathrm{i}) &= 1\times(-3+4\mathrm{i})+(-2\mathrm{i})(-3+4\mathrm{i}) \\ &= 1\times(-3)+1\times 4\mathrm{i}+(-2\mathrm{i})\times(-3)+(-2\mathrm{i})\times(4\mathrm{i}) \\ &= -3+4\mathrm{i}+6\mathrm{i}+8 \\ &= 5+10\mathrm{i} \end{aligned} \tag{10.14}$$

在给出两个复数除法的定义之前，先定义复数 $c=a+b\mathrm{i}$ 的复共轭（Complex Conjugate）为

$$\bar{c}=a-b\mathrm{i} \tag{10.15}$$

或

$$c^* = a - b\mathrm{i} \tag{10.16}$$

由复数的乘法可知

$$c\bar{c} = (a + b\mathrm{i})(a - b\mathrm{i}) = a^2 + b^2 \tag{10.17}$$

那么，根据复共轭的定义，两个复数 $c_1 = a_1 + b_1\mathrm{i}$ 和 $c_2 = a_2 + b_2\mathrm{i}$ 相除被定义为

$$\frac{c_1}{c_2} = \frac{c_1\bar{c}_2}{c_2\bar{c}_2} = \frac{(a_1 + b_1\mathrm{i})(a_2 - b_2\mathrm{i})}{(a_2 + b_2\mathrm{i})(a_2 - b_2\mathrm{i})} = \frac{(a_1a_2 + b_1b_2) + (b_1a_2 - a_1b_2)\mathrm{i}}{a_2^2 + b_2^2} \tag{10.18}$$

例如，将 $\dfrac{1+2\mathrm{i}}{3-4\mathrm{i}}$ 写成 $a + b\mathrm{i}$ 的形式为

$$\frac{1+2\mathrm{i}}{3-4\mathrm{i}} = \frac{1+2\mathrm{i}}{3-4\mathrm{i}} \times \frac{3+4\mathrm{i}}{3+4\mathrm{i}} = \frac{-5+10\mathrm{i}}{3^2+4^2} = -\frac{1}{5} + \frac{2}{5}\mathrm{i} \tag{10.19}$$

10.1.2 集合的关系

把集合看成一个对象，那么集合之间有什么关系呢？集合是由元素组成，因此还要从元素角度进行分析。

假设有两个集合 S_1 和 S_2，如果集合 S_1 的元素都是集合 S_2 的元素，那么称 S_1 是 S_2 的子集，记作 $S_1 \subseteq S_2$（读作 S_1 包含于 S_2）或 $S_2 \supseteq S_1$（读作 S_2 包含 S_1）。例如，无理数集就是实数集的子集，因为无理数集中的每一个元素都在实数集中。

如果两个集合中的元素都相同，那么称这两个集合相等。也就是说，如果集合 S_1 与集合 S_2 互为子集，那么称集合 S_1 与 S_2 相等，记作 $S_1 = S_2$。例如，偶数集 S_1 与集合 $S_2 = \{n|n\%m = 0, n \in \mathbb{Z}, m = 2\}$ 相等。注：这里的 % 表示取余运算（如 $n\%m$ 是指 n 除以 m 得到的余数）。

如果 $S_1 \subseteq S_2$ 且 $S_1 \neq S_2$，那么称 S_1 是 S_2 的真子集，记作 $S_1 \subset S_2$（读作 S_1 真包含于 S_2）或 $S_2 \supset S_1$（读作 S_2 真包含 S_1）。例如，$\mathbb{Q} \subset \mathbb{R}$。

通常，没有元素的集合被称为空集，记作 $\varnothing$。例如，由既是有理数又是无理数的实数为元素组成的集合就是空集。

10.1.3 集合的运算

与数的运算相似，集合也有运算规则。由于集合是具有共同特征的事物的全体，因此会用到将两个集合 S_1 与 S_2 共同的部分提取出来的操作，这就是取两个

集合的交集。换句话说，由所有既属于 S_1 又属于 S_2 的元素组成的集合称为 S_1 与 S_2 的交集（简称交），记作 $S_1 \cap S_2$，可用描述法表示为

$$S_1 \cap S_2 = \{s \mid s \in S_1 \text{ 且 } s \in S_2\} \tag{10.20}$$

例如，有理数集 $\mathbb{Q}$ 与无理数集 $\mathbb{P}$ 的交集为空集，即 $\mathbb{Q} \cap \mathbb{P} = \varnothing$。

由所有属于 S_1 或属于 S_2 的元素组成的集合称为 S_1 与 S_2 的并集（简称并），记作 $S_1 \cup S_2$，可用描述法表示为

$$S_1 \cup S_2 = \left\{s \mid s \in S_1 \text{ 或 } s \in S_2\right\} \tag{10.21}$$

例如，有理数集 $\mathbb{Q}$ 与无理数集 $\mathbb{P}$ 的并集为

$$\mathbb{Q} \cup \mathbb{P} = \mathbb{R} \tag{10.22}$$

由所有属于 S_1 而不属于 S_2 的元素组成的集合称为 S_1 与 S_2 的差集（简称差），记作 $S_1 \backslash S_2$，可用描述法表示为

$$S_1 \backslash S_2 = \{s \mid s \in S_1 \text{ 且 } s \notin S_2\} \tag{10.23}$$

例如，有理数集 $\mathbb{Q}$ 与无理数集 $\mathbb{P}$ 的差集为

$$\mathbb{Q} \backslash \mathbb{P} = \mathbb{Q} \tag{10.24}$$

差集的一种特殊情况：当 S_1 为所研究问题的最大集合时，所要研究的其他集合 S_2 都是 S_1 的子集，称集合 S_1 为全集，称 $S_1 \backslash S_2$ 为 S_2 的补集或余集，记作 S_2^c。例如，在复数集 $\mathbb{C}$ 中，实数集 $\mathbb{R}$ 的补集为

$$\mathbb{R}^c = \{x \mid x = a + b\mathrm{i}, a \in \mathbb{R}, b \in \mathbb{R} \text{ 且 } b \neq 0\} \tag{10.25}$$

除集合之间的交、并和差运算之外，还有一种常用的生成新集合的方式——笛卡儿积（Cartesian Product，又称直积）。设 X、Y 是任意两个集合，先在集合 X 中任意取一个元素 x，在集合 Y 中任意取一个元素 y，组成一个有序对 (x, y)，再把这样大的有序对作为新的元素，由它们全体组成的集合称为集合 X 与集合 Y 的直积，记作 $X \times Y$：

$$X \times Y = \{(x, y) \mid x \in X \text{ 且 } y \in Y\} \tag{10.26}$$

例如，$\mathbb{C} \times \mathbb{C} = \{(x, y) \mid x \in \mathbb{C}, y \in \mathbb{C}\}$ 为复平面上全体点的集合，常记为 $\mathbb{C}^2$。

10.1.4 集合的运算法则

与数的运算法则相似，集合也有自己的运算法则。

假设有任意的 3 个集合 X、Y、Z，则它们的交、并和补运算满足以下 4 个法则。

（1）交换律 $X \cup Y = Y \cup X$，$X \cap Y = Y \cap X$。

（2）结合律 $(X \cup Y) \cup Z = X \cup (Y \cup Z)$，$(X \cap Y) \cap Z = X \cap (Y \cap Z)$。

（3）分配律 $(X \cup Y) \cap Z = (X \cap Z) \cup (Y \cap Z)$, $(X \cap Y) \cup Z = (X \cup Z) \cap (Y \cup Z)$。

（4）对偶律 $(X \cup Y)^c = X^c \cap Y^c$，$(X \cap Y)^c = X^c \cup Y^c$。

若对这些规则的证明感兴趣，可以通过集合相等的定义来证明。

10.1.5 映射

有的集合之间并不是完全孤立的，而是有对应关系的。例如，中国四大名著的作者组成的集合 A 与四大名著组成的集合 B 之间存在对应关系。

将这种普遍的共性抽象出来，设 D、E 是两个非空集合，如果存在一个对应法则 f，使得对 D 中每个元素 x，按照对应法则 f，在 E 中有唯一确定的元素 y 与 x 对应，则称 f 为从 D 到 E 的映射[55,57]，记作

$$f : D \mapsto E \tag{10.27}$$

其中，y 称为元素 x 在映射 f 下的像，并记作 $f(x)$，即 $y = f(x)$；元素 x 称为元素 y 在映射 f 下的一个原像；集合 D 为映射的定义域；集合 E 称为映射的陪域；由 D 中所有元素的像组成的集合称为映射的值域，记作 R_f 或 $f(D)$：

$$R_f = f(D) = \{f(x) \mid x \in D\} = \{y \in E \mid \exists x \in D, f(x) = y\} \tag{10.28}$$

其中，符号 $\exists$ 表示“存在”。可以看出，f 的值域是 f 的陪域的子集。

集合 D 到自身的一个映射，通常称为 D 上的一个变换。集合 D 到 E 的一个映射，常称为从 D 到 E 的函数。

如果映射 f 与映射 g 的定义域、陪域、对应法则分别相同，那么称这两个映射相等。

映射 $f : D \mapsto D$ 如果把 D 中每一个元素对应到它自身，即 $\forall x \in D$，有 $f(x) = x$，那么称 f 为恒等映射（或 D 上的恒等变换），记作 I_D。

先后施行映射 $g : S_1 \mapsto S_2$ 和 $f : S_2 \mapsto S_3$，得到 S_1 到 S_3 的一个映射，称为 f 与 g 的合成（或乘积），记作 fg：

$$(fg)(x) \equiv f(g(x)), \forall x \in S_1 \tag{10.29}$$

定理 10.1　映射的乘法符合结合律。也就是说，如果

$$h : S_1 \mapsto S_2, g : S_2 \mapsto S_3, f : S_3 \mapsto S_4 \tag{10.30}$$

那么

$$f(gh) = (fg)h \tag{10.31}$$

10.2　向量空间

10.2.1　向量空间的概念与性质

学习量子计算，要对量子力学有所了解，而量子力学是由希尔伯特空间来描述的。希尔伯特空间又是向量空间（Vector Space），因此本节介绍向量空间[58-61]。

向量空间本质上是一个由向量组成的集合，其中引进了一些运算规则。那什么是向量呢？向量是与数量相对的概念：数量是只有大小的量，而向量是不仅有大小还有方向的量，可以看作数量的一个自然的扩充。有时，向量也称为矢量。

假设有一个数域 K [集合 K 中任意两个元素的和、差、积、商（除数不为 0）还属于集合 K，则称该集合为数域 K)，可对它用直积进行扩充。n 个数域 K 的直积可以表示为

$$\boldsymbol{K}^n = \{(v_1, v_2, \cdots, v_n) \mid v_i \in K, i = 1, 2, \cdots, n\} \tag{10.32}$$

其中，$\boldsymbol{K}^n$ 的元素 $(v_1, v_2, \cdots, v_n)$ 称为 n 维向量，称 v_i 为其第 i 个分量。为了表示方便与统一，将带小括号的元素 $(v_1, v_2, \cdots, v_n)$ 记作列向量：

$$(v_1, v_2, \cdots, v_n) := \begin{bmatrix} v_1 \\ v_2 \\ \vdots \\ v_n \end{bmatrix} \tag{10.33}$$

在数学上，向量常用加粗的小写拉丁字母 $\boldsymbol{a}, \boldsymbol{b}, \boldsymbol{c}, \cdots$ 或带箭头的小写拉丁字母 $\vec{a}, \vec{b}, \vec{c}, \cdots$ 来表示。而在量子物理上，常用带有狄拉克符号 $(|*\rangle)$ 的字母 $|a\rangle, |b\rangle, |c\rangle, \cdots$ 来表示。本书主要采用带有狄拉克符号的表示方法：

$$|v\rangle := (v_1, v_2, \cdots, v_n) := \begin{bmatrix} v_1 \\ v_2 \\ \vdots \\ v_n \end{bmatrix} \tag{10.34}$$

两个向量 $|u\rangle$ 、$|v\rangle$ 相等的定义为向量的分量分别对应相等：

$$|u\rangle = |v\rangle \Leftrightarrow \begin{bmatrix} u_1 \\ u_2 \\ \vdots \\ u_n \end{bmatrix} = \begin{bmatrix} v_1 \\ v_2 \\ \vdots \\ v_n \end{bmatrix} \Leftrightarrow u_1 = v_1, u_2 = v_2, \cdots, u_n = v_n \tag{10.35}$$

其中，$\Leftrightarrow$ 表示“等价于”。

规定 $\boldsymbol{K}^n$ 中任意两个向量 $|u\rangle$ 、$|v\rangle$ 的加法运算为这两个向量的对应分量分别做普通加法：

$$|u\rangle + |v\rangle = \begin{bmatrix} u_1 \\ u_2 \\ \vdots \\ u_n \end{bmatrix} + \begin{bmatrix} v_1 \\ v_2 \\ \vdots \\ v_n \end{bmatrix} := \begin{bmatrix} u_1 + v_1 \\ u_2 + v_2 \\ \vdots \\ u_n + v_n \end{bmatrix} \tag{10.36}$$

规定数量 $k \in K$ 与向量 $|u\rangle \in \boldsymbol{K}^n$ 之间的数乘运算为数量 k 与 $|u\rangle$ 的每一个分量分别做普通乘法：

$$k|u\rangle := \begin{bmatrix} ku_1 \\ ku_2 \\ \vdots \\ ku_n \end{bmatrix} \tag{10.37}$$

设 $\boldsymbol{V} \equiv \boldsymbol{K}^n$，根据数域的性质，可以验证，对任意的 $|u\rangle, |v\rangle, |w\rangle \in \boldsymbol{V}$，任意的 $\alpha, \beta \in K$ 满足以下 8 条运算法则。

（1）$|u\rangle + |v\rangle = |v\rangle + |u\rangle$（加法交换律）。

（2）$(|u\rangle + |v\rangle) + |w\rangle = |u\rangle + (|v\rangle + |w\rangle)$（加法结合律）。

（3）$\boldsymbol{V}$ 中有一个元素 $(0, 0, \cdots, 0)$，记作 $|\hat{0}\rangle$，称为零向量（Zero-vector），它满足

$$|\hat{0}\rangle + |v\rangle = |v\rangle + |\hat{0}\rangle = |v\rangle, \forall |v\rangle \in \boldsymbol{V} \tag{10.38}$$

（4）对于 $|v\rangle \in \boldsymbol{V}$，存在 $|\bar{v}\rangle := [-v_1 \quad -v_2 \quad \cdots \quad -v_n]^{\mathrm{T}} \in \boldsymbol{V}$，$|\bar{v}\rangle$ 称为 $|v\rangle$ 的负向量（Inverse），具有式 (10.39) 所示的性质：

$$|v\rangle + |\bar{v}\rangle = |\hat{0}\rangle \tag{10.39}$$

（5）$1|v\rangle = |v\rangle$，其中 1 是 K 的单位元。

（6）$(\alpha\beta)|v\rangle = \alpha(\beta|v\rangle)$。

（7）$(\alpha + \beta)|v\rangle = \alpha|v\rangle + \beta|v\rangle$。

（8）$\alpha(|u\rangle + |v\rangle) = \alpha|u\rangle + \alpha|v\rangle$。

由数域 K 中所有 n 元有序数组组成的集合 $\boldsymbol{K}^n$、定义在 $\boldsymbol{K}^n$ 上的加法运算和数乘运算，以及上述 8 条运算法则，共同被称为数域 K 上的一个 n 维向量空间（这里用 $\boldsymbol{V}$ 表示）。在 $\boldsymbol{V}$ 中，可以根据向量的加法运算来定义向量的减法运算：

$$|u\rangle - |v\rangle := |u\rangle + |\bar{v}\rangle \tag{10.40}$$

在 $\boldsymbol{V}$ 中，定义加法运算和数乘运算之后，由上述 8 条运算法则可以推导出向量空间的其他性质。

（1）$\boldsymbol{V}$ 中零向量是唯一的。

（2）$\boldsymbol{V}$ 中每个向量的负向量是唯一的。

（3）$0|v\rangle = |0\rangle, \forall |v\rangle \in \boldsymbol{V}$。

（4）$\alpha|0\rangle = |0\rangle, \forall \alpha \in K$。

（5）如果 $\alpha|v\rangle = |0\rangle$，那么 $\alpha = 0$ 或 $|v\rangle = |0\rangle$。

（6）$(-1)|v\rangle = -|v\rangle, \forall |v\rangle \in \boldsymbol{V}$。

若 $\boldsymbol{K}^n$ 的一个非空子集 $\boldsymbol{U}$ 满足 $|u\rangle, |v\rangle \in \boldsymbol{U} \Rightarrow |u\rangle + |v\rangle \in \boldsymbol{U}$、$|u\rangle \in \boldsymbol{U}, k \in K \Rightarrow k|u\rangle \in \boldsymbol{U}$，则称 $\boldsymbol{U}$ 为 $\boldsymbol{K}^n$ 的一个线性子空间，简称为子空间（Subspace）。

10.2.2　线性无关与基

若想研究数域 K 上向量空间 $\boldsymbol{V}$ 的结构特征，根据向量空间的定义，只能从 $\boldsymbol{V}$ 的向量的加法及数乘这两种运算开始。对 $\boldsymbol{V}$ 中的一组向量 $\{|v_1\rangle, |v_2\rangle, \cdots, |v_s\rangle\}$ 和数域 K 中的一组元素 $\{\alpha_1, \alpha_2, \cdots, \alpha_s\}$ 进行乘和加法，可得

$$\alpha_1|v_1\rangle + \alpha_2|v_2\rangle + \cdots + \alpha_s|v_s\rangle \tag{10.41}$$

根据 $\boldsymbol{V}$ 中加法和数乘的封闭性可知，$\alpha_1|v_1\rangle + \alpha_2|v_2\rangle + \cdots + \alpha_s|v_s\rangle$ 还是 $\boldsymbol{V}$ 中的一个向量，称该向量是 $\{|v_1\rangle, |v_2\rangle, \cdots, |v_s\rangle\}$ 的一个线性组合（Linear Combination），$\{\alpha_1, \alpha_2, \cdots, \alpha_s\}$ 为系数。为了方便，像 $\{|v_1\rangle, |v_2\rangle, \cdots, |v_s\rangle\}$ 这样按照一定顺序写出的有限多个向量称为 $\boldsymbol{V}$ 的一个向量组。如果 $\boldsymbol{V}$ 中的一个向量 $|u\rangle$ 可以表示成向量组 $\{|v_1\rangle, |v_2\rangle, \cdots, |v_s\rangle\}$ 的一个线性组合：

$$|u\rangle = \sum_{i=1}^{s} \alpha_i |v_i\rangle \tag{10.42}$$

那么称 $|u\rangle$ 可以由向量组 $\{|v_1\rangle, |v_2\rangle, \cdots, |v_s\rangle\}$ 线性表示（或线性表出）。若向量组 $\{|v_1\rangle, |v_2\rangle, \cdots, |v_s\rangle\}$ 中至少存在一个向量可以由除自身外的其他向量线性表示，

则称这组向量线性相关（Linearly Dependence）；若向量组 $\{|v_1\rangle, |v_2\rangle, \cdots, |v_s\rangle\}$ 中任意一个向量都不可以由其他向量线性表示，则称这组向量线性无关（Linearly Independence）。若向量空间 $\boldsymbol{V}$ 中的任意向量都可以由向量组 $\{|v_1\rangle, |v_2\rangle, \cdots, |v_s\rangle\}$ 线性表示，则称该向量组为向量空间 $\boldsymbol{V}$ 的生成集（Spanning Set）。线性无关的生成集称为极小生成集。向量空间的极小生成集定义为向量空间的基，极小生成集中向量的个数定义为向量空间的维数。例如，当数域 K 为复数域 $\mathbb{C}$ 时，向量空间 $\mathbb{C}^2$ 的基为由向量

$$|b_1\rangle := \begin{bmatrix} 1 \\ 0 \end{bmatrix}, \quad |b_2\rangle := \begin{bmatrix} 0 \\ 1 \end{bmatrix} \tag{10.43}$$

组成的集合。因为向量空间 $\mathbb{C}^2$ 中的任意向量

$$|u\rangle = \begin{bmatrix} u_1 \\ u_2 \end{bmatrix} \tag{10.44}$$

都可以写成向量组 $\{|b_1\rangle, |b_2\rangle\}$ 的线性组合：

$$|u\rangle = u_1 |b_1\rangle + u_2 |b_2\rangle \tag{10.45}$$

并且向量组 $\{|b_1\rangle, |b_2\rangle\}$ 线性无关，因此，当知道向量空间的基时，就可以用它们来线性表示该向量空间中的任意向量。也可以说，这组基张成了这个向量空间。

然而，需要注意的是，向量空间的基并不唯一。例如，一组向量

$$|b_1\rangle := \frac{1}{\sqrt{2}} \begin{bmatrix} 1 \\ 1 \end{bmatrix}, |b_2\rangle := \frac{1}{\sqrt{2}} \begin{bmatrix} 1 \\ -1 \end{bmatrix} \tag{10.46}$$

就可以作为向量空间 $\mathbb{C}^2$ 的另一组基。这是因为向量空间 $\mathbb{C}^2$ 中的任意向量

$$|u\rangle = \begin{bmatrix} u_1 \\ u_2 \end{bmatrix} \tag{10.47}$$

可以写成 $|b_1\rangle$ 与 $|b_2\rangle$ 的线性组合：

$$|u\rangle = \frac{u_1 + u_2}{\sqrt{2}} |b_1\rangle + \frac{u_1 - u_2}{\sqrt{2}} |b_2\rangle \tag{10.48}$$

假设给定 n 维向量空间 $\boldsymbol{V}$ 的基 $\{|b_1\rangle, |b_2\rangle, \cdots, |b_n\rangle\}$ 和任意向量 $|u\rangle$，该向量都可以由该基线性表示：

$$|u\rangle = \alpha_1 |b_1\rangle + \alpha_2 |b_2\rangle + \cdots + \alpha_n |b_n\rangle \tag{10.49}$$

则 $|u\rangle$ 在 $\{|b_1\rangle, |b_2\rangle, \cdots, |b_n\rangle\}$ 下的系数称为 $|u\rangle$ 在该基下的坐标表示，可以写成列向量的形式：

$$|u\rangle = \begin{bmatrix} \alpha_1 \\ \alpha_2 \\ \vdots \\ \alpha_n \end{bmatrix} \tag{10.50}$$

从二维复向量空间的例子可以看出，同一个向量在不同的基下有着不同的坐标表示。

定理 10.2　在 n 维向量空间中，给定一个基，向量空间中的任意向量的坐标表示是唯一的。

证明　设 $\{|b_1\rangle, |b_2\rangle, \cdots, |b_n\rangle\}$ 为 n 维向量空间的一个基，根据基的定义，任意向量 $|u\rangle$ 都可以由这组基线性表示：

$$|u\rangle = \alpha_1 |b_1\rangle + \alpha_2 |b_2\rangle + \cdots + \alpha_n |b_n\rangle \tag{10.51}$$

假设 $|u\rangle$ 在该基下的坐标表示是不唯一的，则存在另一种线性表示方式：

$$|u\rangle = \bar{\alpha}_1 |b_1\rangle + \bar{\alpha}_2 |b_2\rangle + \cdots + \bar{\alpha}_n |b_n\rangle \tag{10.52}$$

将这两个不同的坐标表示的向量相减，得到

$$|u\rangle - |u\rangle = (\alpha_1 - \bar{\alpha}_1) |b_1\rangle + (\alpha_2 - \bar{\alpha}_2) |b_2\rangle + \cdots + (\alpha_n - \bar{\alpha}_n) |b_n\rangle \tag{10.53}$$

即

$$|\hat{0}\rangle = (\alpha_1 - \bar{\alpha}_1) |b_1\rangle + (\alpha_2 - \bar{\alpha}_2) |b_2\rangle + \cdots + (\alpha_n - \bar{\alpha}_n) |b_n\rangle \tag{10.54}$$

因为基是线性无关的，所以有

$$\alpha_i - \bar{\alpha}_i = 0,\ i = 1, 2, \cdots, n \tag{10.55}$$

即

$$\alpha_i = \bar{\alpha}_i,\ i = 1, 2, \cdots, n \tag{10.56}$$

可见，该假设不成立。因此，在给定基下，任意给定向量的坐标表示唯一。

10.2.3　向量的内积

向量的内积是一个从向量空间 $\boldsymbol{V} \times \boldsymbol{V}$ 到数域 K 的一个映射，用 $(-,-)$ 表示，并满足以下 3 个性质。

（1）映射 $(-,-)$ 对第二项是线性的：

$$\left(|u\rangle, \sum_i \lambda_i |v_i\rangle\right) = \sum_i \lambda_i (|u\rangle, |v_i\rangle) \tag{10.57}$$

（2）交换共轭性：

$$(|u\rangle, |v\rangle) = (|v\rangle, |u\rangle)^* \tag{10.58}$$

（3）自内积非负性，即 $(|v\rangle, |v\rangle) \geqslant 0$，等号成立当且仅当 $|v\rangle$ 为零向量 $|\hat{0}\rangle$。

在 n 维复向量空间中，定义内积为

$$(|u\rangle, |v\rangle) := \sum_i u_i^* v_i \tag{10.59}$$

其中

$$|u\rangle = \begin{bmatrix} u_1 \\ u_2 \\ \vdots \\ u_n \end{bmatrix}, |v\rangle = \begin{bmatrix} v_1 \\ v_2 \\ \vdots \\ v_n \end{bmatrix} \tag{10.60}$$

在量子力学中，内积 $(|u\rangle, |v\rangle)$ 的标准符号为 $\langle u \mid v\rangle$：

$$\langle u \mid v\rangle := (|u\rangle, |v\rangle) \tag{10.61}$$

其中，$|u\rangle$、$|v\rangle$ 均为内积空间中的向量，符号 $\langle u|$ 表示向量 $|u\rangle$ 的对偶向量（Dual Vector）：

$$\langle u| := [u_1^*, u_2^*, \cdots, u_n^*] \tag{10.62}$$

拥有内积的空间被称为内积空间（Inner Product Space）。量子力学中，在有限维的情况下，希尔伯特空间与内积空间是一致的。在无限维的情况下，这里不加考虑。

若向量 $|u\rangle$ 和向量 $|v\rangle$ 的内积为 0，则称这两个向量正交（Orthogonal）。例如，向量 $|u\rangle \equiv (1,0)$、$|v\rangle \equiv (0,1)$，根据上面复向量空间内积的定义，可得 $\langle u \mid v\rangle = 1 \times 0 + 0 \times 1 = 0$，故 $|u\rangle$、$|v\rangle$ 正交。$|v\rangle$ 的模（Norm）定义为

$$\| |v\rangle \| := \sqrt{\langle v \mid v\rangle} \tag{10.63}$$

若向量 $|v\rangle$ 满足 $\| |v\rangle \| = 1$，则称该向量为单位向量（Unit Vector）或归一化的（Normalized）。对于任意非零向量 $|u\rangle$，可以通过将该向量除以它的范数得到其归一化形式：

$$\frac{|v\rangle}{\| |v\rangle \|} \tag{10.64}$$

设 $|b_1\rangle, |b_2\rangle, \cdots, |b_n\rangle$ 为向量空间的一组基，满足每一个向量都是单位向量，并且不同向量的内积为 0：

$$\langle b_i \mid b_j\rangle = \begin{cases} 1, & i=j \\ 0, & i\neq j \end{cases} \tag{10.65}$$

则称这组向量为向量空间的规范正交（Orthonormal）基。规范正交基能带来很多方便，如在计算向量的内积时，就可以将向量的坐标对应相乘。假设知道向量空间的一个非规范正交基 $|u_1\rangle, |u_2\rangle, \cdots, |u_n\rangle$，那么，可以通过 Gram-Schmidt 正交化来将非规范正交基转化为规范正交基。具体过程：用向量组 $\{|v_1\rangle, |v_2\rangle, \cdots, |v_n\rangle\}$ 来表示待生成的规范正交基，首先定义

$$|v_1\rangle := \frac{|u_1\rangle}{\|\, |u_1\rangle \,\|} \tag{10.66}$$

接着，对于 $1 \leqslant k \leqslant n$，递归地计算并定义

$$|v_k\rangle := \frac{|u_k\rangle - \sum\limits_{i=1}^{k-1} \langle v_i | u_k\rangle \mid v_i\rangle}{\|\, |u_k\rangle - \sum\limits_{i=1}^{k-1} \langle v_i \mid u_k\rangle |v_i\rangle \,\|} \tag{10.67}$$

在量子计算中，通常用一组带有指标 i 的向量 $|i\rangle$ 来表示规范正交基。

10.3 矩阵间的运算

事实上，矩阵是人们日常生活中常见的一种形式，只是一般不把它称为矩阵，而是称为表。例如，一个班级有 35 位同学，本学期要修 6 门课程，在本学期期末考试后，为了便于管理和分析，老师会将每位同学的各科成绩放在一起，做成一张 35 行、6 列的表。在日常生活或在其他学科中，类似的表有很多，将它们的特点进行提取，就形成了数学上的抽象概念——矩阵。其实，这样的抽象过程也并不陌生，自然数的发明就是这样的一个过程。

10.3.1 矩阵的概念

定义 10.1[57] 由 $m\times n$ 个数排成一张 m 行、n 列的表，这张表就称为一个 $m\times n$ 矩阵，其中的每一个数称为该矩阵的一个元素。第 i 行与第 j 列交叉位置的元素称为矩阵的 (i,j) 元。

$\begin{bmatrix}1 & 2 & 3\\4 & 5 & 6\end{bmatrix}$ 或 $\begin{pmatrix}1 & 2 & 3\\4 & 5 & 6\end{pmatrix}$ 都表示一个矩阵。矩阵通常用大写拉丁字母 $\boldsymbol{A}$, $\boldsymbol{B}, \boldsymbol{C}, \cdots$ 表示。一个 $m \times n$ 矩阵可以简单地记作 $\boldsymbol{A}_{mn}$，它的 (i, j) 元记作 $\boldsymbol{A}(i, j)$。如果矩阵 $\boldsymbol{A}$ 的 (i, j) 元是 a_{ij}，那么可以记作 $\boldsymbol{A} = [a_{ij}]$ 或 $\boldsymbol{A} = (a_{ij})$。如果某个矩阵的行数与列数相等，则称之为方阵。行列数均为 m 的方阵又称为 m 阶矩阵。元素全为 0 的矩阵称为零矩阵，简记作 $\mathbf{0}$。m 行、n 列的零矩阵可以记作 $\mathbf{0}_{m\times n}$。对于数域 G 中的两个矩阵，如果它们的行数、列数均相等，并且所有元素对应相等（第一个矩阵的 (i, j) 元等于第二个矩阵的 (i, j) 元），则称这两个矩阵相等。

定义 10.2 设矩阵 $\boldsymbol{A} = (a_{ij})_{m\times n}$，若矩阵 $\boldsymbol{B} = (b_{ij})_{n\times m}$ 满足 $a_{ij} = b_{ji}$，则称矩阵 $\boldsymbol{B}$ 为矩阵 $\boldsymbol{A}$ 的转置，将其记作 $\boldsymbol{A}^{\mathrm{T}}$ 或 $\boldsymbol{A}'$。矩阵 $\boldsymbol{A}$ 如果满足 $\boldsymbol{A} = \boldsymbol{A}^{\mathrm{T}}$，那么称 $\boldsymbol{A}$ 是对称矩阵。

定义 10.3 设 n 阶矩阵 $\boldsymbol{A} = (a_{ij})_{n\times n}$，称 $\sum\limits_{i=1}^{n} a_{ii}$ 为矩阵 $\boldsymbol{A}$ 的迹，记作 $\mathrm{Tr}\{\boldsymbol{A}\}$。

可以验证，矩阵的迹有以下 2 个性质。

（1）$\mathrm{Tr}\{\boldsymbol{AB}\} = \mathrm{Tr}\{\boldsymbol{BA}\}$。

（2）$\mathrm{Tr}\{\boldsymbol{A} + \boldsymbol{B}\} = \mathrm{Tr}\{\boldsymbol{A}\} + \mathrm{Tr}\{\boldsymbol{B}\}$。

由矩阵 $\boldsymbol{A}$ 中若干行、若干列的交叉位置上的元素按原来顺序排列成的矩阵，称为 $\boldsymbol{A}$ 的一个子矩阵。

定义 10.4 把矩阵 $\boldsymbol{A}$ 的行分成若干组，列也分成若干组，$\boldsymbol{A}$ 就被分成了若干个子矩阵。$\boldsymbol{A}$ 可以看作由这些子矩阵组成，这称为矩阵的分块，这种由子矩阵组成的矩阵称为分块矩阵。

例如，矩阵 $\boldsymbol{A}$ 可写成分块矩阵的形式：

$$\boldsymbol{A} = \begin{bmatrix} \boldsymbol{A}_1 & \boldsymbol{A}_2 \\ \boldsymbol{A}_3 & \boldsymbol{A}_4 \end{bmatrix} \tag{10.68}$$

从而，有

$$\boldsymbol{A}^{\mathrm{T}} = \begin{bmatrix} \boldsymbol{A}_1^{\mathrm{T}} & \boldsymbol{A}_3^{\mathrm{T}} \\ \boldsymbol{A}_2^{\mathrm{T}} & \boldsymbol{A}_4^{\mathrm{T}} \end{bmatrix} \tag{10.69}$$

10.3.2 矩阵的加法与乘法

定义 10.5 设 $\boldsymbol{A} = (a_{ij})$、$\boldsymbol{B} = (b_{ij})$ 都是数域 G 中的 $m \times n$ 矩阵，令

$$\boldsymbol{C} = (a_{ij} + b_{ij})_{m\times n} \tag{10.70}$$

则称矩阵 $\boldsymbol{C}$ 是矩阵 $\boldsymbol{A}$ 与 $\boldsymbol{B}$ 的和，记作 $\boldsymbol{C}=\boldsymbol{A}+\boldsymbol{B}$。

定义 10.6　设 $\boldsymbol{A}=(a_{ij})$ 是数域 G 中的 $m\times n$ 矩阵，$k\in G$，令

$$\boldsymbol{M}=(ka_{ij})_{m\times n} \tag{10.71}$$

则称矩阵 $\boldsymbol{M}$ 是 k 与矩阵 $\boldsymbol{A}$ 的数量乘积，记作 $\boldsymbol{M}=k\boldsymbol{A}$。

设 $\boldsymbol{A}$、$\boldsymbol{B}$、$\boldsymbol{C}$ 都是 G 中的 $m\times n$ 矩阵，$k,l\in G$，则它们满足以下 8 条运算法则。

（1）$\boldsymbol{A}+\boldsymbol{B}=\boldsymbol{B}+\boldsymbol{A}$。

（2）$(\boldsymbol{A}+\boldsymbol{B})+\boldsymbol{C}=\boldsymbol{A}+(\boldsymbol{B}+\boldsymbol{C})$。

（3）$\boldsymbol{A}+\boldsymbol{0}=\boldsymbol{0}+\boldsymbol{A}=\boldsymbol{A}$。

（4）$\boldsymbol{A}+(-\boldsymbol{A})=(-\boldsymbol{A})+\boldsymbol{A}=\boldsymbol{0}$。

（5）$l\boldsymbol{A}=\boldsymbol{A}$。

（6）$(kl)\boldsymbol{A}=k(l\boldsymbol{A})$。

（7）$k+l\boldsymbol{A}=k\boldsymbol{A}+l\boldsymbol{A}$。

（8）$k(\boldsymbol{A}+\boldsymbol{B})=k\boldsymbol{A}+k\boldsymbol{B}$。

利用负矩阵的概念，可以定义矩阵的减法：设 $\boldsymbol{A}$ 、$\boldsymbol{B}$ 都是 $m\times n$ 矩阵，则 $\boldsymbol{A}-\boldsymbol{B}:=\boldsymbol{A}+(-\boldsymbol{B})$。

定义 10.7　设 $\boldsymbol{A}=(a_{ij})_{m\times n}$、$\boldsymbol{B}=(b_{ij})_{n\times s}$，令

$$\boldsymbol{C}=(c_{ij})_{m\times s} \tag{10.72}$$

其中

$$c_{ij}=a_{i1}b_{1j}+a_{i2}b_{2j}+\cdots+a_{in}b_{nj}=\sum_{k=1}^{n}a_{ik}b_{kj},\ i=1,2,\cdots,m,\ j=1,2,\cdots,s \tag{10.73}$$

则矩阵 $\boldsymbol{C}$ 称为矩阵 $\boldsymbol{A}$ 与 $\boldsymbol{B}$ 的乘积，记作 $\boldsymbol{C}=\boldsymbol{AB}$。

矩阵乘法需要注意以下两点。

（1）只有左矩阵的列数与右矩阵的行数相同的两个矩阵才能相乘。

（2）乘积矩阵的行数等于左矩阵的行数，乘积矩阵的列数等于右矩阵的列数。

例如，设

$$\boldsymbol{A}=\begin{bmatrix}1 & 2\\ 3 & 4\\ 5 & 6\end{bmatrix},\boldsymbol{B}=\begin{bmatrix}7 & 8\\ 9 & 10\end{bmatrix} \tag{10.74}$$

则有

$$\boldsymbol{AB} = \begin{bmatrix} 25 & 28 \\ 57 & 64 \\ 89 & 100 \end{bmatrix} \tag{10.75}$$

矩阵的乘法满足以下 2 个性质。

（1）矩阵的乘法满足结合律，但一般不满足交换律。设 $\boldsymbol{A} = (a_{ij})_{m\times n}$、$\boldsymbol{B} = (b_{ij})_{n\times s}$、$\boldsymbol{C} = (c_{ij})_{s\times m}$，则 $(\boldsymbol{AB})\boldsymbol{C} = \boldsymbol{A}(\boldsymbol{BC})$。但是，一般情况下，$\boldsymbol{AB} = \boldsymbol{BA}$ 不成立。例如：

$$\boldsymbol{A} = \begin{bmatrix} 1 & 1 \end{bmatrix}, \boldsymbol{B} = \begin{bmatrix} 1 \\ 1 \end{bmatrix}, \boldsymbol{AB} = 2, \boldsymbol{BA} = \begin{bmatrix} 1 & 1 \\ 1 & 1 \end{bmatrix}, \boldsymbol{AB} \neq \boldsymbol{BA} \tag{10.76}$$

若对于矩阵 $\boldsymbol{A}$、$\boldsymbol{B}$，$\boldsymbol{AB} = \boldsymbol{BA}$ 成立，则称 $\boldsymbol{A}$ 与 $\boldsymbol{B}$ 可交换。

（2）矩阵的乘法既适合左分配律，也适合右分配律：

$$\boldsymbol{A}(\boldsymbol{B}+\boldsymbol{C}) = \boldsymbol{AB}+\boldsymbol{AC}, (\boldsymbol{B}+\boldsymbol{C})\boldsymbol{D} = \boldsymbol{BD}+\boldsymbol{CD} \tag{10.77}$$

n 阶矩阵 $\boldsymbol{A} = (a_{ij})$ 中的元素 a_{ii}（$i = 1, \cdots, n$）称为主对角线上元素。主对角线上元素都是 1，其余元素都是 0 的 n 阶矩阵称为 n 阶单位矩阵，记作 $\boldsymbol{I}_n$，或简记作 $\boldsymbol{I}$。容易直接计算得

$$\boldsymbol{I}_n\boldsymbol{A}_{n\times m} = \boldsymbol{A}_{n\times m}, \boldsymbol{A}_{n\times m}\boldsymbol{I}_m = \boldsymbol{A}_{n\times m} \tag{10.78}$$

特别地，如果 $\boldsymbol{A}$ 是 n 阶矩阵，则有

$$\boldsymbol{IA} = \boldsymbol{AI} = \boldsymbol{A} \tag{10.79}$$

矩阵的乘法与数量乘法满足

$$k(\boldsymbol{AB}) = (k\boldsymbol{A})\boldsymbol{B} = \boldsymbol{A}(k\boldsymbol{B}) \tag{10.80}$$

矩阵的加法、数量乘法、矩阵的乘法与转置满足

$$(\boldsymbol{A}+\boldsymbol{B})' = \boldsymbol{A}'+\boldsymbol{B}'; (k\boldsymbol{A})' = k\boldsymbol{A}'; (\boldsymbol{AB})' = \boldsymbol{B}'\boldsymbol{A}' \tag{10.81}$$

定义 10.8　主对角线以外的元素全为 0 的方阵称为对角线矩阵，简记作

$$\text{diag}\{d_1, d_2, \cdots, d_n\} \tag{10.82}$$

10.3.3　可逆矩阵与矩阵相似

定义 10.9　对于数域 G 中的矩阵 $\boldsymbol{A}$，如果存在数域 G 中的矩阵 $\boldsymbol{B}$，使得

$$\boldsymbol{AB} = \boldsymbol{BA} = \boldsymbol{I} \tag{10.83}$$

那么，称 $\boldsymbol{A}$ 是可逆矩阵（或非奇异矩阵）；称 $\boldsymbol{B}$ 为 $\boldsymbol{A}$ 的逆矩阵，记作 $\boldsymbol{A}^{-1}$。

定义 10.10　设 $\boldsymbol{A}$ 与 $\boldsymbol{B}$ 都是数域 G 中的 n 阶矩阵，如果存在数域 G 中的一个 n 阶可逆矩阵 $\boldsymbol{P}$，使得 $\boldsymbol{P}^{-1}\boldsymbol{AP} = \boldsymbol{B}$，则称 $\boldsymbol{A}$ 与 $\boldsymbol{B}$ 是相似的。

10.4　矩阵的特征

10.4.1　矩阵的特征值与特征向量

定义 10.11　设 $\boldsymbol{A}$ 是数域 G 中的 n 阶矩阵，如果 $\boldsymbol{G}^n$ 中有非零列向量 $|v\rangle$，使得

$$\boldsymbol{A}|v\rangle = v|v\rangle \text{且} v \in G \tag{10.84}$$

那么，称 v 是 $\boldsymbol{A}$ 的一个特征值，称 $|v\rangle$ 是 $\boldsymbol{A}$ 的属于特征值 v 的一个特征向量。

注意，这里的数值 v 和列向量 $|v\rangle$ 是两个不同的概念，只不过为了突出它们之间的关系，都采用了 v 这个符号。

由线性代数中行列式及线性方程组的知识可知

$$\begin{aligned}
&\boldsymbol{A}|v\rangle = v|v\rangle, |v\rangle \neq 0, v \in G \\
\Leftrightarrow\ &(vI - \boldsymbol{A})|v\rangle = 0, |v\rangle \neq 0, v \in G \\
\Leftrightarrow\ &|v\boldsymbol{I} - \boldsymbol{A}| = 0, |v\rangle \text{是}(v\boldsymbol{I} - \boldsymbol{A})|v\rangle = 0\text{的一个非零解}, v \in G \\
\Leftrightarrow\ &v\,\text{是多项式}\,|\lambda\boldsymbol{I} - \boldsymbol{A}|\,\text{在}\,G\,\text{中的一个根}, |v\rangle\,\text{是}\,(v\boldsymbol{I} - \boldsymbol{A})|x\rangle \\
&= 0\,\text{的一个非零解}
\end{aligned} \tag{10.85}$$

$|\lambda\boldsymbol{I} - \boldsymbol{A}|$ 称为 $\boldsymbol{A}$ 的特征多项式。设 v 是 $\boldsymbol{A}$ 的一个特征值，把齐次线性方程组 $(v\boldsymbol{I} - \boldsymbol{A})|x\rangle = 0$ 的解空间称为 $\boldsymbol{A}$ 的属于 v 的特征子空间，其中的全部非零向量就是 $\boldsymbol{A}$ 的属于 v 的全部特征向量。

定义 10.12　如果 n 阶矩阵 $\boldsymbol{A}$ 能够与一个对角线矩阵相似，那么称 $\boldsymbol{A}$ 可对角化。

定理 10.3 数域 G 中 n 阶矩阵 $\boldsymbol{A}$ 可对角化的充分必要条件：$\boldsymbol{G}^n$ 中有 n 个线性无关的列向量 $|x_1\rangle, |x_2\rangle, \cdots, |x_n\rangle$，以及 G 中有 n 个数 $x_1, x_2, \cdots, x_n$（它们之中有些可能相等），使得

$$\boldsymbol{A}|x_i\rangle = x_i|x_i\rangle, i = 1, 2, \cdots, n \tag{10.86}$$

这时，令 $\boldsymbol{P} = (|x_1\rangle, |x_2\rangle, \cdots, |x_n\rangle)$，则有

$$\boldsymbol{P}^{-1}\boldsymbol{A}\boldsymbol{P} = \operatorname{diag}\{x_1, x_2, \cdots, x_n\} \tag{10.87}$$

证明 设 $\boldsymbol{A}$ 与对角线矩阵 $\boldsymbol{D} = \operatorname{diag}\{x_1, x_2, \cdots, x_n\}$ 相似，其中 $x_i \in G, i = 1, 2, \cdots, n$。这等价于存在 G 中的 n 阶可逆矩阵 $\boldsymbol{P} = (|x_1\rangle, |x_2\rangle, \cdots, |x_n\rangle)$，使得 $\boldsymbol{P}^{-1}\boldsymbol{A}\boldsymbol{P} = \boldsymbol{D}$，即 $\boldsymbol{A}\boldsymbol{P} = \boldsymbol{P}\boldsymbol{D} \mapsto \boldsymbol{A}(|x_1\rangle, |x_2\rangle, \cdots, |x_n\rangle) = (|x_1\rangle, |x_2\rangle, \cdots, |x_n\rangle)\boldsymbol{D}$ $\mapsto (\boldsymbol{A}|x_1\rangle, \boldsymbol{A}|x_2\rangle, \cdots, \boldsymbol{A}|x_n\rangle) = (x_1|x_1\rangle, x_2|x_2\rangle, \cdots, x_n|x_n\rangle)$。这等价于 $\boldsymbol{G}^n$ 中有 n 个线性无关的列向量 $|x_1\rangle$，$|x_2\rangle, \cdots, |x_n\rangle$，使得

$$\boldsymbol{A}|x_i\rangle = x_i|x_i\rangle,\ i = 1, 2, \cdots, n \tag{10.88}$$

证毕。

10.4.2 厄米矩阵

定义 10.13 若矩阵 $\boldsymbol{B}$ 中的每个元素都是矩阵 $\boldsymbol{A}$ 中相应元素的共轭，则称矩阵 $\boldsymbol{B}$ 是矩阵 $\boldsymbol{A}$ 的共轭矩阵，将 $\boldsymbol{B}$ 记作 $\boldsymbol{A}^*$。

定义 10.14 若矩阵 $\boldsymbol{B}$ 满足 $\boldsymbol{B} = (\boldsymbol{A}^*)'$，则把 $\boldsymbol{B}$ 记作 $\boldsymbol{A}^\dagger$。若 $\boldsymbol{A} = \boldsymbol{A}^\dagger$，则称 $\boldsymbol{A}$ 为厄米矩阵。如果 $|v\rangle$ 是向量，那么有 $(|v\rangle^*)' = |v\rangle^\dagger =: \langle v|$。

厄米矩阵有以下 2 个性质。

（1）对于任意的向量 $|v\rangle$、$|w\rangle$ 及矩阵 $\boldsymbol{A}$，存在唯一的矩阵 $\boldsymbol{A}^\dagger$，使得

$$(|v\rangle, \boldsymbol{A}|w\rangle) = \left(\boldsymbol{A}^\dagger|v\rangle, |w\rangle\right) \tag{10.89}$$

（2）

$$(\boldsymbol{A}\boldsymbol{B})^\dagger = \boldsymbol{B}^\dagger\boldsymbol{A}^\dagger, (\boldsymbol{A}|v\rangle)^\dagger = \langle v|\boldsymbol{A}^\dagger, \left(\boldsymbol{A}^\dagger\right)^\dagger = \boldsymbol{A} \tag{10.90}$$

定义 10.15 若 $\boldsymbol{A}\boldsymbol{A}^\dagger = \boldsymbol{A}^\dagger\boldsymbol{A}$，则称阵 $\boldsymbol{A}$ 是正规的（Normal）。

定义 10.16 若 $\boldsymbol{U}^\dagger\boldsymbol{U} = \boldsymbol{I}$，则称矩阵 $\boldsymbol{U}$ 是酉的（Unitary）。

酉矩阵有如下性质：

$$(\boldsymbol{U}|v\rangle, \boldsymbol{U}|w\rangle) = \left\langle v\left|\boldsymbol{U}^\dagger U\right|w\right\rangle = \langle v \mid w\rangle \tag{10.91}$$

定理 10.4　酉矩阵的所有特征值的模都是 1 。

证明　设 $\boldsymbol{U}$ 是酉矩阵，v 是 $\boldsymbol{U}$ 的一个特征值，$|v\rangle$ 是 $\boldsymbol{U}$ 的属于特征值 v 的特征向量，那么有

$$0 \neq \langle v \mid v\rangle = \left\langle v \left|\boldsymbol{U}^{\dagger}\boldsymbol{U}\right| v\right\rangle = (\boldsymbol{U}|v\rangle)^{\dagger}(\boldsymbol{U}|v\rangle) = (v|v\rangle)^{\dagger}(v|v\rangle) = v^{*}v\langle v \mid v\rangle \tag{10.92}$$

所以，$v^{*}v=1$，即 v 的模为 1。证毕。

10.4.3　对易式与反对易式

定义 10.17[60]　设有两个矩阵 $\boldsymbol{A}$、$\boldsymbol{B}$，则称

$$[\boldsymbol{A},\boldsymbol{B}] := \boldsymbol{AB}-\boldsymbol{BA} \tag{10.93}$$

为 $\boldsymbol{A}$ 与 $\boldsymbol{B}$ 的对易式（Commutator），若 $[\boldsymbol{A},\boldsymbol{B}]=0$，即 $\boldsymbol{AB}=\boldsymbol{BA}$，则称 $\boldsymbol{A}$ 和 $\boldsymbol{B}$ 是对易的。

类似地，两个矩阵的反对易式（Anticommutator）定义为

$$\{\boldsymbol{A},\boldsymbol{B}\} := \boldsymbol{AB}+\boldsymbol{BA} \tag{10.94}$$

如果 $\{\boldsymbol{A},\boldsymbol{B}\}=0$，则 $\boldsymbol{A}$ 与 $\boldsymbol{B}$ 反对易。下面 3 个性质的证明比较简单，请读者自己思考。

（1）若 $[\boldsymbol{A},\boldsymbol{B}]=0$、$\{\boldsymbol{A},\boldsymbol{B}\}=0$，且 $\boldsymbol{A}$ 可逆，则 $\boldsymbol{B}$ 必为 0 。

（2）$[\boldsymbol{A},\boldsymbol{B}]^{\dagger}=\left[\boldsymbol{B}^{\dagger},\boldsymbol{A}^{\dagger}\right]$，$[\boldsymbol{A},\boldsymbol{B}]=-[\boldsymbol{B},\boldsymbol{A}]$。

（3）若 $\boldsymbol{A}$ 和 $\boldsymbol{B}$ 都是厄米矩阵，则 $\mathrm{i}[\boldsymbol{A},\boldsymbol{B}]$ 是厄米的。

下面不加证明地给出同时对角化定理，见定理 10.5。该定理用到了一些线性代数的概念。

定理 10.5　设 $\boldsymbol{A}$ 和 $\boldsymbol{B}$ 是厄米矩阵，$[\boldsymbol{A},\boldsymbol{B}]=0$ 当且仅当存在一组规范正交基，使 $\boldsymbol{A}$ 和 $\boldsymbol{B}$ 在这组基下是同时对角的。在这种情况下，$\boldsymbol{A}$ 和 $\boldsymbol{B}$ 称为可同时对角化。

10.5　矩阵的函数

与实数的函数相似，可以定义矩阵的函数。例如，实数的多项式函数中只用到了加法和幂运算，矩阵的多项式函数的定义也与其相似。这里的矩阵一般为方阵，因为需要用到幂运算。下面主要介绍矩阵（方阵）的指数函数。

定义 10.18　$\exp(\boldsymbol{A})=\mathrm{e}^{\boldsymbol{A}}=\boldsymbol{I}+\boldsymbol{A}+\dfrac{\boldsymbol{A}^{2}}{2!}+\dfrac{\boldsymbol{A}^{3}}{3!}+\dfrac{\boldsymbol{A}^{4}}{4!}+\cdots$

定义 10.18 相当于先把 $f(x)=\exp(x)$ 在原点进行泰勒展开（泰勒展开的相关知识可参考其他微积分相关图书），然后把矩阵 $\boldsymbol{A}$ 带入泰勒展开式进行运算。

如果 $\boldsymbol{A}=\operatorname{diag}\{\boldsymbol{A}_{11},\boldsymbol{A}_{22},\cdots,\boldsymbol{A}_{nn}\}$，其中 $\boldsymbol{A}_{ii}$ 是子矩阵，容易验证：

$$\exp(\boldsymbol{A})=\operatorname{diag}\left\{\mathrm{e}^{\boldsymbol{A}_{11}},\mathrm{e}^{\boldsymbol{A}_{22}},\cdots,\mathrm{e}^{\boldsymbol{A}_{nn}}\right\} \tag{10.95}$$

如果 $\boldsymbol{A}$ 不是一个对角线矩阵，可以运用线性代数中的酉变换找到一个酉矩阵 $\boldsymbol{U}$，使得对角线矩阵 $\boldsymbol{D}=\operatorname{diag}\{\boldsymbol{D}_{11},\boldsymbol{D}_{22},\cdots,\boldsymbol{D}_{nn}\}$ 满足 $\boldsymbol{D}=\boldsymbol{U}\boldsymbol{A}\boldsymbol{U}^{\dagger}$。易知 $\boldsymbol{A}^{n}=\boldsymbol{U}^{\dagger}\boldsymbol{D}^{n}\boldsymbol{U}$，因此有

$$\exp(\boldsymbol{A})=\boldsymbol{U}^{\dagger}\exp(\boldsymbol{D})\boldsymbol{U}=\boldsymbol{U}^{\dagger}\operatorname{diag}\left\{\mathrm{e}^{\boldsymbol{D}_{11}},\mathrm{e}^{\boldsymbol{D}_{22}},\cdots,\mathrm{e}^{\boldsymbol{D}_{nn}}\right\}\boldsymbol{U} \tag{10.96}$$

矩阵其他函数的定义：与矩阵指数函数的定义相似，把矩阵代入其他函数的泰勒展开式即可。例如，矩阵的正弦函数可定义为

$$\sin\boldsymbol{A}=\boldsymbol{A}-\frac{\boldsymbol{A}^{3}}{3!}+\frac{\boldsymbol{A}^{5}}{5!}-\cdots \tag{10.97}$$

矩阵的余弦函数可定义为

$$\cos\boldsymbol{A}=\boldsymbol{I}-\frac{\boldsymbol{A}^{2}}{2!}+\frac{\boldsymbol{A}^{4}}{4!}-\cdots+(-1)^{n}\frac{\boldsymbol{A}^{2n}}{(2n)!}+\cdots \tag{10.98}$$

下面介绍一个很重要的欧拉公式：

$$\mathrm{e}^{\mathrm{i}\theta}=\cos\theta+\mathrm{i}\sin\theta \tag{10.99}$$

式 (10.99) 其实是说等式两边的泰勒展式是相等的，下面来验证一下。首先，给出一些泰勒展开式：

$$\mathrm{e}^{\theta}=1+\theta+\frac{\theta^{2}}{2!}+\frac{\theta^{3}}{3!}+\cdots+\frac{\theta^{n}}{n!}+\cdots \tag{10.100}$$

$$\cos\theta=1-\frac{\theta^{2}}{2!}+\frac{\theta^{4}}{4!}-\cdots+(-1)^{n}\frac{\theta^{2n}}{2n!}+\cdots \tag{10.101}$$

$$\sin\theta=\theta-\frac{\theta^{3}}{3!}+\frac{\theta^{5}}{5!}-\cdots+(-1)^{n}\frac{\theta^{2n+1}}{(2n+1)!}+\cdots \tag{10.102}$$

然后，将式 (10.100)～ 式 (10.102) 代入欧拉公式的等号两侧，不难验证等号两侧相等。

10.6　线性算符与矩阵表示

10.6.1　线性算符

正比例函数的形式为 $y = kx$（$k \neq 0$），即 $f(x) = kx$。例如，在日常生活中，一斤米的售价 k 元，买了 x 斤，就要付给商家 kx 元钱。对任意的实数 x_1、x_2，有 $f(x_1 + x_2) = k(x_1 + x_2) = kx_1 + kx_2 = f(x_1) + f(x_2)$；对任意的 x、a，有 $f(ax) = k(ax) = a(kx) = af(x)$。这说明，正比例函数保持加法运算与数乘运算[4]。受这类事例启发，给出线性算符的概念。如果数域 K 上的向量空间 $\boldsymbol{V} \equiv \boldsymbol{K}^m$ 到向量空间 $\boldsymbol{W} \equiv \boldsymbol{K}^n$ 的一个映射 $\boldsymbol{\sigma}$ 保持加法和数乘运算，即 $\forall|u\rangle$，$|v\rangle \in \boldsymbol{V}$，$k \in K$，有

$$\begin{aligned} \boldsymbol{\sigma}(|u\rangle + |v\rangle) &= \boldsymbol{\sigma}(|u\rangle) + \boldsymbol{\sigma}(|v\rangle) \\ \boldsymbol{\sigma}(k|u\rangle) &= k\boldsymbol{\sigma}(|u\rangle) \end{aligned} \tag{10.103}$$

那么，称 $\boldsymbol{\sigma}$ 为 $\boldsymbol{V}$ 到 $\boldsymbol{W}$ 的一个线性算符。根据线性算符的定义，可以验证以下性质：

$$\boldsymbol{\sigma}\left(\sum_i a_i |v_i\rangle\right) = \sum_i a_i \boldsymbol{\sigma}(|v_i\rangle) \tag{10.104}$$

通常，$\boldsymbol{\sigma}(|v\rangle)$ 简记为 $\boldsymbol{\sigma}|v\rangle$。当定义在向量空间 $\boldsymbol{V}$ 中的线性算符 $\boldsymbol{\sigma}$ 时，意味着 $\boldsymbol{\sigma}$ 是从 $\boldsymbol{V}$ 到 V 的一个线性算符。

一个重要的线性算符是向量空间 $\boldsymbol{V}$ 中的单位算符（Identity Operator）$\boldsymbol{I}_v$，它将 $\boldsymbol{V}$ 中任意向量对应到自身：

$$\boldsymbol{I}_v|v\rangle \equiv |v\rangle, \forall|v\rangle \in \boldsymbol{V} \tag{10.105}$$

另一个重要的线性算符是向量空间 $\boldsymbol{V}$ 中的零算符（Zero Operator）$\mathbf{0}$，它将 $\boldsymbol{V}$ 中任意向量对应到 $\boldsymbol{V}$ 中的零向量 $|\hat{0}\rangle$：

$$\mathbf{0}|v\rangle \equiv |\hat{0}\rangle, \forall|v\rangle \in \boldsymbol{V} \tag{10.106}$$

由于线性算符是映射的一种特殊情况，因此线性算符也可以做映射的合成，并满足合成的结合律。

10.6.2　矩阵表示

最直观的理解线性算符的方式就是线性算符的矩阵表示（Matrix Representation），因为矩阵比较直观[57,59-60,62]。

设 $\boldsymbol{\sigma}:\boldsymbol{V}\mapsto\boldsymbol{W}$ 是向量空间 $\boldsymbol{V}$ 到向量空间 $\boldsymbol{W}$ 的线性算符，选定向量组 $\{|v_1\rangle,|v_2\rangle,\cdots,|v_n\rangle\}$ 为 $\boldsymbol{V}$ 的一个基，向量组 $\{|w_1\rangle,|w_2\rangle,\cdots,|w_m\rangle\}$ 为 $\boldsymbol{W}$ 的一个基，由于 $\boldsymbol{V}$ 中的任意向量 $|v\rangle$ 都可以由基 $\{|v_1\rangle,|v_2\rangle,\cdots,|v_n\rangle\}$ 线性表示，根据线性算符保持加法运算和数乘运算的性质，只要确定 $\boldsymbol{\sigma}$ 作用在基 $\{|v_1\rangle,|v_2\rangle,\cdots,|v_n\rangle\}$ 上的像，就能确定 $\boldsymbol{\sigma}$ 作用在 $|v\rangle$ 上的像。

根据线性算符的定义可知，线性算符本质上是两个向量空间之间的映射，而映射表示一种对应关系。如果确定了 $\boldsymbol{V}$ 中每一个 $|v\rangle$ 在 σ 作用下的 $\boldsymbol{W}$ 中的像，也就确定了从 V 到 W 的对应关系，即线性算符 $\boldsymbol{\sigma}:\boldsymbol{V}\mapsto\boldsymbol{W}$ 也就被确定。

$\boldsymbol{V}$ 中的每个元素都能被 $\boldsymbol{V}$ 中的基线性表示，因此将线性算符 $\boldsymbol{\sigma}$ 作用在基的每一个元素上，得到 $\boldsymbol{W}$ 中的像 $\boldsymbol{\sigma}|v_1\rangle,\boldsymbol{\sigma}|v_2\rangle,\cdots,\boldsymbol{\sigma}|v_n\rangle$ 都确定，从而基的线性表示的像也被确定，那么线性算符也就被确定。由于 $\boldsymbol{\sigma}|v_j\rangle$（$j=1,2,\cdots,n$）是 $\boldsymbol{W}$ 中的元素，因此可以由 $\boldsymbol{W}$ 中的基 $\{|w_1\rangle,|w_2\rangle,\cdots,|w_m\rangle\}$ 来线性表示：

$$\boldsymbol{\sigma}|v_j\rangle=a_{1j}|w_1\rangle+a_{2j}|w_2\rangle+\cdots+a_{mj}|w_m\rangle=\sum_{i=1}^{m}a_{ij}|w_i\rangle \tag{10.107}$$

式 (10.107) 可写成矩阵的形式：

$$\begin{aligned}&\left[\sigma\left|v_1\right\rangle,\sigma\left|v_2\right\rangle,\cdots,\sigma\left|v_n\right\rangle\right]\\&=\left[\left|w_1\right\rangle,\left|w_2\right\rangle,\cdots,\left|w_m\right\rangle\right]\begin{bmatrix}a_{11}&a_{12}&\cdots&a_{1n}\\a_{21}&a_{22}&\cdots&a_{2n}\\\vdots&\vdots&&\vdots\\a_{m1}&a_{m2}&\cdots&a_{mn}\end{bmatrix}\end{aligned} \tag{10.108}$$

把式 (10.108) 右端的 $m\times n$ 矩阵记作 $\boldsymbol{A}$，$\boldsymbol{A}$ 就是线性算符 σ 在 $\boldsymbol{V}$ 的基 $\left|v_1\right\rangle,\left|v_2\right\rangle,\cdots,\left|v_n\right\rangle$ 和 $\boldsymbol{W}$ 的基 $\left|w_1\right\rangle,\left|w_2\right\rangle,\cdots,\left|w_m\right\rangle$ 下的矩阵表示。

因此，给定基下的线性算符都可以找到与之对应的矩阵，并且这种矩阵表示方式是唯一的。

根据矩阵的运算法则及线性算符的定义，可以验证矩阵是一个线性算符。因此，在给定向量空间的基下，线性算符与矩阵作用在同一个向量空间中是等价的。设 $\boldsymbol{\sigma}$ 是域 G 上 n 维线性空间 $\boldsymbol{V}$ 到 m 维线性空间 $\boldsymbol{W}$ 的一个线性算符，它在 $\boldsymbol{V}$ 的基 $\left|v_1\right\rangle,\left|v_2\right\rangle,\cdots,\left|v_n\right\rangle$ 和 $\boldsymbol{W}$ 的基 $\left|w_1\right\rangle,\left|w_2\right\rangle,\cdots,\left|w_m\right\rangle$ 下的矩阵为 $\boldsymbol{A}$，$\boldsymbol{V}$ 中向量 $|v\rangle$ 在基 $\left|v_1\right\rangle,\left|v_2\right\rangle,\cdots,\left|v_n\right\rangle$ 下的坐标为 $\boldsymbol{X}$，则有

$$\begin{aligned}\boldsymbol{\sigma}|v\rangle&=\boldsymbol{\sigma}\left[\left(\left|v_1\right\rangle,\left|v_2\right\rangle,\cdots,\left|v_n\right\rangle\right)\boldsymbol{X}\right]\\&=\left[\boldsymbol{\sigma}\left(\left|v_1\right\rangle,\left|v_2\right\rangle,\cdots,\left|v_n\right\rangle\right)\right]\boldsymbol{X}\end{aligned}$$

$$= [(|w_1\rangle, |w_2\rangle, \cdots, |w_m\rangle) \boldsymbol{A}] \boldsymbol{X}$$

$$= (|w_1\rangle, |w_2\rangle, \cdots, |w_m\rangle) (\boldsymbol{AX}) \tag{10.109}$$

因此，$\boldsymbol{\sigma}|v\rangle$ 在 $\boldsymbol{W}$ 的基 $|w_1\rangle, |w_2\rangle, \cdots, |w_m\rangle$ 下的坐标为 $\boldsymbol{AX}$。线性算符作用于向量空间中的元素所得到的新元素的坐标，实际上就是矩阵乘以向量空间中的元素的坐标。因此，10.3 节所述的矩阵性质也对应线性算符的性质。

根据线性算符的定义，可以将向量空间 $\boldsymbol{V}$ 中两个向量 $|u\rangle$ 和 $|v\rangle$ 的内积中的对偶 $\langle u|$ 看作从 $\boldsymbol{V}$ 到复数域 C 的线性算符：

$$\langle u|(|v\rangle) = \langle u \mid v\rangle = (|u\rangle, |v\rangle) = \sum_{i=1}^{n} u_i^* v_i = [u_1^* \quad \cdots \quad u_n^*] \begin{bmatrix} v_1 \\ \vdots \\ v_n \end{bmatrix} \tag{10.110}$$

线性算符 $\langle u|$ 在向量空间 $\boldsymbol{V}$ 中标准正交基下的矩阵表示为 $1\times n$ 矩阵 $[u_1^* \quad \cdots \quad u_n^*]$。

10.6.3　向量外积

一个 n 维向量可以看作一个 $1 \times n$ 矩阵或 $n \times 1$ 矩阵，那么，$m \times n$ 矩阵能否看作一个向量呢？本质上，向量和矩阵是一样的，是人们在不同的情况下运用的不同表示方式。相对于向量，矩阵的基又是什么呢？矩阵是一个线性映射，在给定基下，线性算符与矩阵等价，向量空间中的基与矩阵表示又有什么关系呢？

基于以上疑问，本小节介绍向量外积的概念[60]。假设 $|v\rangle$ 和 $|w\rangle$ 是 m 维内积空间 $\boldsymbol{W}$ 中的向量，定义 $|v\rangle\langle w|$ 是从 $\boldsymbol{V}$ 到 $\boldsymbol{W}$ 的线性算符，并且满足运算规则：

$$(|w\rangle\langle v|)(|\tilde{v}\rangle) := |w\rangle(\langle v \mid \tilde{v}\rangle) = \langle v \mid \tilde{v}\rangle|w\rangle \tag{10.111}$$

这里，借助内积的运算定义了外积。设在给定标准正价基下，向量 $|v\rangle$、$|w\rangle$ 的坐标表示分别为

$$|v\rangle = \begin{bmatrix} v_1 \\ v_2 \\ \vdots \\ v_n \end{bmatrix}, |w\rangle = \begin{bmatrix} w_1 \\ w_2 \\ \vdots \\ w_m \end{bmatrix} \tag{10.112}$$

则线性算符 $|w\rangle\langle v|$ 的矩阵表示为

$$|w\rangle\langle v| = \begin{bmatrix} w_1 \\ w_2 \\ \vdots \\ w_m \end{bmatrix} [v_1^* \ \ v_2^* \ \ \cdots \ \ v_n^*] = \begin{bmatrix} w_1v_1^* & w_1v_2^* & \cdots & w_1v_n^* \\ w_2v_1^* & w_2v_2^* & \cdots & w_2v_n^* \\ \vdots & \vdots & & \vdots \\ w_mv_1^* & w_mv_2^* & \cdots & w_mv_n^* \end{bmatrix} \tag{10.113}$$

可以看出，在给定标准正交基下，线性算符 $|w\rangle\langle v|$ 的矩阵表示为向量 $|w\rangle$ 的坐标表示与 $|v\rangle$ 的对偶向量的坐标表示通过矩阵乘法得到。

10.6.4 对角表示

向量空间 $\boldsymbol{V}$ 上的线性算符 $\boldsymbol{A}$ 的对角表示（Diagonal Representation）[59-60] 是指 $\boldsymbol{A}$ 可以表示为

$$\boldsymbol{A} = \sum_i \lambda_i |i\rangle\langle i| \tag{10.114}$$

其中，$|i\rangle$ 为线性算符 $\boldsymbol{A}$ 的属于特征值 λ_i 的标准正交化的特征向量。若一个线性算符有对角表示，则该线性算符一定是可对角化的（Diagonalizable）。例如，Pauli-$\boldsymbol{Z}$ 矩阵有对角表示：

$$\boldsymbol{Z} = \begin{bmatrix} 1 & 0 \\ 0 & -1 \end{bmatrix} = 1 \cdot |0\rangle\langle 0| + (-1) \cdot |1\rangle\langle 1| \tag{10.115}$$

线性算符可对角化，却不一定有对角表示。例如，对于矩阵

$$\begin{bmatrix} 1 & -2 \\ 0 & -1 \end{bmatrix} \tag{10.116}$$

特征值 1 对应的特征向量为 $k_1[1 \ \ 0]^{\mathrm{T}}$，特征值 -1 对应的特征向量为 $k_2[1 \ \ 1]^{\mathrm{T}}$，这两个特征向量并不正交，因此没有对角表示。而矩阵

$$\begin{bmatrix} 1 & 0 \\ 1 & 1 \end{bmatrix} \tag{10.117}$$

是不可对角化的。

定理 10.6 向量空间 $\boldsymbol{V}$ 中的任意线性算符 $\boldsymbol{A}$ 是正规算符的充要条件：在 $\boldsymbol{V}$ 的某个标准正交基下，线性算符 $\boldsymbol{A}$ 有对角表示。

10.6.5 投影算符

假设 $\boldsymbol{U}$ 是 n 维向量空间 $\boldsymbol{V}$ 的 k 维子空间，可以从 $\boldsymbol{V}$ 的标准正交基中找到 k 维子空间 $\boldsymbol{U}$ 的标准正交基并标记为 $|1\rangle, \cdots, |k\rangle$，定义

$$\boldsymbol{P} := \sum_{i=1}^{k} |i\rangle\langle i| \tag{10.118}$$

为子空间 $\boldsymbol{W}$ 上的投影算符（Projection Operator）[60]，并定义

$$\boldsymbol{Q} := \sum_{i=k+1}^{n} |i\rangle\langle i| \tag{10.119}$$

为投影算符 $\boldsymbol{P}$ 的正交补（Orthogonal Complement），可以验证

$$\boldsymbol{P} + \boldsymbol{Q} = \boldsymbol{I} \tag{10.120}$$

定理 10.7　对于任意投影算符 $\boldsymbol{P}$，满足 $\boldsymbol{P}^2 = \boldsymbol{P}$。

证明

$$\boldsymbol{P}^2 = \left(\sum_{i=1}^{k} |i\rangle\langle i|\right)^2 = \sum_{i,j=1}^{k} |i\rangle\langle i \mid j\rangle\langle j| \tag{10.121}$$

由于

$$\langle i \mid j\rangle = \delta_{ij} = \begin{cases} 1, & i = j \\ 0, & i \neq j \end{cases} \tag{10.122}$$

因此，有

$$\sum_{i,j=1}^{k} |i\rangle\langle i \mid j\rangle\langle j| = \sum_{i=1}^{k} |i\rangle\langle i| = \boldsymbol{P} \tag{10.123}$$

即 $\boldsymbol{P}^2 = \boldsymbol{P}$。证毕。

参考文献

[1] NIELSEN M A, CHUANG I L. Quantum computation and quantum information: 10th anniversary edition[M]. Cambridge: Cambridge University Press, 2011.

[2] BEAUREGARD S. Circuit for shor's algorithm using $2n+3$ qubits[A]. 2002.

[3] TAKAHASHI Y, TANI S, KUNIHIRO N. Quantum addition circuits and unbounded fan-out[A]. 2009.

[4] ROETTELER M, NAEHRIG M, SVORE K M, et al. Quantum resource estimates for computing elliptic curve discrete logarithms[C]//Advances in Cryptology – ASIACRYPT 2017: 23rd International Conference on the Theory and Applications of Cryptology and Information Security. Berlin: Springer, 2017: 241-270.

[5] SHOR P W. Algorithms for quantum computation: discrete logarithms and factoring[C]//Proceedings 35th Annual Symposium on Foundations of Computer science. NJ: IEEE, 1994: 124-134.

[6] NIELSEN M A, CHUANG I. Quantum computation and quantum information[M]. [S.l.]: American Association of Physics Teachers, 2002.

[7] GIDNEY C. Factoring with $n+2$ clean qubits and $n-1$ dirty qubits[A]. 2017.

[8] AONO Y, LIU S, TANAKA T, et al. The present and future of discrete logarithm problems on noisy quantum computers[J]. IEEE Transactions on Quantum Engineering, 2022.

[9] SCHULD M. Quantum machine learning models are kernel methods[A]. 2021.

[10] ARAUJO I F, PARK D K, LUDERMIR T B, et al. Configurable sublinear circuits for quantum state preparation[J]. Quantum Information Processing, 2023, 22(2): 123.

[11] GHOSH K. Encoding classical data into a quantum computer[A]. 2021.

[12] BRASSARD G, HOYER P, MOSCA M, et al. Quantum amplitude amplification and estimation[Z]. 2000.

[13] GROVER L K. A fast quantum mechanical algorithm for database search[Z]. 1996.

[14] MARKOV A A. Extension of the law of large numbers to quantities, depending on each other (1906). Reprint.[J]. Journal Électronique d'Histoire des Probabilités et de la Statistique, 2006, 2(1): 10, 12.

[15] AHARONOV Y, DAVIDOVICH L, ZAGURY N. Quantum random walks[J]. Phys. Rev. A, 1993, 48: 1687-1690.

[16] SHENVI N, KEMPE J, WHALEY K B. Quantum random-walk search algorithm[J]. Phys. Rev. A, 2003, 67: 052307.

[17] FARHI E, GUTMANN S. Quantum computation and decision trees[J]. Phys. Rev. A, 1998, 58: 915-928.

[18] GROVER L K. A fast quantum mechanical algorithm for database search[C]//

STOC'96: Proceedings of the Twenty-eighth Annual ACM Symposium on Theory of Computing. NY: Association for Computing Machinery. 1996: 212-219.
[19] HARROW A W, HASSIDIM A, LLOYD S. Quantum algorithm for linear systems of equations[J]. Physical Review Letters, 2009, 103(15): 150502.
[20] CHILDS A M. Quantum information processing in continuous time[D]. Cambridge: Massachusetts Institute of Technology, 2004.
[21] CHILDS A M, CLEVE R, DEOTTO E, et al. Exponential algorithmic speedup by a quantum walk[C]//Proceedings of the Thirty-fifth Annual ACM Symposium on Theory of Computing. NY: ACM, 2003: 59-68.
[22] BERRY D W, CHILDS A M. Black-box hamiltonian simulation and unitary implementation[J]. Quantum Inf. Comput., 2012, 12: 29-62.
[23] BERRY D W, CHILDS A M, KOTHARI R. Hamiltonian simulation with nearly optimal dependence on all parameters[C]//2015 IEEE 56th Annual Symposium on Foundations of Computer Science. NJ: IEEE, 792-809.
[24] CHILDS A M, KOTHARI R, SOMMA R D. Quantum algorithm for systems of linear equations with exponentially improved dependence on precision[J]. Siam Journal on Computing, 2017, 46(6): 1920-1950.
[25] CEREZO M, ARRASMITH A, BABBUSH R, et al. Variational quantum algorithms[J]. Nature Reviews Physics, 2021, 3(9): 625-644.
[26] BITTEL L, KLIESCH M. Training variational quantum algorithms is NP-hard[J]. Physical Review Letters, 2021, 127(12): 120502.
[27] KINGMA D P, BA J. Adam: a method for stochastic optimization[A]. 2014.
[28] KÜBLER J M, ARRASMITH A, CINCIO L, et al. An adaptive optimizer for measurement-frugal variational algorithms[J]. Quantum, 2020, 4: 263.
[29] MCARDLE S, JONES T, ENDO S, et al. Variational ansatz-based quantum simulation of imaginary time evolution[J]. npj Quantum Information, 2019, 5(1): 75.
[30] STOKES J, IZAAC J, KILLORAN N, et al. Quantum natural gradient[Z]. 2019.
[31] KOCZOR B, BENJAMIN S C. Quantum natural gradient generalised to noisy and non-unitary circuits[A]. 2019.
[32] SPALL J C. Multivariate stochastic approximation using a simultaneous perturbation gradient approximation[J]. IEEE Transactions on Automatic Control, 1992, 37(3): 332-341.
[33] NAKANISHI K M, FUJII K, TODO S. Sequential minimal optimization for quantum-classical hybrid algorithms[J]. Physical Review Research, 2020, 2(4): 043158.
[34] PARRISH R M, IOSUE J T, OZAETA A, et al. A Jacobi diagonalization and anderson acceleration algorithm for variational quantum algorithm parameter optimization[EB/OL]. (2019-04-05)[2023-04-03].
[35] FARHI E, GOLDSTONE J, GUTMANN S. A quantum approximate optimization algorithm[EB/OL]. (2014-11-14)[2022-03-09].
[36] ZHOU L, WANG S T, CHOI S, et al. Quantum approximate optimization algorithm: performance, mechanism, and implementation on near-term devices[J]. Physical Re-

view X, 2020, 10(2): 021067.

[37] HADFIELD S, WANG Z, O'GORMAN B, et al. From the quantum approximate optimization algorithm to a quantum alternating operator ansatz[J]. Algorithms, 2019, 12(2): 34.

[38] WANG Z, RUBIN N C, DOMINY J M, et al. XY-mixers: analytical and numerical results for QAOA[J]. Physical Review A, 2020, 101(1): 012320.

[39] PERUZZO A, MCCLEAN J, SHADBOLT P, et al. A variational eigenvalue solver on a photonic quantum processor[J]. Nature Communications, 2014, 5(1): 1-7.

[40] MCCLEAN J R, ROMERO J, BABBUSH R, et al. The theory of variational hybrid quantum-classical algorithms[J]. New Journal of Physics, 2016, 18(2): 023023.

[41] ABRAMS D S, LLOYD S. Quantum algorithm providing exponential speed increase for finding eigenvalues and eigenvectors[J]. Physical Review Letters, 1999, 83(24): 5162.

[42] ASPURU-GUZIK A, DUTOI A D, LOVE P J, et al. Simulated quantum computation of molecular energies[J]. Science, 2005, 309(5741): 1704-1707.

[43] ALTAISKY M V. Quantum neural network[Z]. 2001.

[44] LILIENFELD A V. Quantum machine learning[C]//APS March Meeting 2017. [S.l.]: [S.n.], 2017.

[45] MITARAI K, NEGORO M, KITAGAWA M, et al. Quantum circuit learning[J]. Physical Review A, 2018, 98(3): 032309.

[46] BIAN H, JIA Z, DOU M, et al. VQnet 2.0: a new generation machine learning framework that unifies classical and quantum[A]. 2023.

[47] LECUN Y. The MNIST database of handwritten digits[Z]. 1998.

[48] SHENDE V V, BULLOCK S S, MARKOV I L. Synthesis of quantum logic circuits[C]//Proceedings of the 2005 Asia and South Pacific Design Automation Conference. [S.l.]: [S.n.], 2005: 272-275.

[49] DA SILVA A J, PARK D K. Linear-depth quantum circuits for multiqubit controlled gates[J]. Physical Review A, 2022, 106(4): 042602.

[50] MCKAY D C, WOOD C J, SHELDON S, et al. Efficient z gates for quantum computing[J]. Physical Review A, 2017, 96(2): 022330.

[51] LI G, DING Y, XIE Y. Tackling the qubit mapping problem for nisq-era quantum devices[C]//Proceedings of the Twenty-fourth International Conference on Architectural Support for Programming Languages and Operating Systems. [S.l.]: [S.n.], 2019: 1001-1014.

[52] SIRAICHI M Y, SANTOS V F D, COLLANGE C, et al. Qubit allocation as a combination of subgraph isomorphism and token swapping[J]. Proceedings of the ACM on Programming Languages, 2019, 3 (OOPSLA): 1-29.

[53] WOOD C J, BIAMONTE J D, CORY D G. Tensor networks and graphical calculus for open quantum systems[A]. 2011.

[54] MINGARE A, et al. Simulating noisy diamond quantum computers[M]. Canberra: The Australian National University, 2021.

[55] 同济大学数学系. 高等数学：上册 [M]. 6 版. 北京: 高等教育出版社, 2007.

[56] STEWART J. Calculus[M]. 8th ed. Michigan: CENGAGE Learning, 2016.

[57] 丘维声. 高等代数：上册 [M]. 北京: 清华大学出版社, 2010.

[58] 同济大学数学系. 高等数学（下册）[M]. 6 版. 北京: 高等教育出版社, 2007.

[59] 丘维声. 高等代数：下册 [M]. 北京: 清华大学出版社, 2010.

[60] NIELSEN M A, CHUANG I L. Quantum computation and quantum information[M]. Cambridge: Cambridge University Press, 2010.

[61] NAKAHARA M, OHMI T. Quantum computing-from linear algebra to physical realizations[M]. Florida: CRC Press, 2004.

[62] GIULIANO BENENTI G C, STRINI G. Principles of quantum computation and information (volume i: basic concepts)[M]. Singapore: World Scientific, 2004.